आधुनिक जैविक खेती

''जैविक खेती जो करे किसान
वो निश्चय होवे धनवान''

आधुनिक जैविक खेती

डा॰ राकेश सिंह सेंगर
एसोसियेट प्रोफेसर
कृषि जैव प्रौद्योगिक विभाग
कृषि महाविद्यालय
सरदार वल्लभभाई पटेल कृषि एवं
प्रौद्योगिक विश्वविद्यालय, मेरठ–250110 (उ.प्र.)

प्रोफेसर अशोक कुमार
मृदा विज्ञान विभाग,
कृषि महाविद्यालय
सरदार वल्लभभाई पटेल कृषि एवं
प्रौद्योगिक विश्वविद्यालय, मेरठ–250110 (उ.प्र.)

BIOTECH
2012
बायोटेक बुक्स

आधुनिक जैविक खेती

प्रथम संस्करणः 2012

आई एस बी एन 978-81-7622-250-1

प्रकाशक : **BIOTECH BOOKS**
4762-63/23, Ansari Road, Darya Ganj,
New Delhi-110002
Phone: 23262132
E-mail: biotechbooks@yahoo.co.in

शब्द संयोजक : संदीप ग्राफिक्स, दिल्ली - 110084

भारत से मुद्रित

सर्मपण

पुस्तक का यह अंक
पूज्यनीय एवं ममता और स्नेह की
प्रतिमूर्ति माताश्री, पिताश्री एवं
गुरू वृन्द के कमल चरणों में
गहन हृदय, आदर तथा परम
श्रद्धा के साथ समर्पित

विषय-सूची

डाँ. अरविन्द कुमार बख्शी
कुलपति

सरदार बल्लभभाई पटेल
कृषि एवं प्रौद्योगिक विश्वविद्यालय
मेरठ-250110 (उ.प्र.)
भारत

अनुशंसा

हरित क्रान्ति के पूर्व भारत में खाद्य उत्पादन की कमी होने के कारण भारत खाद्यान्न आपूर्ति के लिये वृहद रूप से विदेशों पर आश्रित था। हमारे देश के वैज्ञानिकों ने इस समस्या के निदान के लिये अथक परिश्रम कर खाद्य उत्पादन में अभूतपूर्व वृद्धि करने का संकल्प लिया और देश के कर्मठ किसानों की सहायता से हरित क्रान्ति को सफल बनाने में सिद्धि प्राप्त की, परन्तु इसके साथ ही खेतों में अत्यधिक एवं असन्तुलित उर्वरकों और कीट नाशियों का प्रयोग बढ़ने से खाद्यान्न उत्पादन तो बढ़ा परन्तु मृदा की गुणवत्ता में ह्रास हुआ और वह प्रदूषित हो गई। इसके साथ ही प्रदूषित मृदा पर उत्पन्न होने वाले खाद्य पदार्थ भी प्रदूषित होने लगे जिसके कारण मानव व पशु पक्षियों का जीवन संकट में पड़ने लगा। वर्तमान समय में हमारे देश के वैज्ञानिकों, कृषि विशेषज्ञों, प्रसार कार्यकर्ताओं और नीति निर्माताओं ने देश के घटते उत्पादन में पुनः सुधार लाने एवं गुणवत्तापूर्ण उत्पादन सुनिश्चित करने के लिये जैविक खेती का संकल्प लिया है।

अनुसंधान परिणामों से सिद्ध हो चुका है कि जैविक खेती से मृदा के भौतिक, रासायनिक और जैविक गुणों में सुधार के साथ-साथ उच्च एवं गुणवत्ता पूर्ण उत्पादन सुनिश्चित होता है। इससे मृदा में उपलब्ध पोषक तत्वों में वृद्धि, जलधारण क्षमता तथा उपलब्धता में उत्तरोत्तर सुधार होता है। जैविक

खेती से खाद्य श्रृंखला में विषैले रसायनों की प्रवृष्टि से छुटकारा मिलता है, उत्पादन लागत में कमी आती है फलतः किसानों के आर्थिक लाभ में वृद्धि होती है। जैविक खेती में फसलोत्पादन एवं फसल सुरक्षा के लिये रसायनो का प्रयोग प्रतिबन्धित होता है इनके स्थान पर घरेलू या जैविक खाद, जैविक कीटनाशी के साथ-साथ गर्मी की जुताई, स्वस्थ्य एवं रोगरोधी किस्मों का प्रयोग, फसल चक्र, पौधों से पौधों और लाईन से लाईन की वांछित दूरी, संतुलित खाद का प्रयोग, सिंचाई का समुचित प्रबन्ध आदि क्रियायें कहलाती है। जैविक खेती के परिणाम स्वरूप ग्रीन हाउस गैंसों के उत्सर्जन में कमी और पर्यावरण प्रदूषण से बचाव होता है। खेती की यह विधि ईको फ्रेन्डली है।

लेखकों ने समय की मांग के अनुसार जैविक खेती के महत्व एवं लाभ को दृष्टिगत रखते हुए इस विषय पर आधुनिकतम जानकारियों के आधार पर एक कृति की रचना करने का संकल्प लिया और तदानुसार "**आधुनिक जैविक खेती**" नामक पुस्तक तैयार की है।

कृति का अवलोकन करने से मुझे असीम प्रसन्नता होती है कि इस रचना में आधुनिक जैविक खेती के नवीनतम आयामों का समावेश कर लाभार्थियों को समसामयिक कृषि के लाभों को पहुँचाने का अनूठा एवं प्रशंसनीय प्रयास किया गया है। अतः मैं उनको हृदय से बधाई देता हूँ और पुस्तक अनुशंसा प्रेषित करता हूँ।

डॉ. अरविन्द कुमार बख्शी
कुलपति

भूमिका

जैविक खेती कृषि की एक प्राचीनतम पद्धति है जो प्रथम संतति हरित क्रांति के दौरान वाधित हुई। भारतीय कृषि में जैविक खेती वैदिक काल से होती आ रही है, **सर एलबर्ट होवर्ड**, एक ब्रिटिश सस्य वैज्ञानिक ने सन 1900 में जैविक खेती पुनः प्रारम्भ की। जैविक खेती में फार्म को आर्थिक दृष्टि से आँका जाता है। जैविक खेती खेती का एक तरीका है जिसमें खेत से बाहर के अवयव जैसे उर्वरक पीडकनाशी, कीटनाशी, आदि को काम में नही लिया जाता है। जैविक खेती प्रारम्भिक तौर पर प्राकृतिक जैविक अवयव के उपयोग और जैविक संरक्षण उपायो पर आधारित है।

जैविक खेती पर काफी शोधपरक अधययन हो चुके है जिसके अन्तर्गत यह तथ्य उजागर हुआ है कि कीटनाशकों के द्वारा प्रदूषण की स्थिति अत्यंत भयावह हैं। अब मूल प्रश्न यह नही रह गया कि किस खाद्य या पेय पदार्थ में कितनी मात्रा में विषाक्तता है बल्कि इस तरह की विषाक्तों के प्रभावों से बचने का स्थायी उपाय क्या है? समस्या का स्थायी समाधान करने की दिशा में ठोस तथा कारगर पहल करने की चेष्टा अवश्य की जानी चाहिए। स्वभाविक रूप से इस समस्या का प्राथमिक तौर पर यही समाधान है कि मूलतः कृषि क्षेत्र से ही रासायनिक कीटनाशकों का उपयोग न्यूनतम स्तर पर हो। वैसे यह भी वास्तविक तथ्य है कि किसी फसल पर छिड़की गई कीटनाशक दवा की थोड़ी-सी मात्रा ही कीटों पर प्रभाव डालने में सक्षम

हो पाती है। शेष अधिकांश मात्रा हमारे प्राकृतिक वातावरण पर व्यापक रूप से प्रतिकूल प्रभाव डालती है तथा उसका परिणाम व्यापक तौर पर विनाशकारी होता है। इतना ही नहीं, कई कीटनाशक दवाएं तो मिट्टी में ही टिकी रहती हैं और दीर्घकालीन दुष्प्रभाव डालती है, बाद में यही रासायनिक पदार्थ जल स्त्रोतों तक पहुँच जाते है और उनके दुष्प्रभावों से जल संसाधनों को मुक्त करवाना आसान नहीं होता है।

इस तरह के रासायनिक कीटनाशकों में मानव तथा अन्य प्राणियों के शरीर में जमा होने की एक विशेष प्रवृत्ति भी होती है जिसके परिणामस्वरूप कई प्रकार की दीर्घकालीन स्वास्थ्य समस्याएं उत्पन्न होती हैं। अतः यह अनिवार्य आवश्यकता बन चुकी है कि सामान्य स्वास्थ्य की रक्षा के लिए न केवल इन कीटनाशकों के उपयोग को न्यूनतम कर दिया जाए बल्कि इसी कसौटी पर इन पर पूर्णरूप से रोक लगाने की कानूनी प्रक्रिया प्रारंभ करने की दिशा में भी सकारात्मक कदम उठाए जाएं परन्तु इस तरह की पहल करने के अभाव में कीटनाशकों के उपयोग में कमी लाने के बजाए बढ़ावा ही मिला है। इसका एक तकनीकी पक्ष यह भी रहा है कि हमने जिस कृषि तकनीकी को अपनाया है उसके अन्तर्गत इन रासायनिक कीटनाशकों के उपयोग को ही सर्वाधिक प्रोत्साहन मिलता रहा है। इस तरह से स्पष्ट है कि कृषि पद्वति में मूलभूत या आमूल परिवर्तन करना अत्यावश्यक है वरना कीटनाशकों के उपयोग को कम करना या उस पर रोक लगाना संभव नहीं हैं। इसके अलावा यदि ऐसे बीज बोए जा रहे है जिनके अन्तर्गत एक विशेष प्रकार के कीड़ों के अत्यधिक प्रकोप होने की आशंका रहती हैं तो स्वाभाविक तौर पर उन कीड़ों को मारने वाले विशेष प्रकार के कीटनाशकों की भी व्यवस्था भी करनी पडेगी। जब इन बीजों को कृषि के विशाल क्षेत्रफल में बोया गया हो तो इस तरह की परिस्थिति अवश्य उत्पन्न होगी। अतः संपूर्ण रूप से रासायनिक कीटनाशकों के उपयोग को बंद करने में तभी सफलता मिल सकती है जब इस तरह प्रचलित कृषि तकनीकी में समग्र सुधार किया जायेगा।

परिस्थिति की त्रासदी यह भी है कि स्वास्थ्य के लिए हानिकारक रासायनों के उपयोग पर हम पूरी तरह से निर्भर हो चुके है और यही मजबूरी

इन पर नियंत्रण प्राप्त करने की सबसे बड़ी बाधा भी है। निरंतर जनसंख्या वृद्धि के दबाव के कारण उनकी उदर पूर्ति की समस्या स्वभाविक रूप से उठ रही है। जिसके लिए अधिक खाद्यान्न उत्पादन करने के लिए कीटनाशकों की सहायता लेनी पड़ती है। जिसके परिणामस्वरूप कीटनाशक दवाओं, खरपतवार नाशकों, रासायनिक कीटनाशकों आदि के उपयोग करने की मजबूरी सामने आती है। इस तरह से एक ओर तो जन स्वास्थ्य के लिए संकट उत्पन्न हो रहा है वहीं दूसरी ओर विशाल जनसाधारण की खाद्यान्न आपूर्ति के लिए इस तरह के हानिकारक रासायनिकों के उपयोग पर निर्भरता भी बढ़ती जा रही है। इस संदर्भ में कुछ वैज्ञानिकों ने इस मजबूरी से बचने की बात भी की है। उनके मतानुसार रासायनिक दवाओं तथा उर्वरकों पर निर्भर रहे बिना भी बेहतर खाद्यान्न उत्पादन प्राप्त किया जा सकता है। दरअसल इस तरह की मजबूरी को चुनौती देते हुए उन्होनें इस तथ्य पर बल प्रदान किया है कि कृत्रिम रसायनों पर निर्भरता के बिना ही अच्छी उत्पादकता प्राप्त करने के साधन हमारे पास है। उल्लेखनीय है कि अमेरिका की कृषि व्यवस्था को ही रसायनों पर आधारित कृषि का आधारस्तंभ माना जाता है परन्तु वर्ष 1989 में अमेरिकी कृषि वैज्ञानिकों ने ही एक अभूतपूर्व रिपोर्ट जारी की जिसने पूरे विश्व को ही चौंका दिया। इस रिपोर्ट में इस तथ्य को स्पष्टत: स्वीकार किया गया था कि कृत्रिम रसायनों की सहायता के बिना अर्थात जैव खेती के आधार पर की गई खेती भी उतनी ही उत्पादक सिद्ध हो सकती है।

उपर्युक्त रिपोर्ट के आने के बाद जैव खेती के पक्ष में अपनी आवाज उठाने वालों की बात और भी प्रबल होकर हमारे सामने उभरकर आयी। रासायनिक खेती पर निर्भर हुए बिना, जैव खेती की सहायता से बेहतर फसल प्राप्त करने में सफलता प्राप्त की जा सकती है, इस तथ्य को सिद्ध करने के लिए कई महत्वपूर्ण उपयोगों की जानकारी भी मिली। इन उपयोगो के अंतर्गत प्रारंम्भ से ही जैव खेती के माध्यम से यथायोग्य उत्पादन प्राप्त करने की चेष्टा की गई जिसमें पर्याप्त सफलता भी मिली। कृषि वैज्ञानिकों ने कृषि प्रयासों का विस्तृत अध्ययन किया जिसके अनुसार यह तथ्य भी उजागर हुआ कि इस साल एक लाख से भी अधिक किसान परिवारों ने रासायनिक उर्वरकों तथा कीटनाशकों की सहायता लिए बिना ही खाद्य उत्पादन तथा

खाद्य सुरक्षा को बेहतर करने में सफलता प्राप्त की। यह भी विशेषरूप से ध्यान देने योग्य बात है कि ऐसे प्रयासों से न केवल पर्यावरण सुरक्षा सुनिश्चित हो सकती है बल्कि बेहतर खाद्यान्न उत्पादन के मुख्य उद्देश्य की कसौटी पर भी हम सफलता प्राप्त कर सकते है। हालांकि इस परिप्रेक्ष्य में एक प्रतिकूल पक्ष यह भी उभरकर आ रहा है कि जैव खेती की तमाम खूबियों के बावजूद यह भी मजबूरी सामने आती है कि जिस भूमि को रासायनिक खेती की आदत बन चुकी है उस पर बाद में जैव खेती करना संभव नहीं है परंतु यह पक्ष भी पूरी तरह से सही नहीं है। इस मसले पर विचार करने के लिए कैलिफोर्निया विश्वविद्यालय के वैज्ञानिक **डॉ० मिगेल अततीयरी** ने एक महत्वपूर्ण प्रयास किया है उन्होनें बताया कि इस समय पर्यावरण संरक्षण के तरीकों को अपनाते हुए विश्वस्तर पर लगभग 50 लाख हेक्टेयर भूमि को सुधारने का प्रयास 25 लाख किसान परिवार कर रहे है।

प्रायः ऐसा देखा गया है कि कृत्रिम रसायनों का अत्यधिक उपयोग करने से जिस मिट्टी का प्राकृतिक उपजाऊपन कम हो चुका है उसमें यदि गोबर तथा कंपोस्ट का उपयोग किया जाए तो उसकी उर्वरकता अवश्य वापस आ सकती है। हालांकि यह भी सच है कि किसान अपनी कम उपजाऊ खेती की भूमि को इस प्रक्रिया से एक साथ उपजाऊ तो नहीं बना सकते, परन्तु एक निश्चित क्रम में ऐसी प्रक्रिया से एक साथ अनउपजाऊ बनी कृषि भूमि फिर से उपजाऊ बन सकती है। विशेष तौर पर भारत के कृषि वैज्ञानिकों, संगठनों और सामाजिक कार्यकताओं ने जैव खेती की उपयोगिता पर न केवल जोर दिया है बल्कि इस तथ्य को प्रमाणित तथा प्रचारित करने के लिए भी चेष्टा की हैं। उदाहरण के तौर पर उत्तराखण्ड, मध्य प्रदेश, उत्तर प्रदेश में बिजनौर, पश्चिम बंगाल में सेवा संस्था इत्यादि संस्थानों ने जैव खेती को प्रोत्साहित करने का मानो जनांदोलन ही छेड़ दिया है। उनकी चेष्टाओं से जैव खेती को बेहतर सिद्ध करने की दिशा में महत्वपूर्ण सफलता भी मिली है। अंर्तराष्ट्रीय स्तर पर क्यूबा का उदाहरण महत्वपूर्ण है जहां जैव खेती के प्रयोगों से क्यूबा ने अपनी कृषि तथा खाद्य समस्या को हल करने में व्यापक सफलता प्राप्त की है। इससे पहले क्यूबा में भी रसायनों पर आधारित कृषि प्रचलित थी। जब से सोवियत संघ के विघटन के बाद क्यूबा को बाहरी

सहायता मिलनी बंद हो गयी तब क्यूबा ने कृषि क्षेत्र में प्राकृतिक तौर पर आत्मनिर्भर रहने का निर्णय लिया और जैव खेती अपनाते हुए अपनी खाद्यान्न समस्या का समाधान करने की दिशा में सफलता प्राप्त की। हालांकि जैव खेती के क्षेत्र में भी आधुनिक विज्ञान की आवश्यकता अवश्य पड़ती है। इस तरह के विज्ञान की विशेष भूमिका इसलिए अत्यावश्यक समझी जा रही है क्योंकि विभिन्न प्रक्रियाओं को सही ढंग से समझने के लिए तथा उसी के अनुसार कार्य करके अधिकतम लाभ प्राप्त करने के लिए आधुनिक विज्ञान की सहायता अवश्य ली जानी चाहिए। इस तरह की वैज्ञानिक सहायता के माध्यम से हम परंपरागत ज्ञान का अनुकूल लाभ प्राप्त करने में सहायता प्राप्त कर सकते है। यह न केवल आवश्यक है बल्कि अनिवार्य भी क्योंकि जैव खेती का पारम्परिक समय इतिहास चार हजार वर्ष या उससे भी पुराना है। जिसकी विज्ञान-सम्मत व्याख्या करके उसके अनुरूप अपनाने का निर्णय किया जाता है। भूमि की उर्वरकता को प्राकृतिक ढंग बनाये रखने के लिए जैव खेती के अनुसार स्थानीय संसाधनों, जैसे - गोबर, पत्तियॉ, दो प्रकार की कम्पोस्ट आदि का उपयोग किया जाता है। भारतीय कृषि परंपरा में व्यापक विविधता वाली फसलों की किस्म आसानी से उपलब्ध हो जाती हैं। वर्तमान युग की यही मांग है कि अंतर्राष्ट्रीय स्तर पर जैव विविधता बनायी रखी जाए। अतः कृषि कार्यो के दौरान एक दूसरे से मेल रखने और स्थानीय जलवायु के अनुकूल विविध प्रकार की फसलें उगानी चाहिए । साथ ही उन फसलों की कई तरह की किस्म अवश्य उगानी चाहिए इससे जैव विविधा की समृद्धि बनी रहती है।

स्पष्ट है कि यदि जैव विविधता बनी रहे तब किसी भी कीड़े या रोग का प्रकोप तेजी से फैलने की आशंका भी अपने आप कम हो जायेगी। वैसे यह भी सही है कि यदि इस के बावजूद भी यदि किसी तरह की ऐसी समस्या पैदा होती भी है तो उसके समाधान के लिए स्थानीय वनस्पतियों जैसे नीम की सहायता से उपचार किया जा सकता है। इसके अलावा विषैले रसायनों का न्यूनतम उपयोग सुनिश्चित करने से उन खेतों में ऐसे पक्षियों और जीवों की उपस्थिति होगी जो कीड़ों का नाश करने में सक्षम है। इससे हानिकारक कीड़ों पर प्राकृतिक नियंत्रण प्राप्त करने में भी महत्वपूर्ण सफलता

मिल सकती हैं। इसका एक सकारात्मक पहलू यह भी है कि इस तरह की कृषि प्रक्रिया से लागत भी कम होती है। अतः जैविक खेती के लिये प्रारम्भिक तकनीकों, न्यूनतम जैविक खाद्यों, जैव उर्वरकों, जैविक कीटनाशियों एवं जैविक शाकनशियों आदि का प्रबंधन करके मृदा जैव उर्वरकों जैविक कीटनाशियों दृष्टिकोण से सुरक्षित, संरक्षित एवं स्थाई रूप से गतिशील बनाए रखा जा सकता है तभी हम अपनी पृथ्वी को आने वाली पीढ़ी के लिये बचा सकते है। यदि हमें अपने खाद्य पदार्थो की विषाक्तता से निपटते हुए इस समस्या पर नियंत्रण प्राप्त करने की दिशा में सफलता पानी है, तो जैव खेती को ही अपनाना होगा जिससे न केवल पर्यावरणीय सुधार में सफलता मिलेगी बल्कि खाद्यान्न की आवश्यक उपलब्धता भी संभव होगी तथा किसानों पर कर्ज भार कम होगा और वे आर्थिक रूप से सम्पन्न होगें।

प्रस्तुत कृति को पूरा करने में हमारे परिवार के सभी सदस्यों विशेषतः मेरी माता **श्रीमती कमला सेंगर** पिता **डॉ० सॉवल सिंह सेंगर** पत्नी **सरिता सेंगर** भाई **डॉ० राजेश सिंह सेंगर** बच्चे **दिव्याशु, कर्तिक सेंगर** भतीजी **अमृतांशी, सौम्या** एवं अन्य स्वजनों **डॉ. एल.एस. चौहान, डॉ. एच.एस. भदौरिया, डॉ. ऊषा भदौरिया,** तथा **ओजस्व भदौरिया, आंकाक्षा भदौरिया** ने हार्दिक सतत सहयोग प्रदान किया उसके लिये वे बधाई के पात्र है। इन सभी ने लेखन अवधि के दौरान मेरे मनोबल उदारता एवं दृढ़ संकल्पना को वनाये रखने में महत्व पूर्ण योगदान दिया है क्योंकि इनके सहयोग के विना यह कार्य यदि असम्भव नहीं तो कठिन अवश्य होता। लेखन कार्य के प्रगति काल में दिये गये बहुमुल्य सुझावो के लिये मैं अपने सभी शिक्षकों एवं वैज्ञानिको का भी आभारी हूँ।

विश्वास है कि यह प्रस्तुति विद्यर्थियों, शिक्षकों, एवं किसानों के लिये उपयोगी साबित होगी। इसमें जैविक खेती से संबद्ध सभी विधाओं को विस्तृत रूप से प्रस्तुत किया गया है। पुस्तक को और अधिक उत्कृष्टता प्रदान करने के लिये पाठकों के स्वस्थ विचारों की हमें सतत् आवश्यकता रहेगी।

डा० राकेश सिंह सेंगर

1

जैविक खेती की आवश्यकता

"अपनी खेती अपना खाद, अपने संसाधन अपना स्वाद"

भारत एक कृषि प्रधान देश है जिसकी लगभग 70% जनसंख्या कृषि पर निर्भर है। जैविक खेती, कृषि की वह पद्धति है जिसके अन्तर्गत रासायनिक पदार्थों का उपयोग न होकर जैविक पदार्थों का अधिक से अधिक उपयोग, फसल चक्र व कम से कम जुताई करके मृदा की उर्वरता व वातावरण को खराब न करते हुए अधिक उत्पादन किया जाता है। जैविक खेती किसानों व मृदा के लिये लाभदायक होने के साथ-साथ पारिस्थितिकी को सुरक्षित रखती हैं और प्राकृतिक संसाधनों के ऊपर पड़ने वाले दबाव को कम करने में सहायक हैं। देश में कुछ क्षेत्र ऐसे हैं, जहाँ उर्वरकों, कीट, रोग एवं खरपतवार नाशियों का नाममात्र का प्रयोग होता है। इन क्षेत्रों में किसानों को उन कृषि उत्पादों की जैविक खेती करने के लिए प्रोत्साहित किया जाना चाहिए, जिनकी देश या विदेशों में जैविक उत्पाद के रूप में काफी मांग है। जैविक खेती हमारी फसल अवशेषो या अन्य जीवों से ही प्राप्त पदार्थों से की जाती है, जिसमें हम कृत्रिम खादों, रासायनिक मिश्रणों का प्रयोग बिल्कुल नहीं करते हैं। जैविक खेती प्रणाली मुख्यत: फसल चक्र, फसल अवशेष, पशु खाद, दलहनी फसल, हरी खादों, खेतों में बाकी बचे पुरानी फसलों के अवशेषों, खनिज चट्टानों एवं जैविक कीट नियंत्रण पर निर्भर करती है जो

हमारी मृदा की उत्पादकता को बनाये रखते हैं तथा जैविक खादें पौधों को मुख्य पोषक तत्वों जैसे–नाईट्रोजन, फॉस्फोरस एवं पोटाश की आपूर्ति तो करती ही है, इनके अलावा कुछ अन्य सूक्ष्म पोषक तत्वों की आपूर्ति को भी करती है।

यदि जैविक खेती के इतिहास की ओर देखें तो कृत्रिम उर्वरक एवं कीटनाशकों के उपयोग की जगह जैविक खाद एवं प्राकृतिक पादप संरक्षण के उपयोग को, जैविक कृषि मानते थे, तो कुछ लोग जैविक खाद, उर्वरक, रसायन और प्राकृतिक पादप संरक्षण के एकीकृत उपयोग को, जबकि दोनों ही घटक सिर्फ जैविक कृषि के अपूर्ण स्वरूप को ही अपने आप में समाहित करते थे। जैविक कृषि का तात्पर्य केवल कृत्रिम खादों एवं रसायनों की जगह जैविक उत्पादों का कृषि हेतु प्रयोग ही नहीं, बल्कि यह एक ऐसा समुचित प्रबन्धन तन्त्र है, जिसके द्वारा मृदा की निहित उत्पादकता को बढ़ाया जा सकता है। उत्तम गुणवत्ता वाली मृदा में जीवित एवं मृत घटकों के अन्तर्गत जैविक पदार्थ, लवण, हवा और जल पाये जाते हैं, जोकि मृदा पारिस्थितिक तन्त्र को एक दूसरे के पूरक के रूप में स्थैतिक अवस्था में बनाये रखते हैं, एक अच्छी मृदा में प्रचुर मात्रा में सूक्ष्म जन्तु एवं पौधे पाये जाते हैं, जोकि ज्यादा तेजी से अपनी संख्या में वृद्धि कर लवणों की घुलनशीलता एवं निर्माण में वृद्धि करते हैं।

जैविक कृषि पद्धति की क्षमता मृदा की प्राथमिक उत्पादकता और इसके घटकों के आपसी संयोजन पर निर्भर है जिसमें कि मृदा की उर्वरता या विभिन्न प्रकार के रोगो, कीटों या खरपतवारों की रोकथाम के लिए रसायनों का प्रयोग वर्जित है। यह प्रक्रिया जैविक कृषि को रसायनों से होने वाले प्रदूषण से मुक्त रखती है। मृदा एवं जैविक उत्पादन क्षमता से अधिक से अधिक प्राप्त करने के लिए जैविक कृषि पद्धति में समुचित फसल चक्र एवं कृषि प्रतिरूप, जैविक विविधता एवं पोषक तत्वों का चक्रीकरण, जैविक श्रोतों से प्राप्त पोषक तत्वों का संचय, सस्य क्रियाओं की मृदा एवं जल संसाधनों की संचययी पद्धतियों तथा कीटों, रोगों एवं खरपतवारों की रोकथाम के लिए प्राकृतिक एवं जैविक विधियों का प्रयोग किया जाता है।

जैविक कृषि के सिद्धान्तों को समझने के लिए इसे निम्न प्रकार से सरल रूप में परिभाषित कर सकते हैं। जैविक कृषि एक ऐसी खेती की पद्धति है, जिसमें कृत्रिम रसायनों का प्रयोग नहीं होता है। इसमें प्राकृतिक या मानव उत्प्रेरित मृदा या जल संसाधनों को होने वाली क्षतिपूर्ति का संचय समुचित फसल प्रतिरूपों, जैविक संसाधनों तथा वन्य-कृषि प्रबंधन हेतु प्राकृतिक एवं जैविक साधनों का उपयोग किया जाता है जिससे कि मृदा की जैविक क्षमता एवं उपयोगी तन्त्रों की उत्प्रेरण क्षमता उद्दीप्त होती है, तथा स्थिरता बनी रहती है। जैविक कृषि पद्धति अनन्त समय तक कृषि उत्पादों की बढ़ोत्तरी एवं आत्मनिर्भरता एवं स्थायित्व प्रदान करने के साथ-साथ प्रबंधीय कृषि पारिस्थितिक तंत्र को निरन्तरता भी प्रदान करती है।

जैविक कृषि को विभिन्न नामों से जाना जाता है। कुछ लोग इसे पर्यावरणीय खेती (खेती जो पारिस्थितिक तंत्र से संबद्ध हो), जैविक कृषि (खेती जो जैव्रिक विविधता से संबद्ध हो) जैव-गतिशील खेती (ऐसी खेती जो कि जैविक रूप से गतिशील, पारिस्थितिक रूप से स्वस्थ्य एवं समगतिशील हो)। जैविक कृषि के नामकरण पर चाहे कितने ही मत क्यों न हों यह मुख्यत: प्राकृतिक सिद्धान्तों पर आधारित है जोकि अपने आप में समगतिशील है। **पफैन्टीलैनन** (1990), के अनुसार जैविक कृषि वह पद्धति है, जिसमें हम प्रकृति से प्राप्त वस्तुओं के बदले में उसे पुन: उतनी ही या अधिक मात्रा में वापस कर देते हैं। यह एक सुरक्षित, सस्ती लाभदायक एवं बुद्धिपरक पद्धति है। जैविक कृषि वस्तुत: रसायनों का पूर्णत: बहिष्कृत रूप नहीं, वरन जैव-रसायनों का एकीकृत समायोजन है। मृदा, जल, सूक्ष्म पौधों एवं पादप तथा जन्तु जगत के मध्य संबन्ध जिसमें कि मनुष्य का स्थान शीर्ष है, यही जैविक कृषि के प्रमुख आधार है।

जैविक कृषि पूर्णरूप से आधुनिक कृषि को बहिष्कृत नहीं करती। अत्याधुनिक प्रौद्योगिक विधियाँ, विभिन्न कृषि-जलवायु स्थितियों में उपयोगी है। जैविक खेती में मुख्यत: अत्यधिक जुताई, निराई-गुड़ाई, रासायनिक खाद एवं पौध संरक्षक रसायनों का प्रयोग नहीं किया जाता है। जैविक खेती में मुख्यत: निम्नलिखित बातों का ध्यान रखा जाता है।

- भूमि के स्वास्थ्य को स्थिर बनाये रखना।
- पोषक तत्वों की उपलब्धता में वृद्धि करना।
- मृदा का संरक्षण करना।
- अधिक एवं समगतिशील उत्पादन।

जैविक कृषि के अन्तर्गत अपनायी जाने वाली प्रक्रियाएं पूर्णतः पारिस्थतिक सिद्धान्तों पर आधारित है। प्रायः अपूर्ण अनुभवों के कारण विवादास्पद स्थिति उत्पन्न हो जाती है कि क्या इस प्राकृतिक व समगतिशील पद्धति से अधिक उत्पादन सम्भव है ? हमें इसे अयोग्य एवं निम्न उत्पादन क्षमता वाली पद्धति समझकर भ्रमित नहीं होना चाहिए। यह मात्र एक भ्रांति है कि जैविक कृषि में रसायनों का प्रयोग पूर्णतः प्रतिबंधित है। केवल रसायनों के वर्जित प्रयोग को छोड़ जैविक कृषि के मूल स्वरूप को समझने के उपरान्त कोई भी व्यक्ति इससे प्रेरित हुए बिना नहीं रह सकता है।

जैविक कृषि के सिद्धान्तों को जैविक कृषि आन्दोलन की अन्तर्राष्ट्रीय संस्था (आई.एफ.ओ.ए.एम) ने निम्न बिन्दुओं में अंकित किया है।

- उत्तम गुणवत्ता युक्त खाद्य पदार्थों का अधिक मात्रा में उत्पादन करना।
- प्राकृतिक संसाधनों का उचित एवं प्राकृतिक उपयोग।
- कृषि पद्धति में अति-सूक्ष्म पौधों एवं जन्तुओं तथा बड़े पौधों एवं जन्तुओं का उपयोग कर जैवकीय-चक्र को गति प्रदान करना।
- मृदा की दीर्घकालीन उर्वरता बनाये रखना।
- स्थानीय कृषि के अवशेषों का पुनः उपयोग करना।
- पशुओं को वो सभी सुविधाएं उपलब्ध कराना, जिसमें वो सभी अपने जन्मजात क्रिया कलापों के साथ स्वच्छन्द जीवनयापन कर सकें।
- कृषि तकनीक से होने वाले सभी प्रदूषणों से बचाव।
- कृषि पद्धति की अनुवांशिक विविधता एवं उसके चारों तरफ पाये जाने वाले पेड़-पौधों तथा जीव-जन्तुओं व उनके आवास का संरक्षण।

- कृषकों को सुरक्षित वातावरण के साथ-साथ अधिकतम उत्पादन द्वारा संतुष्टि।
- कृषि पद्धति के वृहत्त वातावरण के साथ-साथ अधिकतम उत्पादन द्वारा संतुष्टि।

1.1 जैविक खेती का स्थान

विश्व के विभिन्न देशों में जैविक खेती की जा रही है। इसके अन्तर्गत आने वाले क्षेत्र में लगातार वृद्धि हो रही है। फरवरी 2002 के दौरान एस.ओ.ई.एल. द्वारा किये गये सर्वेक्षण के अनुसार विश्व स्तर पर 1 करोड़ 70 लाख हैक्टेयर भूमि का प्रबन्ध जैविक तरीके से किया जाता रहा था।

वर्तमान में इसका एक बड़ा क्षेत्र आस्ट्रेलिया (77 लाख), अर्जेंटिना (28 लाख) तथा इटली (लगभग 10 लाख हैक्टेयर) के अन्तर्गत आता है। प्रतिशत के अनुसार यूरोप (स्विट्जरलैण्ड) व आस्ट्रेलिया में सम्पूर्ण खेती करने योग्य भूमि के 10 प्रतिशत हिस्से में जैविक खेती की जाती है। इस प्रकार ये देश जैविक खेती करने वाले देशों कि सूची में सर्वप्रथम है। दूसरी तरफ हमारे देश में लगभग 2838 हैक्टेयर भूमि पर ही जैविक खेती की जाती है जोकि सम्पूर्ण खेती करने योग्य भूमि का एक छोटा सा हिस्सा है।

इतिहास के पन्नों में जायें तो पायेंगे कि जैविक खेती 1890 में एक अंग्रेज सस्य वैज्ञानिक **सर अल्बर्ट हावर्ड** द्वारा उत्तरी प्रांत के एक गांव में शुरू की गई थी आज व्यवसायिक स्तर की जैविक खेती की बात की जा रही है वह भी अपनी शुरूआती अवस्था में अन्तर्राष्ट्रीय जैविक कृषि आन्दोलन संघ द्वारा किये गये एक सर्वे के अनुसार भारत में 41,000 हैक्टेयर भूमि जैविक प्रबंधन के तहत आती है, जो कुल कृषि भूमि का 0.3 फीसदी उद्योग 200 लाख अमरीकी डालर (100 करोड़ रूपये) का आंका गया। अपनी शिशु अवस्था में होते हुए भी भारत जैविक खेती के क्षेत्र तेजी से बढ़ रही है और विश्व जैविक बाजार में एक धमाकेदार दस्तक दे चुका है जैसे चाय बागान, मसाले, फल एवं सब्जियाँ, कपास, अनाज, नीम, सूखे मेवा, तिलहन, दालें और गन्ना आदि। जैविक खेती भारतीय निर्यात उद्योग के लिये उचित मूल्य दिलाने में एक अग्रणी आन्दोलन की तरह काम करेगी। खासतौर

से भारतीय शुष्क जैविक उत्पादों की विश्व बाजार में अपनी एक अहम जगह है। भारत के उत्तर पूर्वी क्षेत्र के किसानों और निर्माताओं के लिये एक स्वर्ण अवसर हैं।

1.2 वर्तमान परिवेश में जैव विविधता संरक्षण आवश्यक

जैव विविधता में हो रहे निरन्तर ह्रास के कारण मानव अस्तित्व संकट में पड़ गया है। अगर इसी प्रकार से जैव-विविधता का ह्रास होता रहा तो वर्ष 2050 तक विश्व की एक चौथाई प्रजातियाँ लुप्त हो जायेगी। मानव आबादी के दोगुने होने के साथ-साथ आर्थिक और औद्योगिक गतिविधियों में बेहताशा वृद्धि होने का अनुमान है। इससे जैव विविधता को और नुकसान होगा। पिछले छः सौ करोड़ वर्षों में एक प्रजाति प्रति वर्ष लुप्त होती थी। मगर अब यह दर बढ़कर प्रतिदिन एक दर्जन के लगभग हो गई है।

जैव विविधता के संरक्षण के विवाद में उष्ण कटिबंधीय वर्षा वन केन्द्र बिन्दु रहा है। कुल भौगोलिक क्षेत्र 7 प्रतिशत भूमि पर वर्षा वन फैले हुए है, मगर विश्व की आधे से ज्यादा प्रजातियाँ अपने अस्तित्व के लिये इन वनों पर निर्भर हैं। अब तक 15 वर्षा वन क्षेत्रों की पहचान की जा चुकी है। जहाँ पर जैव विविधता की बहुत ही विकट स्थिति है। अगर तत्काल कदम नहीं उठाये गये तो इन अंचलों के 90 प्रतिशत निवासीय स्थान नष्ट हो जायेंगे। अब एक "त्रिलोपन महामारी" हमारे पर्यावरण में मड़रा रही है जो विकास की प्रक्रिया को बुरी तरह प्रभावित करेगी। चिड़ियाघरों, अभ्यारणयों या कुछ हरित क्षेत्रों में संरक्षित जीव जन्तुओं से जैव विविधता का संरक्षण नहीं हो सकता है। वस्तुतः जैव विविधता अपना संरक्षण स्वयं कर सकती है यदि हम हस्तक्षेप करना बन्द कर दें। यह एक वैश्विक प्रक्रिया है। जैव विविधता के संरक्षण के लिये विश्व के सभी समुदायों से भागीदारी की अपेक्षा की जाती है। अब जैव विविधता का संरक्षण पर्यावरणीय मुद्दों में सबसे अहम बन गया है।

सरकार, राष्ट्र, संस्थान तथा व्यक्ति के लिए मानव आवश्यकताओं को ध्यान में रखते हुए जैविक विविधता की रक्षा तथा संरक्षण एक चुनौती बन

गया है। अगर इनका संरक्षण नहीं किया गया तो आने वाली पीढ़ियाँ एक ऐसे माहौल में रहेगी जहाँ जैव-विविधता न के बराबर होगी। परिणामस्वरूप अनेक उत्पादन क्षमता पर भी विपरीत असर पड़ सकता है। पारिस्थितीकीय योजना के अभाव तथा प्राकृतिक निवास स्थलों के नष्ट होने के कारण जीव-मण्डल का अस्तित्व गहरे संकट में पड़ गया है। कुछ प्रजातियाँ मानव के लिए अत्यन्त उपयोगी हैं, इनका उपयोग कृषि, औषधि-निर्माण तथा उद्योगों में किया गया है। आनुवांशिक विविधता के अभाव में कृषि उत्पादों की गुणवत्ता को लम्बे समय तक बरकरार नहीं रखा जा सकता है।

उपजाऊ कृषि के लिए आनुवांशिकी विविधता अनिवार्य है। इसलिए जैविक संरक्षण के लिए किसी क्षेत्र की जैव-विविधता को पुनः स्थापित करना पड़ेगा। पर्याप्त मात्रा में उपलब्ध जीव-जन्तु ही जैव-विविधता का संरक्षण कर सकते हैं। राष्ट्र संघ द्वारा आयोजित पृथ्वी सम्मेलन 1992 जैव-विविधता को इस प्रकार परिभाषित किया गया है, सभी स्रोतों से उपलब्ध जीव-जन्तुओं की आपसी विविधता, चाहे ये जीव-जन्तु भूमि से संबंधित हो, वायु से, जल से, ये सब आपस में जटिल रूप से जुड़े हुए हैं तथा पर्यावरण के साथ सामजस्य स्थापित किए हुए हैं। इनकी विविधता अंतरप्रजातीय हो सकती है या प्रजाति के अंदर व्यक्तिगत विविधता भी हो सकती है। यह वृह्द विविधता ही जीवन का दूसरा नाम है।

पृथ्वी पर उपलब्ध संसाधनों का उपयोग अवश्य किया जाना चाहिए, मगर विध्वंसात्मक पद्धतियों द्वारा नहीं। बल्कि टिकाऊ विकास की अवधारणा को ध्यान में रखते हुए सुनियोजित तरीके से किया जाना चाहिए। आनुवांशिक संसाधनों के उपयोग से सम्बन्धित विवाद को भी शीघ्र सुलझाया जाना चाहिए। उन देशों को आर्थिक प्रोत्साहन दिया जाना चाहिए, जिनके पेड़-पौधों पर शोध करके नयी-नयी औषधियों की खोज की जा रही है। अनुसंधानकर्ताओं का मानना है कि उपेक्षा के कारण मानव अस्तित्व संकट में पड़ गया है। जैव-विविधिता एक प्रकार की प्रणाली है, जिसका संरक्षण अतिआवश्यक है।

राष्ट्रीय सुरक्षा हेतु जैव-विविधता का संरक्षण आवश्यक है। वर्ष 1999 में उड़ीसा में आये चक्रवात का प्रभाव सबसे ज्यादा उन इलाकों में था, जहाँ

तटीय विकास के नाम पर कच्छ वनस्पतियों को सबसे ज्यादा नुकसान पहुँचाया गया था, ये वनस्पतियाँ तटीय अंचलों की सुरक्षा में अहम भूमिका निभाती है। वन मत्स्य संसाधन तथा अन्य प्राकृतिक संसाधनों को ध्वंस होने के कारण जीविका के पारंपरिक संसाधन में कमी आ रही है। परिणामस्वरूप लोग शहरों की ओर पलायन कर रहे हैं। इस प्रकार क्षमता से ज्यादा लोगों के रहने के कारण पीने के पानी की समस्या हो गई है। वन वर्षा के पानी के बहाव को रोकते हैं तथा मिट्टी को नम बनाते हैं। जैव-विविधता में ह्रास के कारण मिट्टी को प्राकृतिक उर्वरक नहीं मिल पाते हैं। आज अनेक फसलों का अस्तित्व खतरे में पड़ गया है। बड़े पैमाने पर कीटनाशक दवाओं का प्रयोग होने के कारण अनेक लाभदायक सूक्ष्म जन्तु लुप्त हो गये हैं।

ग्रामीण लोगों का स्वास्थ्य बिगड़ता जा रहा है। क्योंकि जैव-विविधता के अभाव में उन्हें पौष्टिक आहार और औषधि प्राप्त नहीं हो पा रही है। उनके पास इतने संसाधन भी नहीं हैं कि बाजार में उपलब्ध आधुनिक औषधियों को खरीद सकें। पिछले सौ वर्षों में अधिक से अधिक जंगलों को काटा गया, जिससे एक तिहाई आद्रभूमि सूख गई तथा 40 प्रतिशत कच्छ वनस्पतियाँ नष्ट हो गयी। फसल और पशु विविधता जो कि भारतीय कृषि का मुख्य आधार है का तेजी से ह्रास हो रहा है। हरित क्रांति का अनुभव करने वाले कुछ क्षेत्रों में जैव-विविधता तो प्राय: समाप्त हो गई हो।

खेती करे जैविक खाद से भरे।
तो सौ मन कोठिला में धरे॥

घाघ

2

हाट से विश्व बाजार तक जैविक उत्पाद

वैसे तो जितनी भी खाद्यान्न वस्तुएं जैविक खेती से उत्पादित होती है उन सभी की अधिक मांग बाजार में रहती है। इसमें भी फल सब्जियों की मांग ज्यादा रहती है, उनमें रसायनों के अवशेष ज्यादा होते है। रासायनिक खेती में आज छिड़काव कर किसान दूसरे दिन सब्जी को मंडी में ले आते है। क्योकि यदि छिड़काव के 7-10 दिन बाद सब्जी तोड़ने के निर्देश का पालन करें तो सब्जी पक जायेगी और बाजार में भाव कम मिलेंगे। रासायनिक खेती में रासायनो का प्रयोग मात्र कीट रोग नियंत्रण तक ही सीमित नही है अपितु आजकल तो गोभी को सफेद करने एवं भिडी को हरा करने के लिए भी उन पर रसायनो का छिड़काव किया जाता है या फलो को रसायनो के घोल में डूबोया जाता है और ये बात उपभोक्ता को मालूम भी होने लगी है। जिससे आज ज्यादा जागरूक उपभोक्ता जैविक खेती से उत्पादित फल और सब्जियों को ही खरीदना पसंद करने लगे है। कई जैविक उत्पादों की विदेशो में काफी मांग है यानि निर्यात काफी मात्रा में हो रहा है और आगे भी इसकी सम्भावनायें है: उदाहरणार्थ- चावल (मुख्यत: बासमती), दाल (सोयाबीन, मसूर), तिलहन (तिल, मूंगफली), गन्ने के उत्पाद (गुड़ और शक्कर), फल (आम, अन्नास, लीची, पेशन फल, केला), कपास, मसाले, कॉफी और चाय, शहद, नारियल के उत्पाद, सूखे मेवे (काजू, अखरोट) इत्यादि।

उपरोक्त उत्पादो को सीधे संसाधित कर जैसे आम का रस, केले का रस या सूखा केला आदि भी निर्यात किया जा रहा है। उपरोक्त फसलों के उत्पादन पर विशेष जोर दिया जा सकता है। एक अन्य क्षेत्र जिसमें मांग बहुत तेजी से बढ़ रही है वह है औषधीय पौधों का जैविक विधि से उत्पादन, इनकी गुणवत्ता को बढ़ा देता है और आने वाले समय में ये बाकी सभी उत्पादों के निर्यात को पीछे छोड़ देगें। औषधीय पौधों के बढ़ते अंतर्राष्ट्रीय बाजार को देखते हुए सन् 2001 में भारत सरकार ने औषधीय पादप बोर्ड की स्थापना की है और यह बोर्ड भी औषधाीय पौधों की जैविक खेती को ही बढ़ावा देने में प्रयासरत है। औषधीय पौधों को रासायनिक खेती से अमृत की बजाय विष बनने से बचाने के लिए आवश्यक है कि औंषधीय पौधों की खेती सदैव जैविक विधि से ही की जानी चाहिए।

विश्व में मुख्यत: तीन तरह के मानक है, यूरोप, अमेरिका और जापान जिनमें थोड़ा ही अंतर है अत: प्रमाणीकरण कराते समय यह ध्यान रखना चाहिए कि जिस देश को निर्यात करना है वहां का मानक क्या है व कौन सी प्रमाणीकरण संस्था को उस देश में मान्यता है। सबसे बड़ी बात यह है कि अधिकांश मानकों में ''खेती के लिए'' बनाये गये मानको मे विशेष अंतर नही है। मानकों में मुख्य अन्तर प्रसंस्करण और खेत के बाद के रख रखाव व पैकिंग आदि से संबंधित है। हमारे देश के लिए बनाये गये मानक समिश्रण है और इन मानको के आधार पर उत्पादन करने से देश विदेश की आवश्यकता के अनुसार थोड़ा फेर-बदल करके निर्यात किया जा सकता है।

विश्व व्यापार संधि में उर्वरक व कीटनाशकों के अवशेष व गुणवत्ता संबंधी कठोर नियम (कोडक्स एलीमेन्टस) बनाये गए है। दूसरे खुले विश्व व्यापार की भारी प्रतिस्पर्धा में वही वस्तु बाजार में टिक पायेगी या बिकेगी जिसकी लागत कम और गुणवत्ता अच्छी होगी और जैसा कि पहले बताया गया है कि जैविक उत्पाद में ये दोनो ही विशेषताएं होती है। तीसरी विशेषता जैविक खेती की यह है कि जैविक खेती के उत्पादों की मांग बढ़ रही है हालांकि अभी कुल विश्व बाजार का 3 प्रतिशत ही जैविक उत्पाद है किन्तु प्रतिवर्ष 25-40 प्रतिशत की वृद्धि दर होने से भविष्य से मांग बनी रहने की

प्रबल सम्भावनाऐं है और यदि मांग बनी रही तो प्रतिस्पर्धा का असर बहुत कम हो जाता है अतः विश्व व्यापार संधि की प्रतिस्पर्धा और विकसित देशो द्वारा उत्पाद पर दी जाने वाली भारी सब्सिडी के बावजूद जैविक खेती और उत्पादन को विश्व बाजार अर्न्तराष्ट्रीय बाजारों से जैविक उत्पाद की मांग आई.पी.सी. 2001 तक ले जाने की असीम क्षमताऐं है।

2.1 जैविक उत्पाद का बाजार

जैविक खेती और जैविक रूप से संसाधित उत्पादो के विक्रय को लेकर किसानों और उत्पादकों के मन में कई आशंकाएं होती है। इनमें से कुछ है।

2.2 प्रमुख आशंकाएं

1. जैविक खेती से उत्पादन कम होता है अतः लागत अधिक हो सकती है।
2. इसके प्रमाणीकरण में 3-4 वर्ष लगते है।
3. बाजार में जैविक खेती से उत्पादित वस्तु को उपभोक्ता पसंद करेगा या नही?
4. क्या बिना प्रमाणीकरण के भी जैविक खेती उत्पाद का अच्छा मूल्य मिल सकता है?
5. क्या जैविक खेती के निवेश यानि खाद, कीट नियंत्रक आदि को ग्राम स्तर पर बनाकर विक्रय किया जा सकता है?
6. क्या जैविक खेती का प्रमाणीकृत उत्पाद कई ग्रेड का बिकता है?

समाधानः-

उपरोक्त सभी आंशकाओं का उत्तर आशावादी है दूसरे शब्दों में उपरोक्त सभी समस्याओं के समाधान लगभग निकाले जा चुके है।

आशंका :- 1. जैविक खेती में उत्पादन कम होता है और लागत अधिक हो सकती है।

समाधान :- जब रासायनिक खेती से जैविक खेती में भूमि को परिवर्तित किया जाता है तो मृत भूमि को जैविक खाद द्वारा जीवित करने में 1-2 वर्ष लगते है क्योंकि जैविक खाद धीरे धीरे असर करती है। 1-2 वर्ष बाद सब कुछ रासायनिक खेती से कई गुना अच्छा हो जाता है अर्थात शुरू के 1-2 वर्ष उपज के बाद जैविक खेती में रासायनिक खेती की अपेक्षा अधिक उपज ही होगी और वह भी लबें समय तक। दूसरे जैविक खेती की लागत रासायनिक खेती की अपेक्षा काफी कम आती है क्योकिः

1. सभी आदान (खाद, बीज, कीट नियंत्रक आदि) किसान या ग्राम स्तर पर बनायें जाते है। जिनकी लागत बाजार में मिलने वाली रासायनिक उर्वरक व कीटनाशकों से बहुत कम होती है। उदाहरण के लिए एक किलोग्राम (30 ₹) राइजोबियम कल्चर से 800 ₹ की यूरिया के बराबर जमीन में नत्रजन स्थापित होती हैं।
2. कई आदान जैसे खाद, कीट नियंत्रक आदि पशु अपशिष्ट या फसल अवशेष से बनाये जाते है। जिनके लिए अलग से कीमत नही देनी होती है।
3. जैविक खेती के उत्पादों का बाजार में 10-25 प्रतिशत तक अधिक मूल्य मिलता हैं अतः लागत कम व मूल्य अधिक होने से इकाई क्षेत्र से लाभ अधिक होता है।

आशंका :- 2 इसके प्रमाणीकरण में 3-4 वर्ष लगते है?

समाधानः- जैविक खेती के प्रमाणीकरण के लिए परिवर्तन काल की अधिकतम सीमा एक वर्षीय फसलो के लिए चार साल तक रखी गयी है। यह तीन कारको पर निर्भर करता है।

1. जैविक खेत बनाने की प्रक्रिया शुरू करने से पहले उस खेत में कितना रासायनिक उर्वरक व कीटनाशकों का प्रयोग किया गया है, यदि कम किया गया है तो परिवर्तन काल 1-2 वर्ष भी हो सकता है।
2. यह इस बात निर्भर करता है कि खेत के रसायनो के अवशेष निकालने और जैविक खेती बनाने का प्रबंधन कितना अच्छा किया

गया है। सभी तकनीको को समन्वित रूप से यदि अपनाया जाये तो बहुत कम समय में भूमि का जहर निकाला जा सकता है।

3. परिवर्तन काल के पहले दो वर्षों तक उत्पाद की पैकिंग पर लिख दिया जाता है कि यह उत्पाद जैविक परिवर्तन काल में पैदा किया गया है बाजार में सभी तरह के उपभोक्ता रासायनिक खेती के बजाय परिवर्तन काल के खेत से पैदा किये फसल या उत्पाद को भी पसंद करते है।

4. परिवर्तन काल के प्रचार के लिए भरपूर उपयोग करना चाहिए और इस दौरान स्थानीय बाजार से लेकर निर्यातक तक यह संदेश अच्छी तरह से पहुंचा देना चाहिए कि अगले 1-2 वर्ष में इस खेत से 100 प्रतिशत जैविक उत्पाद बनने लगेगा। जैविक खेती की मेहनत व प्रमाणीकरण इन सभी लाभ लेने के लिए जैविक उपायों के प्रचार में ध्यान ज्यादा लगाने की बजाए व्यक्तिगत संपर्क और सभी उपभोक्ता खरीदारों को व्यक्तिगत पत्र बिना ज्यादा असरदार हो सकता है।

आशंका :- 3 बाजार में खेती से उत्पादित वस्तु को उपभोक्ता पसंद करेगा या नही?

समाधान :- सूचना माध्यम की उपलब्धता से आजकल उपभोक्ता में भी जागरूता बढ़ी है और हर जागरूक व्यक्ति जानने लगा कि रासायनिक उर्वरक और कीटनाशक के प्रयोग से पैदा हुआ उत्पाद स्वास्थ्य के लिए हानिकारक है। आज अकसर लोग यह कहते हुए मिलते है कि उर्वरक से पैदा किये अनाज, फल सब्जी में स्वाद की कमी हो गयी है। सभी उत्पादों की मात्रा तो बढ़ी है पर गुणवत्ता घटी हैं। ऐसे समय में आज हर जागरूक उपभोक्ता यह चाहता है कि वह ऐसे खाद्य का प्रयोग करें जो उर्वरक-कीटनाशक के अवशेष से मुक्त हो अथवा जैविक खेती उत्पादित हो।

चूँकि पश्चिमी देशो में साक्षरता और जागरूकता दोनो ही अच्छी है इसलिए वहां इसकी मांग प्रतिवर्ष 25-40 प्रतिशत तक बढ़ रही है। भारत में भी मांग बढ़ रही है। भारत में मांग बढ़ने का प्रत्यक्ष प्रामाण यह है कि भारत

सरकार के विभाग "एपीडा" ने जैविक खेती का चिन्ह जारी किया है और कई योजनाएं चलाई है। देश के कई बड़े बड़े व्यवसाइयों ने भी किसानों से अनुबंध कर जैविक खेती की है। यदि उपभोक्ता की पंसद का प्रत्यक्ष प्रमाण देखना हो तो किसान को अपने मिलने वाले व्यापारी व अन्य लोगो के बीच यह घोषणा करके देखें कि इस बार गेहूँ-चावल या अन्य कोई खाद्य उसके खेत पर जैविक खेती से तैयार किया जाएगा। उसका तत्कालिक असर यह होगा कि उत्पाद के खरीदने हेतु लोग अग्रिम सौदा करेगें। रासायनिक खेती का गेहूँ जो 7-8 ₹ प्रति किलो तक बिकता है जबकि जैविक खेती का गेंहू 12-15 ₹ प्रति किलो तक लोग खरीदने को तैयार हो जायेंगे यह स्वयं अनुभव की बात है।

आशंका -४ क्या बिना प्रमाणीकरण के भी जैविक खेती उत्पाद का अच्छा मूल्य मिल सकता है।

समाधान :- प्रमाणीकरण उपभोक्ता का दिलाया जाने वाला लिखित विश्वास है जिसके आधार पर उपभोक्ता बिना उत्पादक से सीधा सम्पर्क करके यह विश्वास करा सकता है कि वह जो उत्पाद खरीद रहा है उसका उत्पादन जैविक खेती के मानकों के अनुसार ही हुआ है। यह लिखित विश्वास उपभोक्ताओं और आयतकों के लिए उपयोगी है जो दूसरे देशो में रहते हैं और उनका हमारे देश में आकर उत्पादन को देख पाना व्यवहारिक नही है। अत: निर्यात कराने के लिए जैविक उत्पादो का प्रमाणीकरण एक आवश्यकता हो सकती है किन्तु हमारे अपने देश के एक अरब उपभोक्ताओं का बिना प्रमाणीकरण के भी विश्वास पैदा किया जा सकता है (उत्पाद के पैकेट पर बिना प्रमाणीकरण के "100 प्रतिशत जैविक लिखना कानूनन अपराध है") यह विश्वास निम्न उपायों को काम में लेकर पैदा किया जा सकता है:

1. विक्रेताओं और उपभोक्ताओं को उत्पादन की प्रक्रिया दिखाकर।
2. सबसे पहले उन्हे उपभोक्ता बनाकर जिनका कि आप पर विश्वास हो ताकि वे दूसरों को विश्वास दिलाने में सहायक हों।

3. सहकारी संघ बनाकर जिससे उस संघ के सभी किसान जैविक खेती करें और प्रचार किया जाये कि इस संघ के सभी उत्पाद जैविक विधि से तैयार किये जाते है। किसी एक किसान की बजाय संघ या संस्था पर उपभोक्ता को विश्वास कराना आसान रहता है।
4. बारानी क्षेत्रों में उर्वरक और कीटनाशको का प्रयोग बहुत कम होता है अतः वहां के उत्पादक इस बात का प्रचार कर सकते है कि उनके उत्पाद सिंचित क्षेत्रों के उत्पादो की अपेक्षा अधिक सुरक्षित हैं। देश के 55 प्रतिशत भाग में बारानी खेती ही होती है और वहां के किसान रासयनिक उर्वरकों-कीटनाशकों के प्रयोग को बंद कर बहुत शीघ्र ही बाजार और उपभोक्ता दोनों में विश्वास पैदा कर सकते है।

बैंक उत्पादों के यहां उत्पादन भी अधिक होता है और इसलिए उन्हें अधिक उपभोक्ता ढूंढने पड़ते हैं और वे प्रमाणीकरण का खर्च भी वहन कर सकते हैं। छोटे किसान का उत्पादन भी कम होता है अतः कम उपभोक्ता ढूंढने पड़ते है और वे प्रमाणीकरण का खर्च भी वहन नहीं कर सकते है। चूंकि प्रमाणीकरण में भी 3-4 वर्ष लगते है और यही 3-4 वर्ष यदि छोटे किसान व्यक्तिगत संपर्क द्वारा अपने समिति उपभोक्ताओं मे विश्वास पैदा करने में लगायें तो अवश्य ही सफलता मिलेगी। मध्यप्रदेश के छिंदवाडा में किसान जैविक खेती से उत्पादित फल-सब्जियों को स्वयं मंडी में अलग दुकान लगाकर उनकी पहचान बना रहे है। खादी भंडार भी ''देशी आहार'' के नाम से इसी प्रकार जैविक उत्पादों का महानगरों में विक्रय कर रहा है। विश्वास पैदा करने में 2-3 वर्ष लगते है और उतना ही समय प्रमाणीकरण में, क्यों न छोटे और मध्यम किसान विश्वास पैदा करने का तरीका अपनायें जो न केवल सस्ता है वरन् खरीददार भी सुनिश्चित करता है और खेती को आत्मनिर्भरता की ओर ले जाता है।

आशंका:-5 क्या जैविक खेती के आदानों यानी खाद, कीट नियंत्रक आदि को ग्राम स्तर पर बनाकर विक्रय किया जा सकता है?

समाधानः-जैविक खेती के आदानों को ग्राम स्तर पर बनाकर सफलता पूर्वक विक्रय किया जा सकता है इससे न केवल सहकार ओर पड़ोसी से प्रेम की भावना पैदा होगी वरन् कई लोगों को गांव में ही रोजगार मिल सकेगा और ग्रामीणों का शहर की ओर पलायन रुकेगा।

गांव में तीन प्रकार के किसान होते हैः-

1. बड़े किसान
2. छोटे किसान
3. भूमिहीन किसान

यह सभी किसान जैविक खेती के आदानों को बनाकर एक दूसरे को विक्रय कर सकते हैं। उदाहरण के लिए भूमिहीन किसान नीम के जैव नियंत्रक, मित्र कीट जैसे ट्राइकोग्रामा का उत्पादन कर बड़े किसानो को दे सकते है। इस प्रकार बड़े किसान छोटे किसानों को कम्पोस्ट, वर्मीकम्पोस्ट बनाने हेतु फसल अवशेष और पशु अपशिष्ट दे सकते हैं। इससे जैविक खेती का दृश्य अर्थात् किसान और ग्राम स्वालम्बन पूरा हो सकेगा।

वैसे भी जैविक खेती में काम आने वाले आदान, उपयोग किये जाने वाले स्थान के पास और उपयोग के समय ही बनाये जाने चाहिए ताकि उनकी गुणवत्ता बनी रहे। इसके लिए ग्राम स्तर पर गुणवत्ता का विश्वास किया जा सकता है या निरीक्षण कर सकते है। दूसरे स्थान से आये खाद व कीट नियंत्रण या तो प्रमाणित हों अन्यथा मिलावट और कम असरकारक होने की आशंका सदैव रहती है जो कि बिल्कुल वैसी ही समस्या है जैसी रासायनिक उर्वरकों के नकली माल की बाजार में भरमार होने से पैदा हुई हैं। यदि बाहर से लाई कम्पोस्ट से निर्माता ने ज्यादा असरदायक बनाने के लिए (ताकि उनका माल ज्यादा बिके) कुछ मात्रा यूरिया की मिलाई हो तो उस मिलावट को मालूम करने के लिए कई रासायनिक परीक्षण करने पड़ेंगे। अतः ग्राम स्वालंबन और नकली माल से बचने तथ कम लागत में अच्छा उत्पादन लेने हेतु ग्राम स्तर पर आदानों का उत्पादन व विक्रय होना चाहिए। इन आदानों के उत्पादन के लिए कोई मशीन या संयंत्र की जरूरत

नही होती है और 1-2 दिन की ट्रेनिंग से इनकी उत्पादन विधि सीखी जा सकती है।

आशंका:- 6 क्या जैविक खेती का प्रमाणीकृत उत्पाद कई ग्रेड का बिकता है?

समाधान:- उपयोग की कई प्रमाणित जैविक सामग्री के आधार पर उत्पाद पर निम्न प्रकार से लेबल लगाये जाते है।

1. एकल, प्रमाणित जैविक सामग्री के उपयोग से बने उत्पाद के लिए लेबल पर "जैविक कृषि का उत्पाद" लिखा जाता है।
2. जहां कम से कम 95 प्रतिशत तक प्रमाणित जैविक सामग्री से उत्पाद बनाया जाता है उस पर "प्रमाणित जैविक" का लेबल लगाते है।
3. जहां 95 प्रतिशत से कम व 70 प्रतिशत से ज्यादा प्रमाणित जैविक सामग्री के उपयोग से उत्पाद बनाते है उन पर "जैविक सामग्री से बना हुआ" लेबल लगाते है।
4. जहां उत्पाद का 70 प्रतिशत से कम भाग प्रमाणित जैविक सामग्री से बना होता है। वहां लेबल पर जैविक नही लिखा जाता है किन्तु जो भी जैविक सामग्री का उपयोग होता है, उनका विवरण दिया जा सकता है।

जैविक उत्पादो का प्रमाणीकरण - बाजार का विश्वास पत्र

प्रकृति और पड़ोसी से मित्रता से मित्रता का प्रमाण :- हमारी पंरपरागत खेती तो प्रकृति के नियमों के अनुसार ही होती थी। यानि विविधता बनाये रखना, फसल चक्र, जैविक खाद का प्रयोग आदि। पड़ोसी भी परम्परागत खेती में बड़ा सहयोगी होता था। गांव के स्तर पर उन्नत बीज बनाना, जुताई और निराई का कार्य सभी मिलजुल कर करते थे और इन सबसे बढ़कर ग्राम स्तर पर प्राकृतिक संसाधानो जैसे जल और पेड़ पौधों का संरक्षण किया जाता था। यानि प्रकृति और पड़ोसी के साथ सहजीवी (स्मिबायोटिक) संबंध रखा जाता था।

पिछली शताब्दी के पांचवे दशक में हुई रासायनिक खेती की शुरूआत जिसमें प्रकृति के साथ रासायनिक युग शुरू हुआ यानि नत्रजन, फास्फोरस आदि सभी तत्व जो पहले प्राकृतिक स्त्रोतों से जैसे जैविक खाद, हरी खाद आदि से मिलते थे उन्हे अब यूरिया, डी.ए.पी. आदि उर्वरको से दिया जाने लगा। पड़ोसी के सहयोग की जगह ट्रैक्टर और खरपतवार नाशक कीटनाशक रसायनों ने ले ली है। अब तो सहयोग की बजाय पड़ोसी से पानी बंटवारे, पशुओं से रखवाली पर झगड़े तो राज्य और देशों के स्तर तक पहुंच गए है। स्वंय के खेत में कीटनाशक के छिड़काव से पड़ोसी के घर परिवार, पालतू पशुओं को क्या नुकसान होगा इसकी कोई चिन्ता नही है। यूरिया और कीटनाशक के अवशेष की कितनी मात्रा पानी हवा में मिलकर जनजीवन को कैंसर जैसे रोगों से ग्रसित होने के लिए मजबूर कर रहे हैं इनका इस्तेमाल करने वाले के पास इस बारे में सोचने का समय नही होता है।

अधिक उत्पादन हेतु रसायनों का अधिकाधिक इस्तेमाल करने की मानसिकता प्रकृति और पड़ोसी के सहयोग की बजाय उन्हें जीतने का रास्ता अपनाने से आज किसान के जीवन में स्थायित्व लाने के लिए यह जरूरी है कि लड़ाई के बजाय प्रकृति और पड़ोसी से मिलकर काम किया जाऐ और जैविक खेती सदैव इस प्रकार के समन्वय से ही हो पाती है।

जैविक खेती में प्राकृतिक स्त्रोतों से पोषक तत्वों के प्रबंध और प्राकृतिक कारको द्वारा रोग कीट प्रबंधन के साथ ही इनको समन्वित रूप से अपनाने के लिए आस-पड़ोस के किसानों या ग्राम स्तर और प्रबंधन से ही सम्पूर्ण सफलता मिल सकती है। यदि एक किसान जैविक खेती कर रहा है तो आस-पास के सभी किसान रासायनिक उर्वरक व कीटनाशकों का उपयोग कर रहे है तो उस किसान (जैविक खेती वाले) के खेत पर भी इन रसायनों का थोड़ा ज्यादा असर होगा। जिससे उसे जैविक खेती के संपूर्ण लाभ नही मिल पाऐंगे। अतः कई किसान सामूहिक रूप से जैविक खेती अपनायें जिससे न केवल उसके प्रबंध में आसानी रहेगी। वरन् उपभोक्ता को या बाजार में सिर्फ यह बताना होगा कि गांव में सभी किसान जैविक खेती से खाद्यान्न और बाजार में उसे किसान समूह के लिए विश्वास पैदा हो जायेगा।

इसी बाजार या उपभोक्ता के विश्वास को सरल बनाने के लिए विश्व स्तर पर एक प्रक्रिया बनाई गयी है, जिससे प्रमाणीकरण या सर्टीफिकेशन कहते है। इसके कई नियम-विधान बनाये गये है जिनके आधार पर प्रमाणीकरण संस्था यह प्रमाण पत्र देती है कि अमुक किसान का खेत या किसान समूह के खेतों में उसके द्वारा उगाई गई फसल या उत्पाद 100 प्रतिशत जैविक विधि से तैयार किया गया हैं।

ये प्रमाणीकरण संस्थाएं अधिकांश विदेशी संस्थाओं की शाखाओं के रूप में हमारे देश में काम कर रही हैं। अक्सर प्रमाणीकरण हेतु अच्छी खासी रकम या फीस लेती हैं। अतः उन किसानो के लिए जिन्हे अपना उत्पाद अमेरिका, यूरोप, आस्ट्रेलिया, जापान आदि देशों को निर्यात करना है उन्हे ही इन संस्थाओ से प्रमाणीकरण कराना चाहिए।

हमारे देश में भी "एपीडा" (कृषि और प्रसंस्कृत खाद्य उत्पाद निर्यात विकास प्राधिकरण) जो भारत सरकार की संस्था है के मार्ग निर्देशन से सन् 2000 से राष्ट्रीय जैविक उत्पादन कार्यक्रम शुरू किया गया है और एपीडा दिल्ली, चाय बोर्ड कलकत्ता, काफी बोर्ड बैंगलोर और मसाला बोर्ड-कोचिन को प्रमाणीकरण के नियम बनाने व प्रमाणीकरण करने वाली संस्थओं को नियुक्तिकरण (एक्रीडेशन) का कार्य दिया गया है। इन संस्थाओं के मार्गदर्शन में कई प्रमाणीकरण संस्थाएं कार्य कर रही है जिनसे प्रमाणीकरण कराया जा सकता हैं।

प्रमाणीकरण का तरीका:- इन संस्थाओं से प्रमाणीकरण कराने हेतु दो प्रकार से आवेदक बन सकते है।

एकल किसान या उत्पादक:- कई बड़े व्यापारी जो निर्यातक भी है इस प्रकार के आवेदक होते है कि वे स्वयं के बड़े-बड़ें खेत या उत्पादन इकाई का जैविक उत्पादन प्रमाणीकरण कराकर निर्यात करते हैं। चूंकि प्रमाणीकरण का खर्च वे सहन कर सकते है अतः उनके लिए एकल आवेदक बनने में कोई कठनाई नही होती है। इसी का एक और तरीका यह है कि व्यापारी कई किसानों से अनुबंध खेती करना तय करते है ये सभी

किसान अपने उत्पादन उस व्यापारी को ही बेचते है और बदले में व्यापारी इन किसानों से अनुबंध खेती करना तय करते है तथा व्यापारी इन किसानों के उत्पाद को जैविक उत्पादन प्रमाणीकरण का सम्पूर्ण खर्च व अन्य सुविधाओं का प्रबंध करता है। दक्षिण भारत में मसालों, उत्तर पूर्व में अनन्नास, चाय व अन्य कई राज्यों में देशी अनाज की जैविक खेती का प्रमाणीकरण इसी प्रकार हो रहा है।

सामूहिक प्रमाणीकरण:-छोटे-छोटे किसानों के पास इतना धन नहीं होता है कि वह एकल स्तरपर प्रमाणीकरण करा सकें। दूसरे उनकी जोत/खेत छोटे-छोटे होते है। अत: यदि पड़ोसी रासायनिक खेती कर रहा हो तो उसका असर अवश्य ही चारों तरफ होगा तथा जैविक खेती के लिए आवश्यक अंतर नही मिल पायेगा और प्रमाणीकरण नही हो पायेगा। इसका एक ही उपाय है सामूहिक प्रमाणीकरण यानि पड़ौसी से दोस्ती। इसमें कई किसान मिलकर सामूहिक रूप से जैविक खेती करते है, इसस दो लाभ होते है।

1. सभी किसान जैविक खेती कर रहे होते है। अत: खेतों के बीच अंतर (बफर जोन) रखने की जरूरत नही पड़ती हैं
2. प्रमाणीकरण में लगा खर्च भी किसानों में बंट जाने से किसी एक किसान पर ज्यादा भार नही पड़ता है।

मध्यप्रदेश में एक हजार से ज्यादा किसान इस प्रकार से सामूहिक प्रमाणीकरण द्वारा कपास की खेती कर रहे हैं और रासायनिक खेती द्वारा उगाई कपास के मुकाबले 25-30 प्रतिशत तक अधिक कीमत प्राप्त कर रहे हैं। प्रमाणीकरण पर किये गये अतिरिक्त खर्च की भरपाई जैविक उत्पाद के बाजार में 20-25 प्रतिशत तक ज्यादा भाव मिल जाने से आसानी से हो जाती है।

प्रमाणीकरण की विधि:- प्रमाणीकरण संस्था द्वारा खेत का इतिहास यानि उसमें पूर्व में क्या फसल ली गई है, कितना उर्वरक व कीटनाशक उपयोग किया गया है तथा अन्य सभी जानकारी जो उत्पादन को प्रभावित करती है, को इक्ट्ठा किया जाता है। इसके बाद मिट्टी की गहन जांच होती है और अन्त में किसान या किसानों के समूह को क्या-क्या कार्य करने है

और क्या नही करने है के बारें में विस्तार से निर्देश दिये जाते है। सभी आदानों खाद, बीज आदि का रिकार्ड रखना इस प्रक्रिया का महत्वपूर्ण हिस्सा है इस तरह खेत को जिसमें पहले रासायनिक खेती होती थी को जैविक खेत में बदलने में 3 वर्ष या कभी-कभी ज्यादा समय लगता है।

इस कृषितंत्र (रासायनिक से जैविक) को बदलने मे लगे समय को परिवर्तन समय कहते हैं। इसमें उपज सिर्फ 10-15 प्रतिशत ही कम होती है। इस समय की समाप्ति पर पुनः भूमि व कृषितंत्र की गहन जांच कर संस्था जैविक खेती का प्रमाण पत्र दे देती है जिसे बाजार में उत्पादन बेचने हेतु प्रयोग किया जा सकता है। यह प्रमाण पत्र 12-18 माह तक मान्य होता है। इसके बाद भी वर्ष में दो-तीन बार संस्था के प्रतिनिधि आकर यह देखते हैं और सुनिश्चित करते हैं कि जैविक खेती नियमानुसार हो। संस्था द्वारा बार-बार निरीक्षण और प्रमाणीकरण में आए खर्च को शुल्क के रूप में किसान (प्रार्थी) से ले लिया जाता है।

स्वयं प्रमाणीकरणः अपना ज्ञान बनाये महानः- जैविक खेती का उद्देश्य पर्यावरण को स्वच्छ रखने और स्थायित्व के साथ-साथ, किसान और ग्राम स्तर पर आत्मनिर्भरता प्राप्त करना है जिसका अर्थ है कि खेती के काम में आने वाले सभी आदान किसान या ग्राम स्तर पर बनाये जायें और उत्पाद का विक्रय भी इस प्रकार किसान या किसानों की सहकारी समिति द्वारा किया जाए ताकि लाभ का अधिकांश हिस्सा बाजार के दलालों की बजाय किसान को मिल सके। चूंकि जैविक खाद, जैविक कीट नियंत्रक आदि सभी किसानों द्वारा या ग्राम स्तर पर बनाये जा सकते है अतः बहुत हद तक आत्मनिर्भरता प्राप्त हो जाती है, किन्तु प्रमाणीकरण एक ऐसा कार्य है जिसमें एक बाहरी संस्था पर निर्भरता रहती है। दूसरी ओर देश के कुल उत्पादन का सिर्फ 5-10 प्रतिशत ही निर्यात के लिए होता है शेष तो हमारे देश के उपभोक्ता ही उपयोग करते है जिनके लिए तो किसान या व्यापारी की व्यक्तिगत, साख ही उपयोगी होती है। अतः किसान या किसान समूह यदि जैविक खेती के सभी नियम जानकर उन्हें पूर्णतः अपनी खेती में लागू करें तो वह स्वयं प्रमाणित खेती होगी। हॉ यदि किसी उपभोक्ता या निर्यातक

को आवश्यकता हो तो स्वयं खर्चे पर प्रमाणीकरण करा सकता है। इस व्यवस्था से निम्न लाभ हो सकते है।

1. जैविक खेती में उपयोग किये जाने वाले सभी आदान जैसे जैविक खाद, वर्मीकम्पोस्ट, खली की खाद आदि भी जैविक स्त्रोतों के लिये ही बनाये जाने चाहिए। अर्थात यदि कम्पोस्ट खाद बनाना है तो उसमें ऐसे खेत का फसल अवशेष ही मिलाना चाहिए जहां रासायनिक उर्वरक व कीटनाशक का प्रयोग पिछले तीन वर्ष से न किया गया हो और ऐसा गोबर या पशु अपशिष्ट ही उपयोग में लेना चाहिए जिन्होनें जैविक विधि से उगाया चारा ही खाया हो और उनका पालन भी जैविक तरीके से (रोग दूर करते हेतु रासायनिक दवाई व एन्टीबायोटीक का प्रयोग नही किया हो) किया गया हो। सारांश यह है कि पूरा कृषि तंत्र ही जैविक बन जाना चाहिए ताकि किसी भी स्त्रोत (खाद, बीज, क़ीट नियंत्रक) से रासायनिक उर्वरक व कीटनाशकों के अवशेष खेत में न आने पायें।
2. मानव मल, खून, हड्डी, शहर का अपशिष्ट जल आदि कई ऐसे पदार्थ होते है जिसमें कई रसायन व रोग कारक जीवाणु हो सकते है इन सभी पदार्थो को पूर्णतः रोगकारक व हानिकारक रसायनों उर्वरक-कीटनाशकों के अवशेष न आ सके।
3. स्वयं या स्थानीय स्तर पर बताये गए जैविक आदान को यह प्रमाणित करना आसान है कि वह जैविक विधि से ही तैयार किया गया है अपेक्षाकृत उन आदानों को जो दूसरी जगह से लाये गए होंगे, और कुछ समय पहले बनाये गए होंग जैसे यदि किसान स्वयं कम्पोट बनाता है तो वह विष्वास के साथ कह सकता है कि वह जैविक विधि से बनाया गया है बाहर से लाई कम्पोस्ट की शुद्धता को तय करने में बहुत सारे परीक्षण करने होंगें। जिसमे व्यर्थ में समय और पैसे की बर्बादी होगी।
4. जैविक खेती में प्रयोग किये जाने वाले बीज की किस्म विकिरण या जीन की हेर फेर से बनाई गई नही होनी चाहिए यानि बीटी, कपास, सोना धान (गोल्डन राइस) का प्रयोग वर्जित है। अतः जहां

तक हो सके स्थानीय किस्मों के चयन से बनाई गयी सुधारी किस्म ही प्रयोग में लानी चाहिए

5. उत्पाद के संसाधन में भी विकिरण व रसायनों का प्रयोग वर्जित माना गया है। जैविक खेती के प्रमाणीकरण के नियमों में कई ऐसे पदार्थो की सूची है जिनके आगे वर्जित (रेस्ट्रिक्टेड) लिखा होता है जिसका अर्थ यह है कि इन पदार्थो को जैविक विधि से उत्पादन किया जाये तभी प्रयोग करें जैसे जैविक खाद, कुछ पदार्थो के संदर्भ में इसका अर्थ होता है कि सीमित मात्रा में अधिक उपयोग न करें।
6. खेती को आत्मनिर्भरता की ओर ले जाता है।

"नितै खेती अन्तरे गाय। नाही देते तेकर जाय।
घर वैठत जो वनवै वात। देह में वस्त्र न पेट मे भात।।"

घाघ

3

जैविक खादें

भारत एक कृषि प्रधान देश है अत: देश के विकास में कृषि विकास का एक अहम योगदान हैं। देश की जनसंख्या अनवरत रूप से बढ़ती ही जा रही हैं अत: देश का विकास जारी रखने के लिए खाद्यान्न एवं फसलोत्पदान को अधिक से अधिक बढ़ाना ही होगा। चूंकि खेती योग्य भूमि स्थिर होने के कारण इस लक्ष्य को हम केवल प्रति हैक्टेयर उत्पादन में वृद्धि करके प्राप्त कर सकते हैं। फसलों का उत्पादन बढ़ाने में निश्चित तौर पर उन्नत किस्मों, रासायनिक उर्वरकों, कीटनाशकों, खरपतवारनाशियों, कृषि यंत्रों एवं सिंचाई का बड़ा ही अहम योगदान रहा हैं। इस निर्बाध बढ़ती हुई आबादी की क्षुधा को शांत करने के लिए सरकार ने 1960 से फसलों के उत्पादन को बढ़ाने पर बल दिया जिसके फलस्वरूप खेती में रसायनिक खादों का प्रयोग बढ़ता ही गया । इन रसायनों के लगातार एवं असंतुलित प्रयोग से भूमि में कार्बनिक पदार्थो की मात्रा में निरन्तर कमी होती गयी। रासायनिक उर्वरकों के निरन्तर प्रयोग के फलस्वरूप मृदा क्षारीय होती गयी। मृदा का स्वास्थ्य बद से बदतर हो गया और मृदा की उर्वरा शक्ति में अनवरत कमी आती गयी। इन रसायनों के बचे हुये अवशेष हमारी मृदा स्वास्थ्य के साथ-साथ जल एवं वायु को भी प्रदूषित कर रहे हैं जिसके फलस्वरूप मृदा में प्राकृतिक रूप से पाये जाने वाले लाभकारी सूक्ष्म-जीवाणुओं, केंचुओं आदि की संख्या एवं उनकी क्रियाशीलता में निरन्तर कमी आ रही है। इसके अलावा ये भोजन

श्रृंखला के माधयम से मानव स्वास्थ्य को भी बुरी तरह प्रभावित कर रहे है। दूसरी तरफ रासायनिक उर्वरकों के बढ़ते प्रयोग से दिनों-दिन बढ़ती कीमतों के कारण लघु और सीमान्त कृषकों का खेती करना महंगा भी होता जा रहा है।

अतः कृषि से जुड़े वैज्ञानिकों को इसके किसी विकल्प को तलाशने पर मजबूर होना पड़ा। उपरोक्त समस्याओं से छुटकारा पाने का एक मात्र उपाय जैविक खेती ही है। आज पूरे विश्व में जैविक खेती का प्रचलन बढ रहा हैं क्योंकि जैविक खेती को रासायनिक खेती का विकल्प माना जा रहा हैं। जिसके प्रयोग करने से फसलोत्पादन में बढ़ोतरी के साथ-साथ फसल की लागत में भी कमी हो सकती है और रासयनिक खेती से होने वाले दुष्प्रभाव से बचा भी जा सकता है। यद्यपि फसलों में जैविक खेती या जैव उर्वरकों का प्रयोग रासायनिक उर्वरकों का पूर्णरूपेण विकल्प तो नही है लेकिन जैव उर्वरकों के प्रयोग से खेती में रासायनिक उर्वरकों पर निर्भरता को काफी हद तक कम किया जा सकता है। लेकिन जैविक खेती अपनाने से पूर्व कृषकों के समक्ष सबसे बड़ी समस्या यह है कि वह फसल के लिए जरूरी पोषक तत्वों की पूर्ति कैसे करें जिससे उसका फलोत्पादन भी प्रभावित न हो और मृदा की उर्वरा शक्ति भी बनी रहे।

अतः वैज्ञानिकों ने फसलों में एकीकृत पोषण प्रबंधन पद्धति को अपनाने की सलाह दी हैं जिसके अन्तर्गत रासायनिक उर्वरकों, कार्बनिक खादों और जैव उर्वरकों के सम्मिलित उपयोग की ओर ध्यान दिया जा रहा है। इसके अलावा अगर कोई कृषक केवल जैव उर्वरकों का प्रयोग कर खेती करता है तो उसके जैव उत्पाद में प्रमाणन एवं उचित बाजार व्यवस्था विकसित करने की भी महती आवश्यकता है ताकि किसान भाईयों को अपने जैव उत्पाद के लिए इधर-उधर भटकना न पड़े और अपने जैव उत्पाद का उचित मूल्य भी मिल सके। वास्तव में स्वतंत्रता से पूर्व भारतीय किसान जैविक खेती ही करता था क्योंकि उस समय कृषक रासायनिकों खादों, खरपतवारनाशकों एवं कीटनाशकों की अज्ञानता के कारण उन्हें प्रयोग ही नही करता था, बल्कि अपने पास उपलब्ध जैव संसाधनों (जैसे-गोबर की

खाद) का अदल-बदल कर प्रयोग करके खेती करता था। इस तरह से उत्पन्न उत्पादन की गुणवता भी उच्च स्तर की होती थी लेकिन इस प्रकार से उत्पन्न उत्पाद लगातर बढ़ती जनसंख्या की उदरपूर्ति के लिए अपर्याप्त था और हमें अनाज के लिए दूसरे देशो पर निर्भर रहना पड़ा। इन सब कारणों के पीछे हमारे देश का कृषि के क्षेत्र में अविकसित अनुसंधान भी एक बड़ा कारण था। इसके अतिरिक्त उन्नत बीजों की कमी, सिंचाई जल की अपर्याप्त व्यवस्था, सिंचाई के संसाधनों एवं कृषि उपकरणों का अभाव भी अल्प फसलोत्पादन के लिए जिम्मेदार थे। लेकिन वर्तमान समय में काफी उन्नत अनुसंधान होने के कारण उन्नत बीजों, प्रबल एवं प्रचुर सिंचाई व्यवस्था, साधनों एवं नवीन कृषि उपकरणों से कृषि क्षेत्र की काया पलट गयी है। वर्तमान समय में हम रासायनिक खेती के विकल्प के रूप में जैविक खाद एवं जैव उत्पादों पर निर्भर रहकर जैविक खेती को अपना सकते है। जिससे हमारा फसल उत्पादन, पौधा संरक्षण एवं पर्यावरण सुरक्षा के साथ-साथ मृदा की उर्वरा शक्ति भी बरकरार रह सकेगी।

3.1 जैविक खादों की विषेषताएंः-

1. जैविक खादों के प्रयोग से मृदा का जैविक स्तर बढ़ता है, जिससे लाभकारी जीवाणुओं की संख्या बढ़ जाती है और मृदा काफी उपजाऊ बनी रहती है।
2. जैविक खाद पौधों की वृद्वि के लिए आवश्यक खनिज पदार्थ उपलब्ध कराते है, जो मृदा में मौजूद सूक्ष्म जीवों के द्वारा पौधो को मिलते है जिससे पौधों स्वस्थ बनते हैं और उत्पादन बढ़ता है।
3. जैविक खादों के प्रयोग में कार्बनिक अंश (ह्यूमस) की मात्रा बढ़ती है जिससे भूमि की भौतिक दशा में सुधार होता है।
4. जैविक खाद बनाने में आसान होने के साथ-साथ सस्ते एवं टिकाऊ भी होते है।
5. जैविक खादों के प्रयोग से पौधा वृद्वि के लिए आवश्यक पोषक तत्वों जैसे नत्रजन, फास्फोरस एवं पोटाश के साथ-साथ सूक्ष्म पोषक तत्वों की पूर्ति भी होती है।

6. जैविक खादों के प्रयोग से फसलों में कीटों, बीमारियों एवं खरपतवारों का प्रकोप कम रहता है।
7. हरी खाद उपयोग करने से वातावरण में मौजूद नत्रजन का स्थिरीकरण होता हैं जिससे मृदा नत्रजन के मामले में आत्मनिर्भर बनती है।

3.2 जैव उर्वरकः-

कृषि क्षेत्र में प्रयुक्त किये जाने वाले जैव अर्थात् जैव कल्चर को सामान्यः वायुमण्डलीय नत्रजन को स्थिरीकरण करने वाले या घोलक सूक्ष्मजीवाणुओं या सेलुलोज को विघटित करने वाले सूक्ष्म जीवों की जीवित कोशिकाओं द्वारा तैयार किया जाता है।

इन जैव उर्वरकों के प्रयोग से जैविक नत्रजन का स्थिरीकरण बढ़ जाता है। पौधों के लिए स्फुर की उपलब्धता में वृद्धि हो जाती है। जिसके परिणाम स्वरूप पौधों की स्वस्थ वृद्धि पर लाभकारी प्रभाव पड़ता हैं। वर्तमान में प्रचलित कुछ जैव उर्वरकों का प्रभाव एवं उनका उपयोग अग्रलिखित है।

3.2.1. **राइजोबियम कल्चरः-** हमारे चारों ओर उपस्थित वायुमण्डल में 80 प्रतिशत नत्रजन है। एक हेक्टेयर भूमि पर वातावरण में अनुमानतः 2000 टन नत्रजन उपलब्ध रहती हैं सूक्ष्म जीवाणुओं द्वारा वायुमण्डलीय नत्रजन का मृदा में स्थिरीकरण किया जाता है। अगर हम दलहनी फसलों को राइजोबियम कल्चर से उपचारित करते है तो सूक्ष्म जीवाणु 50-100 किग्रा. करते है। जिसके फलस्वरूप उपज में 10 प्रतिशत से लेकर 60 प्रतिशत तक की वृद्धि सम्भव है। अतः दलहनी फसलों में 5-10 ग्राम राइजोबियम कल्चर प्रति किग्रा बीज के हिसाब से प्रयोग करना चाहिए। जिसके फलस्वरूप चना, मटर, ग्वार, रिजका मेथी आदि फसलों का अच्छा उत्पादन मिल सके। दलहनों की भरपूर पैदावार लेने के लिए यह आवश्यक है कि प्रत्येक वर्ष बीज को बोने से पूर्व राइजोबियम कल्चर मिलाकर ही बुवाई करें, जिससे इन पौधों की जड़ों पर प्रभावी ग्रांथियाँ बन जाती है, जिसमें उपस्थित जीवाणुओं द्वारा नत्रजन स्थिरीकरण की क्रिया सम्पन्न होती है।

चित्र 3.1 खेत में तैयार जैविक खाद का प्रयोग

3.2.1.1 राइजोबियम कल्चर के गुणः-

1. विभिन्न प्रकार की मृदाओं में कार्य करने की क्षमता रखता है।
2. मृदा में रहने वाले प्राकृतिक राइजोबियम की अपेक्षाकृत राइजोबियम कल्चर अधिक प्रभावशाली होता है।
3. विभिन्न प्रकार की जलवायु दशाओं में नत्रजन स्थिरीकरण की क्षमता रखता है।
4. पौधों की जड़ो में अच्छी एवं प्रभावशाली ग्रंथियां बनाता है।
5. विभिन्न फफूंद नाशक एवं कीटनाशकों के प्रति पर्याप्त सहनशीलता दर्शाता है।

3.2.1.2 राइजोबियम कल्चर से लाभः-

1. मृदा की भौतिक दशा में सुधार होता है।
2. मृदा में पौधों के लिए नत्रजन की मात्रा में वृद्धि हो जाती है।
3. दलहनी फसलों की उपज में 20-25 प्रतिशत तक की वृद्धि हो जाती है।
4. कम कीमत पर उपलब्ध हो जाता है।

3.2. एजोटोबेक्टरः

एजटोबेक्टर का उपयोग अनाज वाली फसलों जैसे गेहूँ, धान, मक्का, ज्वार, बाजरा आदि के अलावा सब्जी वाली फसलों में किया जाता है।

एजोटोबेक्टर के प्रयोग से भूमि में नत्रजन-स्थिरीकरण जीवाणुओं की संख्या बढ़ जाती है तथा ये जीवाणु मुक्त रूप से मृदा में पौधों की जड़ों के आसपास रहते है और वायुमण्डलीय नत्रजन को स्थिरीकृत कर पौधों को नत्रजन उपलब्ध कराते रहते हैं। ये जीवाणु भूमि में कई प्रकार के सक्रिय पदार्थो जैसे इन्डोल एसिटिक एसिड, जिब्रेलिक अम्ल का भी निर्माण करते हैं। इन जैव सक्रिय योगिकों के पौधों की जडो़ं के पास वाले क्षेत्र में निर्माण होने से पौधो की वृद्धि पर बड़ा गुणकारी प्रभाव पड़ता है। इसके अतिरिक्त ये जीवाणु आल्टरनेरिया वं फ्यूजेरियम नामक फफूंदों को रोकने की क्षमता रखते हैं जिससे पौधें इन फफूंदों से ग्रसित होने से बच जाते है। ये एजोटोबक्टर जीवाणु अंकुरण क्षमता एवं जड़ों के फैलाव (मजबूती) में भी सुधार करते हैं। इनके प्रयोग करने से 20 से 40 किग्रा नत्रजन प्रति हैक्टेयर प्रति वर्ष भूमि में स्थिर होती है। जिससे उपज में लगभग 20 प्रतिशत तक बढ़ोतरी होती है।

3.2.2.1 एजोटोबेक्टर के लाभः-

1. मृदा में 20 से 40 किग्रा. नत्रजन प्रति हैक्टेयर प्रति वर्ष स्थिर होती हैं
2. आल्टरनेरिया एवं फ्यूजेरियम नामक फफूंद की बाढ़ को रोकते है।
3. बीजों की अंकुरण क्षमता में सुधार होता हैं
4. पौधो की जड़े मजबूत हो जाती है, जिससे पौधो की वृद्धि अच्छी होती है।
5. उपज में 20 प्रतिशत तक की बढ़ोतरी होती है।

3.2.3 फास्फोरस घोलक जीवाणु (पी.एस.बी.):-

पौधों की वृद्धि के लिए नत्रजन के बाद आवश्यक तत्वों की श्रेणी में स्फुर का एक महत्वपूर्ण स्थान है। स्फुर पौधों में कोशिका के विभाजन, जड़ ग्रथियों के विकास, फल-फूल एवं बीज निर्माण के लिए अत्यन्त उपयोगी पौषक तत्व हैं। फॉस्फेटिक उर्वरकों द्वारा फसलों के लिए मृदा में स्फुर की जितनी मात्रा दी जाती है उसका केवल 20-30 प्रतिशत भाग ही फसल को

उपलब्ध होता है। बाकी बची मात्रा मृदा में ही स्थिर हो जाती है जो उस फसल के लिए अप्राप्य है। जिसका उपयोग पौधे नहीं कर पाते हैं। फास्फोरस विलायक जीवाणु (पी.एस.बी.) मृदा में उपस्थित अघुलनशील फास्फोरस को घुलनशीलन अवस्था में बदलकर पौधों को उपलब्ध करा देते हैं। पी.एस.बी. कल्चर का उपयोग बीजों को उपचारित करके किया जा सकता है। खेत की तैयारी करते समय अंतिम जुताई के समय 3-4 किग्रा. पी.एस.बी. कल्चर को 50 किग्रा. अच्छी सड़ी गोबर की खाद में मिलाकर भूमि में प्रयोग कर सकते है।

पी.एस.बी. के लाभः-

1. पौधो की जड़ों एवं जड़ ग्रंथियों का सुदृढ़ विकास होता है।
2. पौधो के फल-फूल एवं बीज बनाने के लिए अत्यन्त आवश्यक तत्व हैं। स्फुर को मृदा में उपस्थित अघुलनशील स्थिति से को घुलनशील अवस्था में बदलकर पौधों को उपलब्ध करा देते हैं।

3.3 जैव उर्वरकों के उपयोग करने की विधिः-

किसान भाईयों को फसल में बीज उपचार या राइजोबियम जीवाणु कल्चर का प्रयोग करने के लिए सबसे आसान व याद रखने वाला तरीका जिसे एफ.आई.आर. विधि कहते हैं अर्थात् बीज को सर्व प्रथम फफूंदनाशक दवा से (2.5-3.0 ग्राम दवा प्रति किलो बीज) से उपचारित करना चाहिए। तत्पश्चात् बीज पर यदि कीटनाशी लगाने हो, तो लगाऐं और अन्त में बीजों पर राइजोबियम कल्चर को प्रयोग करना चाहिए ताकि कल्चर के जीवाणु जीवित रह सकें। कल्चर को बीज पर अच्छी तरह से लगाने के लिए आजकल चिपकने वाले पदार्थ भी प्रयोग करने चाहिए। लेकिन किसान भाइयों को इस बात का ध्यान रखना चाहिए कि उसमें डिटर्जेन्ट पावडर कभी भी नही मिलावें। सर्वप्रथम आधा लीटर (500 मि.ली.) साफ पानी में 200 ग्राम के राइजोबियम के पैकेट को अच्छी तरह मिला लें, तत्पश्चात इस मिश्रण को एक एकड़ में लगने वाले बीज पर अच्छी तरह मिलाते जाऍं,

ताकि बीज पर राइजोबियम जीवाणु अच्छी तरह चिपक जाएँ। इस कल्चर लगे बीजों को छाया में थोड़ा सा सुखाकर खेत में शीघ्र ही बोवनी कर देनी चाहिए। एजोटोबेक्टर तथा पी.एस.बी. कल्चर को बीज पर लगाने का तरीका उपरोक्त वर्णित राइजोबियम जीवाणु के समान ही है। एक एकड़ की भूमि उपचार के लिए 5 पैकेट कल्चर का प्रयोग करें। इसके लिए खेत की 50 किग्रा. बारीक मिट्टी अथवा 50 किग्रा. गोबर की खाद/कम्पोस्ट खाद में 5 पैकेट कल्चर (200 × 5 = 1000 ग्राम) अच्छी तरह मिलाकर मिश्रण को बोवनी करते समय कुंड में डालें। प्रभावी परिणाम प्राप्त करने हेतु खेत में 3 से 5 टन गोबर की खाद/कम्पोस्ट खाद प्रति हेक्टेयर के हिसाब से उपयोग करें।

3.4 जैव-उर्वरकों का प्रयोग करते समय बरती जाने वाली सावधानियाँ:-

1. कल्चर को सदैव ठण्डे, सूखे एवं छायादार स्थान में ही रखें।
2. कल्चर के पैकेट को उपयोग करने से पूर्व कभी भी खोलकर न रखें।
3. कल्चर का उपयोग सदैव उसकी अंतिम तिथि से पूर्व करें।
4. बीज उपचार करते समय एफ.आइ.आर. विधि को अपनाएँ।
5. सदैव बीज पर कल्चर छाया में बीज को रखकर लगाऐं।
6. कल्चर लगाने के बाद बीज को तीव्र उर्वरकों, कीटनाशको एवं खरपतवारनाशकों के सीधे सम्पर्क में ने आने दें।
7. कल्चर उतने ही बीज पर लगाऐं जितनी बीज की मात्रा उसी दिन बोयी जा सके।

3.5 जैव उर्वरक प्रयोग-विधि

(अ) बीज उपचार

500 मिली. पानी में 50 ग्राम गुड़ या शक्कर घोल कर उसमें 200 ग्राम जैव उर्वरक (कल्चर) का एक पैकेट घोल लेते हैं। इस घोल को 10 किग्रा. बीज में हल्के हाथों से इस प्रकार मिलाते हैं जिससे प्रत्येक बीज पर

कल्चर की हल्की पर्त चढ़ जाये। उपचारित बीजों को छाये में सुखाकर तुरन्त बुवाई करना चाहिए।

(ब) पौध-जड़ उपचार

1-2 किग्रा. कल्चर का 10-20 लीटर पानी में घोल कर 10-15 किग्रा. बीजों द्वारा प्राप्त पौध-जड़ को 10-15 मिनट तक घोल में डुबाकर उपचारित पौधों की तुरन्त रोपाई करें।

(स) कन्द उपचार

आलू, गन्ना, अरवी, अदरक आदि जैसे कन्द वाली फसलों के 10 कुन्तल कन्दों को बोने से पूर्व 1 किग्रा. जैव उर्वरक को 10 लीटर पानी में घोल कर 10 मिनट तक डुबोकर उपचारित करते हैं। उपचारित कन्दों को तुरन्त बोना चाहिए।

(द) मृदा उपचार

2-3 किग्रा. जैव उर्वरक को 40-60 किग्रा. कम्पोस्ट या खेत की मिट्टी में मिलाकर एक एकड़ भूमि में बुवाई के पूर्व या पहली सिंचाई के पूर्व समान रूप से छिड़क दें।

उपर्युक्त चारों विधियों में बीज उपचार सबसे अधिक लाभकारी व असरदार होता है।

3.6 जैविक उर्वरकों के लिए आवश्यक निर्धारित मानक एवं निर्देश

कुछ सालों में कई तरह के जैविक खाद एवं जैविक उर्वरको का उपयोग बढ़ा है तथा इस प्रयोग से लाभ भी हुआ। इस कारण मांग अधिक हुई लेकिन पूर्ति पूरी नही होने से नकली या निम्न मानक के उत्पाद बाजार में किसानो के लिए उपलब्ध होने लगे कृषि एवं सहकारिता विभाग केन्द्र सरकार नई दिल्ली ने जैविक खाद एवं उर्वरकों की गुणवत्ता निर्धारित करने एवं जैविक खाद के नाम पर हो रही धोखाधड़ी रोकने के उद्देश्य से उर्वरक

सारिणी-1 जैव उर्वरक के लिए आवश्यक और निर्धारित मानक तथा विनिर्देश

गुणधर्म		कार्बनिक उर्वरक		
राइजोबियम	एजेटोबेक्टर	एजोस्पीरिलयम	पी.एस.बी	
वाहक सामग्री	पीट, लिग्नाईट, पीट मृदा, खाद मिट्टी, काठ कोयला जो, जीव विकास में सहायक हो।	पीट, लिग्नाईट, पीट मृदा, खाद, मिट्टी, काठ कोयला जो जीव विकास में सहायक हो	पीट, लिग्नाइट, पीट मृदा, खाद मिट्टी, काठ कोयला जो जीव विकास में सहायक हो।	पीट लिग्नाईट, पीट मृदा, खाद, मिट्टी, काठ कोयला जो जीव विकास में सहायक हों।
कोशिका संख्या (प्रति ग्राम अथवा मि.ली.	10 कोशिका	10 कोशिका	10 कोशिका	10 कोशिका
सुदूषण स्तर	10 तनुकरण पर कोई संदूषण नहीं।	10 तनुकरण पर कोई संदूषण नहीं।	10 तनुकरण पर कोई संदूषण नहीं	10 तनुकरण पर कोई संदूषण
पी.एच.मान	6.5–7.5	6.5–7.5	6.5–7.5	6.5–7.5
कण आकार (मि.मी.)	0.15–0.212	0.15–0.212	0.15–0.212	0.15–0.212
आर्द्रता (प्रतिशत)	30–40	30–40	30–40	30–40

क्षमता विशेषता	पैकेट पर सभी प्रजातियों का प्रभावी नोडुलेशन दिखना चाहिए।	किस्म में उपयोग किये गये 'सूक्रोज के कमसे कम10मि.ग्रा. नाइट्रोजन प्रतिग्राम के निर्धारण की क्षमता होनी चाहिए।	अर्धठोस नाइट्रोजन मुक्त ब्रोमोथाइमोल नीले माध्यम में सफेद झिल्ली का बनना।	कम से कम 30 प्रतिशत की रेंज में फास्पेफट को घोलने की शक्ति होनी चाहिए। जो न बनने के हिसाब से निर्धारित माध्यम में न्यूनतम 5 मि.मी. घुलनशील जोन जिसमें कम से कम 3 मि.मी. मोटाई हो।

(स्रोत-उर्वरक नियंत्रण संशोधन आदेश 2006, भारत का राजपत्र, असाधारण, भाग द्वितीय-खण्ड 3, उपखण्ड, दिनांक 24 मार्च 2006)

नियंत्रण संशोधन आदेश-2006 बनाया है। यह आवश्यक वस्तु अधिनियम आदेश-1955 का एक भाग है तथा उर्वरक नियंत्रण आदेश-1985 में संशोधन करके इसे शामिल किया गया है। जिसका प्रकाशन 24 मार्च 2006 के राजपत्र में किया गया है। जिसके तहत वर्मीकम्पोस्ट, सिटी कम्पोस्ट, प्रेस मड एवं जैव उर्वरकों में एजोटोबेक्टर, राइजोबियम, एजोस्पिरीलियम तथा पी. एस.बी. को आदेश के दायरे में लिया गया है तथा खादों में उपस्थित विभिन्न तत्वों के मानकों को निर्धारित किया गया (सारिणी-1) है।

3.7 उर्वरक संशोधन आदेश 2006 में सम्मिलित मुख्य बिन्दुओं का सार

1. जैव उर्वरक व कार्बनिक उर्वरकों के निर्माण एवं विक्रय के लिए कारोबार प्रमाण पत्र लेने होंगे।
2. जैव उर्वरक जैसे एजोटोबेक्टर, राइजोबियम, एजोस्पाइरिलम व पी. एस.बी. तथा सिटी कम्पोस्ट, वर्मीकम्पोस्ट व प्रेसमड आदि का मानकीकरण का निर्धारण करना।
3. निर्धारित मानक व निर्देश के नहीं पाये जाने पर इनके विक्रय पर खण्ड 19 के तहत प्रतिबंध लगाना।
4. बैग पर नियंत्रण द्वारा समय-समय पर दिये गये ब्यौरे अंकित करने के साथ ही जैव उर्वरक या कार्बनिक उर्वरक लिखना/अंकित करना होगा।
5. इसके लिए अलग से निरीक्षक की नियुक्ति होगी तथा पृथक रूप से नमूने लेने की प्रक्रिया तथा विश्लेषण करने की विधि का निर्धारण किया गया है।

भारत का राजपत्र (असाधारण) भाग-एक खण्ड-3, उपखण्ड-(ii) के प्राधिकार में दिनांक 24 मार्च 2006 को प्रकाशित इस आदेश के तहत ऐसे किसी भी जैविक प्रकृति (पौधा/पशु) के एक अथवा अधिक अप्रसंस्कृत सामग्री (सामग्रियों) से बने पदार्थ और इसमें अप्रसंस्कृत खनिज सामग्रियां सम्मिलित हो सकती है, जिन्हें सूक्ष्मजैविक अपघटन पद्धति के माध्यम से

परिवर्तित किया गया हो, को कार्बनिक उर्वरक कहा गया है। जिसके तहत कोई भी व्यक्ति :

1. उर्वरकों के किसी भी मिश्रण (ठोस/तरल) का तब तक निर्माण नहीं करेगा, जब तक कि ऐसा मिश्रण राजपत्र में राज्य सरकार द्वारा जारी की जाने वाली अधिसूचना में निर्धारित मानकों के अनुरूप न हों।
2. जैव उर्वरकों का विनिर्माण नहीं करेगा, जब तक कि ऐसा जैव उर्वरक अनुसूचि-3 के भाग 'क' में निर्धारित मानकों के अनुरूप न हों।
3. किसी कार्बनिक उर्वरक का विनिर्माण नहीं करेगा जब तक कि ऐसा कार्बनिक उर्वरक अनुसूचि-4 के भाग-क में निर्धारित मानकों के अनुरूप न हों।

अब देश में जैविक खाद एवं जैविक उर्वरकों को बेचने के लिए कृषि विभाग से लाईसेंस लेना पड़ेगा। क्योंकि उर्वरक नियंत्रण संशोधन आदेश-2006 देश में प्रभावी हो गया है। कृषि विभाग द्वारा आकस्मिक जाँच करके जैविक खाद के नमूने लिए जाएंगे। निर्धारित मानकों का जैविक खाद नहीं मिलने पर कार्यवाही होगी। इसकी बिक्री हेतु बैग पर कार्बनिक या जैव उर्वरक लिखना होगा तथा नियंत्रण द्वारा तय संरचनाओं को अंकित करना होगा। अत: सभी किसान व खाद विक्रेताओं को कृषि विभाग से लाईसेंस लेकर व अन्य मापदण्ड पूरा करके ही इनकी बिक्री करनी चाहिए। इसके लिए कृषि विभाग द्वारा लाईसेंस जारी करने की प्रक्रिया शुरू हो चुकी है। उपरोक्त जैविक खाद को तैयार करने के लिए निर्माण का प्रमाण-पत्र प्राप्त करने के लिए रजिस्ट्रीकरण प्राधिकारी को दो प्रतियों में एक आवेदन करना होगा।

सारिणी-2 कार्बनिक उर्वरक के लिए आवश्यक और निर्धारित मानक तथा निर्देश

गुणधर्म	वर्मी कम्पोस्ट	सिटी कम्पोस्ट	प्रेस मड
% आर्द्रता	15-25	15-25	15-25
रंग	गहरा भूरा से काला	गहरा भूरा से काला	-
गंध	बुरी गंध से युक्त	बुरी गंध से युक्त	-
कण आकार	न्यूनतम 90 प्रतिशत सामग्री	न्यूनतम 90 प्रतिशत सामग्री	-

का कण 4 मि.मी. छलनी		का कण 4 मि.मी. छलनी	
से छानना चाहिए	से छानना चाहिए		
घनत्व (ग्रा./से.मी.3)	0.7-0.9	0.7-0.9	-
कुल कार्बनिक कार्बन%	18.0	16.0	-
% N न्यूनतम	1.0	0.5	1.8
% P_2O_5 न्यूनतम	1	1	2
% K_2O	1.0	0.5	1.4
% C:N अनुपात	-	20:1 या इससे कम	10:1
पी.एच. मान	-	6.5-7.5	7.0-8.0
विद्युत चालकता(dS/km)	-	4.0	-
पैथोजन्स	-	शून्य	-
भारी धातुएं	आर्सेनिक-10	आर्सेनिक-10	आर्सेनिक-10
(Mg/kg)	कैडमियम-5	कैडमियम-5	कैडमियम-5
क्रोमियम-50	क्रोमियम-50	क्रोमियम-50	
मर्करी-0.15	तांबा-300	तांबा-300	
निकिल-50	मर्करी-0.15	मर्करी-0.15	
सीसा-100	निकिल-50	निकिल-50	
सीसा-100	सीसा-100		
जिंक-1000	जिंक-1000		

(स्रोत-उर्वरक (नियंत्रण) संशोधन आदेश 2006, भारत का राजपत्र, असाधारण, भाग द्वितीय-खण्ड-3 उपखण्ड, द्वितीय, दिनांक 24 मार्च 2006)

3.8 जैविक खाद

3.8.1 हरी खाद

मिट्टी की उर्वरा शक्ति में वृद्धि हेतु पौधों के हरे वनस्पति का भाग को उसी खेत में उगाकर या दूसरे स्थान से लाकर खेत में मिला देने की क्रिया को हरी खाद देना कहते हैं।

हरी खाद प्रयोग करने की विधियाँ :

1. **उसी खेत में उगाई जाने वाली हरी खाद**–जिस खेत में खाद देनी होती है, उसी खेत में फसल उगाकर उसे मिट्टी पलटने वाले हल से जोतकर मिट्टी में मिलाकर किया जाता है। इस विधि से

हरी खाद तैयार करने के लिए सनई, ढैंचा, ग्वार, मूंग, उर्द मोठ, ग्वार, लोनिका, ज्याली ठीक, वरसीक व मैजी आदि फसलें उगाई जाती हैं।

2. **खेत से दूर उगाई जाने वाली हरी खाद**—जब फसलें दूसरे खेतों में उगाई जाती हैं, और वहाँ से काटकर जिस खेत में हरी खाद देनी

चित्र 3.2 हरी खाद की टैक्टर से जुताई कर खेत में मिलायें

चित्र 3.3 खेत में तैयार हरी खाद

चित्र 3.4 तैयार हरी खाद

होती है, उसमें मिट्टी पलटने वाले हल से जोतकर दबा देते हैं। इस विधि में जंगलों या अन्य स्थान पर उगे पेड़ पौधों एवं झाड़ियों की पत्तियों टहनियों आदि को खेत में मिला दिया जाता है।

हरी खाद से लाभ

- ➢ हरी खाद के कार्बनिक पदार्थ से मृदा के भौतिक दशा में सुधार होता है।
- ➢ दलहनी फसलों की जड़ों में ग्रन्थियां होती हैं। जो नत्रजन का स्थिरीकरण करती हैं। फलस्वरूप नत्रजन की मात्रा में वृद्धि होती है। एक अनुमान लगाया गया है कि ढैंचा को हरी खाद के रूप में प्रयोग करने से प्रति हैक्टेयर 60 किग्रा. नाइट्रोजन की बचत होती है तथा मृदा के भौतिक, रासायनिक तथा जैविक गुणों में वृद्धि होती है, जो टिकाउ खेती के लिए आवश्यक है।

3.8.2 बायोखाद

बायोगैस संयत्र में गोबर की खाद बनाने में सिर्फ डेढ़ महीने का ही समय लगता है जो कि अन्य विधियों से खाद बनाये जाने की तुलना में काफी कम होता है। बायोगैस संयत्र में डाली गयी स्लरी की तुलना में काफी

कम होता है। बायोगैस संयत्र में डाली गयी स्लरी का लगभग 20-25 प्रतिशत भाग बायोगैस में परिवर्तित हो जाता है जिसका उपयोग ईंधन के रूप में किया जाता है तथा शेष 75-80 प्रतिशत भाग तरल किण्वित स्लरी के रूप में बायोगैस संयत्र के निकास द्वारा स्वत: ही बाहर निकल जाता हैं। इसलिए समुचित उपयोग के लिए गोबर को बायोगैस संयत्र में प्रयोग करना चाहिए, क्योंकि इसमें बायोगैस के अलावा गोबर की खाद बनाने की तुलना में 20-25 प्रतिशत तक अधिक कार्बनिक खाद प्राप्त होता है।

गोबर को विभिन्न तरीकों से सड़ाकर बनायी जाने वाली खाद की तुलना सारिणी-3 में दी गई है।

सारिणी-3

बायोखाद एवं देशी खाद में पाये जाने वाले पोषक तत्वों की तुलना

पोषक तत्व	बायोखाद		देशी खाद
	ताजा स्लरी में	सूखी स्लरी में	
नाइट्रोजन	1.5-2.0	1.30-1.70	0.5-1.0
फॉस्फोरस	0.8-1.0	0.65-0.85	0.3-0.5
पोटेशियम	0.8-1.0	0.65-0.85	0.3-0.5

सारणी से यह स्पष्ट होता है कि गोबर का उपयोग बायोगैस संयत्र में किया जाये तो हमें बायोगैस के साथ-साथ अल्प समय में उत्तम एवं पौष्टिक कार्बनिक खाद भी प्राप्त होती है। गोबर का उपयोग बायोगैस संयत्र में करने से खाद बनने में समय तो कम लगता ही है साथ ही साथ खाद की मात्रा भी अधिक मिलती है। बायोखाद में अन्य विधियों से बनायी गयी गोबर की खाद की तुलना में पोषक तत्व अधिक मात्रा में संरक्षित रहते हैं।

3.8.2.1 बायोखाद के लाभ

- यह एक उत्तम प्रकार की पूर्ण रूप से सड़ी हुई जैविक खाद होती है। इसमें किसी प्रकार की सड़ांध या बदबू नहीं आती है। साथ ही इस खाद की यह विशेषता होती है कि इसमें भूमि अथवा फसल को नुकसान पहुंचाने वाले हानिकारक कीड़े मकोड़े नहीं पनपते हैं।

- बायोखाद पर मक्खी व मच्छर नहीं मंडराते हैं। अत: यह खाद खुले में भी पड़ी रहे तो इसका हमारे स्वास्थ्य और वातावरण पर कोई विपरीत प्रभाव नहीं पड़ता है, न ही इसके कारण किसी प्रकार की बीमारियां फैलती हैं।
- बायोगैस में पौधों के लिए आवश्यक तीन प्रमुख पोषक तत्व नाइट्रोजन, फास्फोरस तथा पोटेशियम देशी खाद की तुलना में अधिक होती है। इसमें फसलों के लिए आवश्यक सूक्ष्म पोषक तत्व जैसे-तांबा, लोहा, जस्ता, मैंगनीज, कैल्शियम, बोरान आदि भी उचित मात्रा में पाये जाते हैं। ताजी बायोगैस स्लरी में 20 प्रतिशत नाइट्रोजन अमोनिकल यौगिक के रूप में होती है, जिसे मृदा से आसानी से अवशोषित कर लेते हैं। जबकि पौधे देशी तरीके से बनायी गयी गोबर की खाद नाइट्रेट तथा नाइट्राइट के रूप में होती है जिसे पौधे कुछ जटिल प्रक्रियाओं के पश्चात् ही अवशोषित कर पाते हैं।
- बायोखाद रासायनिक खाद की तुलना में काफी अच्छी होती है, क्योंकि रासायनिक खाद एक प्रकार का खनिज रसायन है जिसमें जैविक एवं सूक्ष्म पोषक तत्वों का पूर्ण अभाव होता है। इस खाद में कई प्रकार के लवण एवं खनिज होते है, जो भूमि में आसानी से घुल नहीं पाते जिससे भूमि धीरे-धीरे सख्त होती जाती है और अंतत: बंजर हो जाती है। बायोखाद के उपयोग से भूमि स्वस्थ एवं उपजाऊ बनी रहती है तथा इसके निरंतर उपयोग से खेत लम्बे समय तक उपजाऊ बने रहते हैं। अत: बायोखाद का खेतों में अधिकाधिक उपयोग करना चाहिए।
- बायोगैस संयंत्र में गोबर के सड़ने की प्रक्रिया हवा की अनुपस्थिति में होती है। अत: गोबर में उपस्थित सभी खरपतवार के बीज भी संयत्र के अन्दर ही सड़कर नष्ट हो जाते हैं। इस खाद का उपयोग होने से सिंचाई, जुताई, कटाई आदि कार्यों में आसानी रहती है।

- बायोखाद से उपचारित किए हुए बीज जल्दी और अधिक मात्रा में अंकुरित होते हैं। इन उपचारित बीजों में बीमारियां कम लगती है। जड़े स्वस्थ और मजबूत बनती है।
- बायोखाद से पौधे अच्छे पनपतें हैं तथा उनमें बीमारियों से लड़ने की अद्भुत प्राकृतिक क्षमता विद्यमान रहती है।
- लवणयुक्त खारी मिट्टी में बायोगैस स्लरी का उपयोग कर इसे फसल पैदा करने योग्य भी बनाया जा सकता है।
- यह खाद मिट्टी में आवश्यक पोषक तत्वों को बढ़ाने के साथ-साथ इसके भौतिक गुणों को भी बढ़ाती है जो हर उपजाऊ मिट्टी का एक आवश्यक अंग है। मिट्टी में बनने वाले छिद्रों की मात्रा बायोगैस स्लरी की उपस्थिति में बढ़ जाती है। इससे वायुमण्डल की ऑक्सीजन पौधों की जड़ों तक आसानी से आ जा सकती है जो श्वसन क्रिया के लिए आवश्यक है। मिट्टी में पानी को रोकने तथा अधिक समय तक बनाये रखने की क्षमता आ जाती है। इससे पानी को नीचे जल की सतह तक जाने में अधिक समय लगता है। इसलिए पानी का उपयोग पौधों द्वारा आसानी से किया जा सकता है।
- पौधों को बायोखाद से अन्य प्रत्यक्ष लाभ भी है। यह पौधों को उगने के लिए मिट्टी को स्वच्छ वातावरण देती है। हवा का प्रवाह मिट्टी के छिद्रों में होने से मिट्टी का तापमान स्थिर रहता है जो खेती के लिए लाभकारी होता है। इस खाद के उपयोग से मिट्टी में नमी की मात्रा अधिक हो जाने से पानी संरक्षित करने की क्षमता बढ़ जाती है तथा मिट्टी के भौतिक गुणों का विकास होता है। इस प्रकार पौधों को आसानी से भोजन प्राप्त होने पर ये तेजी से वृद्धि करते हैं।

बायोखाद के गड्ढों में भूसा, पत्ते, धान की पुआल व कृषि अवशेषों को मिलाकर अच्छा कम्पोस्ट भी बना सकते हैं और खाद की मात्रा को भी बढ़ाया जा सकता है।

3.8.3 वर्मीकम्पोस्ट

हमारे देश में आधुनिक कृषि करीब 100 वर्षों से की जा रही है। हरित क्रान्ति के पूर्व कृषि में रसायनों का प्रयोग सीमित था। पारम्परिक ढंग से अदल-बदल कर खेती करने, गोबर की खाद व अन्य जैविक खादों के प्रयोग करने, भूमि को पड़ती छोड़ने आदि के कारण जल, वायु, भूमि, पशु, मानव व अन्य जीवों पर कोई विपरीत प्रभाव नहीं था। हरित क्रान्ति के फलस्वरूप अंधाधुंध रासायनिक खादों व कीटनाशकों के प्रयोग से भूमि की उर्वरा शक्ति में कमी आती गई, भौतिक दशा बिगड़ती गई। फलस्वरूप अनाज, दाल, सब्जी, फल आदि की गुणवत्ता व स्वाद में कमी आती गई। अतः कार्बनिक/जैविक खादों का प्रयोग करके, भूमि की उर्वरा शक्ति बनाये रखने के लिए वर्मीकम्पोस्ट की आवश्यकता प्रतीत हुई।

क्या है वर्मीकम्पोस्ट ?

बेकार कार्बनिक पदार्थों जैसे-पुआल, भूसा, सूखी घास, जलकुम्भी, सब्जियों के छिलके, पशुओं का मलमूत्र आदि के द्वारा केचुओं की सहायता से खाद बनाना वर्मीकम्पोस्टिंग कहलाता है। केचुओं से विसर्जित पदार्थ को वर्मीकम्पोस्ट कहते हैं।

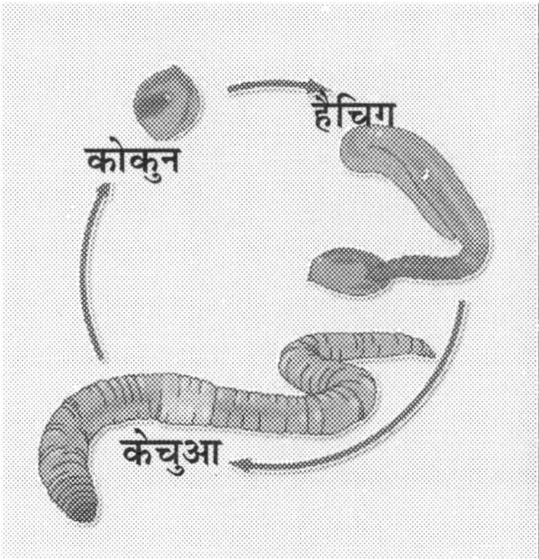

चित्र 3.5 केचुएं का जीवन चक्र

चित्र 3.6 बेकार कार्बनिक पदार्थों के साथ केंचुआ

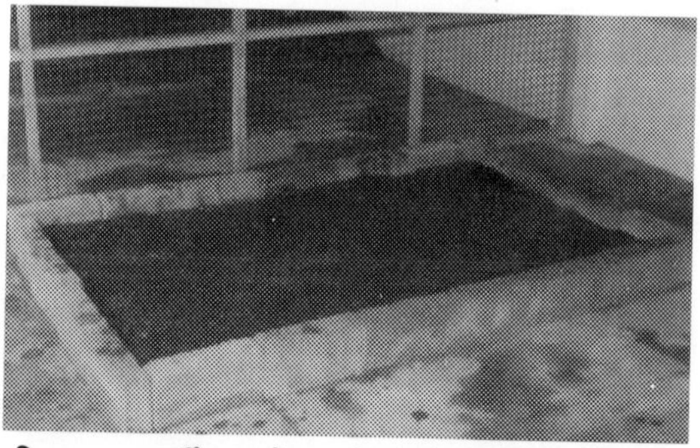

चित्र 3.7 वर्मी कम्पोस्ट के लिये लगाये गये वेड़

चित्र 3.8 व्यवसाहिक स्तर पर वर्मी कम्पोस्ट का उत्पादन

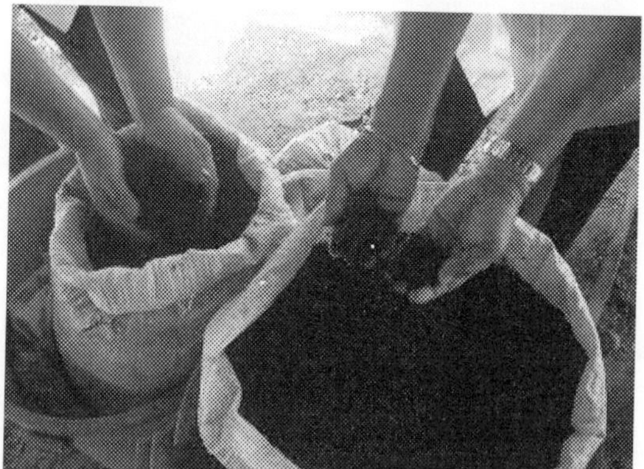

चित्र 3.9 तैयार वर्मी कम्पोस्ट

चित्र 3.10 तैयार वर्मी कम्पोस्ट की गुणवत्ता की जाँच

चित्र 3.11 तैयार वर्मी कम्पोस्ट के ढेर

चित्र 3.12 भूमि में केचुए का रहने का स्थान

चित्र 3.13 गुणवत्ता युक्त वर्मी कम्पोस्ट

पोषक तत्वों की मात्रा

कृषि विविधीकरण परियोजना उत्तर प्रदेश, लखनऊ द्वारा कराये गये परीक्षण के आधार पर पोषक तत्वों की मात्रा निम्नवत है :

नाइट्रोजन	1.5–2.0 प्रतिशत
फास्फोरस	0.2–0.3 प्रतिशत
पोटैशियम	0.25–0.35 प्रतिशत

प्रयोग हेतु केचुएँ

केचुएँ मुख्य रूप से तीन प्रकार के होते हैं। उपरी सतह के लिए एपीजोइक, मध्य सतह के लिए एनेसिक और निचली सतह के लिए इण्डोजोइक नामक प्रजाति के केचुएं होते हैं। केंचुआ खाद तैयार करने में उपरी सतह में पायेजाने वाले केचुएं प्रयोग किए जाते हैं। ये सूखे पत्ते, खरपतवार, गोबर आदि को खाकर कम्पोस्ट बनाते हैं।

वर्मी कम्पोस्ट बनाने के लिए मुख्य रूप से दो प्रजातियाँ

एसीनिया फोटिडा और **यूड्रीलस यूजेनी** प्रयोग में लायी जाती हैं। **इण्डोजोइक** प्रजाति (**पेरिआनिक्स इक्स्वेट्स** और **पेरिआनिक्स सेन्सीवेरिक्स**) के केंचुओं को वर्मीकम्पोस्ट बनाने के लिए प्रयोग में लाया जा सकता है,

परन्तु ये धीरे-धीरे खाद बनाते हैं। प्रजाति *यूड्रीलसयूजेनी* दक्षिण भारत के लिए व *एसेनियाफोटिडा* पूरे देश के लिए उपर्युक्त हैं।

वर्मी कम्पोस्ट उत्पादन

किसी छायादार स्थान पर, जमीन पर 3 मीटर लम्बी, 1 मीटर चौड़ी व 30 सेमी उंचाई का ढांचा बनाकर वर्मीकम्पोस्ट बना सकते हैं। इसमें ढांचे की आधारीय सतह पर ईंट बिछाकर खांचों को सीमेण्ट बालू की सहायता से भर देते हैं तब कार्बनिक पदार्थों के मिश्रण को डालते हैं। दूसरी विधि से वर्मीकम्पोस्ट बनाने के लिए जमीन के उपर 1.5 मीटर लम्बा, 1 मीटर चौड़ा व 7.5 मीटर उँचाई का ढांचा बना लिया जाता है।

ढांचों की भराई के लिए कूड़ा-करकट, पुवाल, खरपतवार आदि व गोबर, ढांचे में डालकर उसमें 1-2 किलोग्राम केंचुआ डाल देते हैं। ध्यान रहे, जो भी पदार्थ ढांचे में डाला जाये, वह 2-3 सप्ताह तक घूरे में पड़े रहने के बाद पुनः तापक्रम कम हो जाने पर ही डालें।

वर्मीकम्पोस्ट बनाने के लिए 40-50 प्रतिशत नमी व 20°-30° सेल्सियस तापक्रम होना चाहिए। इस तापक्रम व नमी के स्तर को बनाये रखने के लिये आवश्यकतानुसार पानी का छिड़काव करते रहें।

यदि ढांचे में सही तापक्रम (20°-30° सेल्सियस) व नमी (40-50%) बनाये रखा जाये, तो उपरोक्त आकार की संरचना से लगभग 3 कुन्टल वर्मीकम्पोस्ट खाद तैयार हो जाती है।

खाद्य पदार्थ, हवा, नमी व तापक्रम की उपर्युक्त परिस्थितियों में केंचुएँ प्रजनन प्रारम्भ कर अपनी संख्या में गुणात्मक वृद्धि करते हैं। 1000 केचुओं से सामान्यतः 3 माह में 9000 केंचुएँ तैयार हो जाते हैं।

खाद निकालने की विधि व भण्डारण

खाद निकालने से 2-3 दिन पूर्व पानी देना बन्द कर दें। इससे केचुएँ तली में चले जाते हैं। अब खाद को निकालकर किसी छायादार स्थान पर ढेर लगा देते हैं। इसे 2 मिलीमीटर छन्नी से छानकर, 20-25 प्रतिशत नमी बनाये

रखते हुए छायादार स्थान पर रखते हैं। पूरे ढांचे को 48 घंटे में ही भरकर बन्द कर दें। नमी बनाये रखने के लिये आवश्यकतानुसार पानी का छिड़काव कर दें। ढांचे को धूप से बचाने के लिए छप्पर या घास-फूस द्वारा छाया कर दें।

एक ढांचे में 900-1200 ईंट लगती है, यदि कुछ टुकड़ों का प्रयोग कर लें तो लागत कम हो जाती है। अच्छा तो यही होगा कि पूरा ढांचा सीमेण्ट, बालू, ईंट की सहायता से बनायें। यदि कच्चे गारे का प्रयोग करते हैं तो आखिरी रद्दा सीमेण्ट से बनायें।

प्रयोग विधि व मात्रा

वर्मीकम्पोस्ट बोआई से पूर्व सब्जी फसलों में 4-5 टन प्रति एकड़, खाद्यान्न फसलों में 2-3 टन प्रति एकड़, फलदार पेड़ों में आवश्यकतानुसार 1-10 किग्रा प्रति पेड़ व गमलों में 100 ग्राम प्रति गमला प्रयोग करना चाहिए।

वर्मी कम्पोस्ट उपयोग की मात्रा

वर्मी का उपयोग विभिन्न फसलों में अलग-अलग मात्रा में किया जाता है जो निम्न है:

क.	फसल	मात्रा
1.	खाद्यान्न फसल	5 से 6 टन प्रति हेक्टर
2.	फलदार पेड़	1 से 10 किलो प्रति पेड़
3.	गमले	100 ग्राम प्रति गमला
4.	सब्जियां	10 से 12 टन प्रति हेक्टर

वर्मी कम्पोस्ट में पोषक तत्वों की मात्रा

वर्मी कम्पोस्ट में औसत नाइट्रोजन की मात्रा गोबर की सड़ी खाद के समान ही होती है परन्तु कार्बन, कैल्शियम एवं फास्फोरस की मात्रा गोबर

की खाद की तुलना में अधिक होती है। दूसरी तरफ पोटेशियम एवं सूक्ष्म पोषक तत्व वर्मी कम्पोस्ट में गोबर की खाद की तुलना में कम मात्रा में पाये जाते हैं।

सारणी 4 - वर्मी कम्पोस्ट एवं गोबर की खाद में उपलब्ध पोषक तत्व:

मानक	वर्मी कम्पोस्ट	गोबर की खाद
पी.एच. मान	7.2	7.2
विद्युत चालकता (डीएसएम)	0.32	0.18
सेन्द्रीय द्रव्य (प्रतिशत)	20.9	12.2
मुफ्त केल्शियम कार्बोनेट (प्रतिशत)	7.8	-
कार्बन नत्रजन अनुपात	34.7	24.4
मुख्य पोषक तत्व		
कुल नत्रजन (प्रतिशत)	0.56	0.50
उपलब्ध नत्रजन (पी.पी.एम.)	387	375
कुल फास्फोरस (प्रतिशत)	1.48	0.75
कुल पोटाश (पी.पी.एम.)	0.36	2.30
उपलब्ध पोटाश (पी.पी.एम.)	4060	26030
सूक्ष्म पोषक तत्व		
आयरन (पी.पी.एम.)	21.6	24.7
जिंक (पी.पी.एम.)	12.7	40.0
मैग्निज (पी.पी.एम.)	19.2	12.0
कॉपर (पी.पी.एम.)	5.8	2.8

(स्रोत: सिंदे एवं अन्य 1992)

कम्पोस्ट की गुणवत्ता बढ़ाने के उपाय

➢ कम्पोस्ट में कार्बन नत्रजन का अनुपात सही रखने के लिए सूखा भाग 60 तथा हरा भाग 40 के अनुपात में प्रयोग करें।

- ➢ दीमक के प्रकोप से बचाने के लिये नीम की पत्तियों का भराई में प्रयोग करें।
- ➢ खरपतवार तथा जानवरों के नीचे का पुआल प्रयोग करने से गुणवत्ता बढ़ जाती है।
- ➢ गोबर-गैस की स्लरी के प्रयोग से खाद कम समय में तैयार हो जाती है।
- ➢ मिट्टी की परतों से पूरे ढांचे को भरने में 5 किलो सिंगल सुपर फास्फेट का प्रयोग करने से खाद की पोषण क्षमता में वृद्धि होती है।
- ➢ गड्ढे की भराई के समय विभिन्न परतों में 500 ग्राम से 2 किलोग्राम फास्फोरस घोलक सूक्ष्म जीवाणुओं का कल्चर मिलाने से गुणवत्ता में वृद्धि होती है।

सावधानियाँ

- ➢ लगातार उपयुक्त नमी बनाये रखें।
- ➢ गड्ढे को धूप व वर्षा से बचायें।
- ➢ गड्ढे में ताजा वानस्पतिक पदार्थ प्रयोग न करें, बल्कि अधसड़ा पदार्थ ही डालें।
- ➢ केंचुओं को आवश्यक हवा देने के लिए प्रत्येक सप्ताह गुड़ाई करें।
- ➢ केंचुओं को मेढ़क, सांप, चिड़ियाँ व लाल चींटी आदि से रक्षा करें।

नोट : एक सीमान्त कृषक, जिसकी औसत जोत एक एकड़ है, उसके लिए वर्ष में 3 टन वर्मीकम्पोस्ट की आवश्यकता होती है। इसके लिए बताये गये आकार के 2 ढांचे की जरूरत होगी, जिसके द्वारा वर्मीकम्पोस्ट बनाने की प्रक्रिया जारी रहेगी।

3.8.4 काऊ पैट पिट (सी.पी.पी.)

जमीन में 90 सेमी. लम्बे 60 सेमी. चौड़े तथा 45 सेमी. गहरे गड्ढे में, गाय के गोबर तथा बायोडायनेमिक प्रिप्रेशन की सहायता से तैयार की जाने वाली खाद को सी.पी.पी या काऊ पैट पिट कहते हैं। विश्व के विभिन्न

क्षेत्रों में इस पद्धति से उत्पादित कृषि उत्पाद का नियमानुसार प्रमाणपत्र प्राप्त होता है जिसे "डेमेटर" कहते हैं।

काऊ पैट पिट से तैयार खाद के प्रयोग से पौधों की वृद्धि व विकास अधिक होता है। क्योंकि पौधों की उपापचय सम्बन्धी क्रियायें बढ़ जाती हैं। यह खाद भूमि में पाये जाने वाले लाभदायक सूक्ष्म जीवों की क्रियाशीलता बढ़ा देती है। साथ ही खड़ी फसल पर छिड़काव करने पर कुछ बीमारी पैदा करने वाले सूक्ष्म जीवों को नष्ट कर देती है, जिससे बीमारियों की रोकथाम में भी सहायता मिलती है। इस खाद में लगभग 1.25–1.40 प्रतिशत नाइट्रोजन, 0.3–0.5 प्रतिशत फास्फोरस, 0.4–0.6 प्रतिशत पोटाश पाया जाता है।

आवश्यक सामग्री

- ➢ गाय का गोबर 50–60 किलोग्राम।
- ➢ अण्डे का छिलका 250 ग्राम।
- ➢ बायो डायनेमिक प्रिपेशन 502–507 की एक–एक ग्राम मात्रा।
- ➢ 100 ग्राम गुड़ का घोल।
- ➢ बेसाल्ट पाउडर या बोर स्वायल, 500 ग्राम से 1.0 किलोग्राम।

बनाने की विधि

- ➢ भूमि में 90 सेमी. लम्बा, चौड़ा तथा 45 सेमी., गहरा गड्ढा बनाये।
- ➢ गड्ढे की भीतरी दीवारों पर ईंटों की सहायता से दीवार बनायें।
- ➢ अन्दर की दीवार तथा फर्श को गाय के गोबर से लीप दें।
- ➢ अण्डे का छिल्का बारीक पीसकर बेसाल्ट के साथ गोबर में मिलाकर मिश्रण बना लें।
- ➢ तीन चौथाई गड्ढा तैयार मिश्रण (गाय का गोबर + अण्डे का बारीक छिल्का + बेसाल्ट) से भर दें।
- ➢ अब प्रिपेशन 507 को लगभग आधा लीटर पानी में गुड़ के साथ अच्छी तरह घोलकर 30 मिनट तक घड़ी की विपरीत तथा सापेक्ष दिशा में घुमायें।

- प्रिपेशन 502 से 506 को गोबर में अंगूठे से छेद करके चारों कोनों और बीच में दबा दें।
- 507 के तैयार घोल को पूरे गोबर पर छिड़क दें।
- जूट के बोरे से गड्ढे को ढक दें। वर्षा से बचाने के लिए उपर से छप्पर बना दें।
- एक माह बाद किसी लकड़ी या पंजे से उपर की गोबर की सतह को चला दें। यदि नमी कम हो तो पानी का छिड़काव करें।
- 3 महीने बाद जब बदबू आना बन्द हो जाये तो समझना चाहिए कि खाद तैयार हो गई।
- उपरोक्त आकार के गड्ढे से लगभग 25 किग्रा. खाद तैयार होती है।

भण्डारण

- तैयार खाद को मिट्टी के बर्तन (घड़े) में भरकर छायादार स्थान में भण्डारित करें।
- बर्तन के मुँह पर पतला कपड़ा बांध दें।
- नमी कम होने पर पानी के छींटे मारकर नमी बनाये रखें।

प्रयोग की मात्रा

- 500 ग्राम से 1 किलोग्राम खाद को 45 लीटर शुद्ध पानी में घड़ी की दिशा एवं विपरीत दिशा में 30 मिनट तक डण्डे की सहायता से मिलायें और अन्तिम जुताई के समय, खेत की बोआई या रोपाई से पूर्व, भूमि में कूचे या ब्रुश की सहायता से छिड़काव करें।
- चालीस लीटर पानी में एक किलोग्राम काउपैट पिट मिलाकर ट्री पेस्ट के रूप में प्रयोग किया जा सकता है।
- इसका प्रयोग ग्राफ्टिंग, रुटिंग, रूट डिपिंग आदि में किया जाता है।
- गमले में मिट्टी के साथ भरा जा सकता है।

3.8.5 नाडेप कम्पोस्ट

आज जबकि दिनों-दिन किसान के पास पशुधन की कमी होती जा रही है, जमीन में अंधाधुंध रासायनिक खादों, कीटनाशकों के प्रयोग से जमीन की भौतिक दशा खराब होती जा रही है, साथ ही साथ हमारे स्वास्थ्य पर भी विपरीत प्रभाव पड़ रहा है। ऐसी दशा में कम गोबर से अधिक खाद बनाने की यह सर्वोत्तम विधि है। इसकी खोज यवतमाल जिले में रहने वाले कृषक **श्री नारायण राव पांडरी पांडे** (नाडेप काका) ने की। इसलिए इस विधि से तैयार खाद को नाडेप कम्पोस्ट कहते हैं।

नाडेप क्यों ?

- 1 किलो गोबर से 30-40 किलोग्राम प्रचलित तरीके से तैयार खाद की अपेक्षा अधिक प्रभावशाली खाद बनती है।
- सरल व कम खर्चीली।
- गोबर की खाद की तुलना में दो गुना अधिक लाभदायक है।
- तापक्रम अधिक हो जाने के कारण खरपतवारों के बीज नष्ट हो जाते हें।
- अनावश्यक कार्बनिक पदार्थ का सदुपयोग हो जाता है।

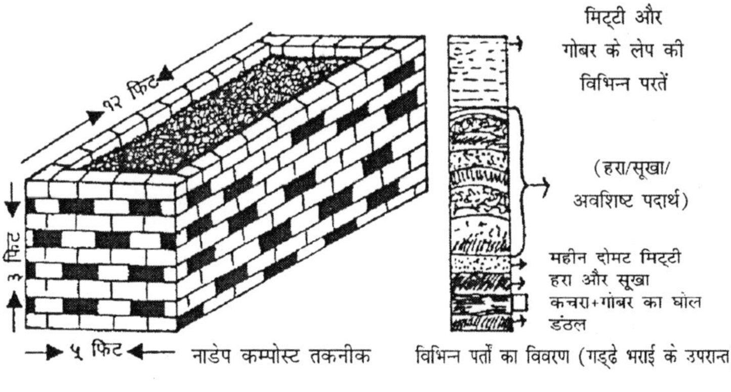

चित्र 3.14 नाडेप कम्पोस्ट तकनीक

पोषक तत्वों की मात्रा

नत्रजन	1.0 से 1.4 प्रतिशत
फास्फोरस	0.8 से 0.9 प्रतिशत
पोटाश	1.2 से 1.3 प्रतिशत

आवश्यक सामग्री

- ईंट, सीमेंट तथा मिट्टी से बना 12 × 5 × 3 फिट आकार का जालीदार ढांचा।
- गोबर 90 से 100 किलोग्राम।
- पानी।
- सूखी छनी मिट्टी।
- पुवाल, पत्ती, खरपतवार, जलकुम्भी इत्यादि वानस्पतिक पदार्थ 1400–1500 किलोग्राम।

ढांचा बनाने की विधि

- 6 इंच गहरी नाली खोदें और 9 इंच मोटी दीवार की सहायता से 12 फिट लम्बा, 5 फिट चौड़ा व 3 उँचा टैंक बनाये।
- प्रत्येक दो रद्दों के बाद तीसरे रद्दे की चिनाई के समय प्रत्येक ईंट के बाद 7 इंच का छेद छोड़कर चिनाई कर दें।
- पहली लाइन के दो छेदों के मध्य दूसरी लाइन के छेद तथा दूसरी लाइन के दो छेदों के मध्य तीसरी लाइन के छेद सामने आयें।
- सबसे उपरी रद्दे को सीमेंट की सहायता से जोड़ें, ताकि ढांचा मजबूत बने।
- तैयार ढांचे की अन्दर की दीवारों तथा फर्श को गोबर व मिट्टी के मिश्रण से लेप दें।
- भली प्रकार सूखे ढांचे को कम्पोस्ट बनाने में प्रयोग करते हैं।

ढांचा भरने की विधि

अन्दर की दीवार व फर्श को गोबर मिट्टी के घोल से लेप दें, उसके बाद 4-6 इंच डंठल की परत बनायें।

पहली पर्त

60 : 40 के अनुपात में सूखा तथा हरा वानस्पतिक पदार्थ भर दें। 100 लीटर पानी में 4 किलोग्राम गोबर घोलें और वानस्पतिक पदार्थ को घोल से भिगायें। यदि गोबर गैस की स्लरी हो तो 10 किलो स्लरी पानी में घोलें।

दूसरी पर्त

वानस्पतिक पदार्थ को मिट्टी की 2 इंच मोटी पर्त से ढक दें तथा थोड़ा सा पानी उपर से छिड़क दें। इस प्रकार ढांचे को अपनी उँचाई से 1.5 फुट तक 5-6 पर्तों से भरते हैं तथा उपर से 2 इंच मोटी गोबर मिट्टी के मिश्रण के लेप से पर्त बनाकर बन्द कर दें।

द्वितीय भराई

15-20 दिन बाद खाद सामग्री सिकुड़ कर 5-6 इंच नीचे तक बैठ जाती है। अब पुनः पहली भराई की तरह वानस्पतिक पदार्थ, गोबर घोल और मिट्टी की सहायता से ढांचे को 1.5 फिट उंचा भर दें तथा गोबर और मिट्टी से लीपकर सील कर दें।

कम्पोस्ट तैयार होने की अवधि व मात्रा

प्रथम भराई से 90 से 120 दिन बाद कम्पोस्ट तैयार हो जाती है। तैयार खाद भूरे रंग की दुर्गन्धिरहित व सोधी महक युक्त होती है। उपरोक्त आकार के ढांचे से लगभग 30 कुन्टल कम्पोस्ट खाद तैयार होती है।

खाद प्रयोग करने की मात्रा एवं विधि

30 से 50 कुन्टल प्रति एकड़ की दर से बोआई से 15 दिन पूर्व खेत में फैलाकर जुताई कर मिट्टी में मिला दें।

खाद की परिपक्वता

तीन चार महीने में खाद गहरे भूरे रंग की बन जाती है और दुर्गन्ध समाप्त होकर अच्छी खुशबू आती है। खाद सूखना नहीं चाहिए। छनी खाद प्रति एकड़ 20 से 25 घन फीट बोकर दी जा सकती है।

नॉडेप कम्पोस्ट की गुणवत्ता बढ़ाना

1. कम्पोस्ट की गुणवत्ता बढ़ाने हेतु यह उचित होगा कि तह बिछाते समय एक हल्की तह रॉकफॉस्फेट या सिंगल सुपर फास्फेट की परतों के बीच बिछा दी जाये। 3 से 4 कि.ग्रा. सिंगल सुपर फॉस्फेट या रॉकफॉस्फेट एक टाँके (परत) के लिए पर्याप्त होगा।
2. टाँके (परत) को भरने के लगभग 75-80 दिन पश्चात् टाँके की छत पर बाँस की सहायता से नीचे की सतह तक जगह-जगह छिद्र कर दिये जायें। इन छिद्रों में 500 ग्राम पी.एस.बी., एजेक्टोबैक्टर 500 ग्राम, राइजोबियम 500 ग्राम, 23.00 लीटर पानी में घोलकर डाल दिया जाये। तत्पश्चात इन छिद्रों को दुबारा लीपकर बन्द कर दिया जाये। इससे कम्पोस्ट की गुणवत्ता भी बढ़ेगी तथा इसके बनने की प्रक्रिया में तीव्रता आयेगी।
3. नाडेप में बायोडायनमिक कल्चर का प्रयोग करने से सूक्ष्मजीवी जीवाणुओं में अत्यधिक वृद्धि पायी गयी है।

नॉडेप कम्पोस्ट पद्धति की विशेषतायें एवं लाभ

1. इससे 1 किलो गोबर से 30 से 40 किलो उत्तम जीवाणुयुक्त अच्छी सुगंध वाली खाद बनती है।
2. इससे जो खाद बनती है, वह कृषि भूमि को नत्रजन, फॉस्फोरस, पोटाश एवं सूक्ष्म अन्न द्रव्ययुक्त खाद बड़ी मात्रा में उपलब्ध कराती है।
3. इससे जो खाद बनाती है, वह गोबर खाद से 3 से 4 गुना प्रभावशाली होती है।

4. इससे ग्रामीण क्षेत्र में रोजगार बढ़ेगा, उससे गांव की मनुष्यशक्ति और पूँजी गाँव में रहेगी। ग्रामीण क्षेत्र में रोजगार उपलब्ध होने से शहरों का बोझ कम होगा।

5. इससे किसान रासायनिक उर्वरक एवं कीटनाशक दवाओं के दुष्चक्र से बचेगा।

त्वरित नाडेप का कम्पोस्ट

प्रकार (सी.एफ.यू./ग्रा.)	बैक्टीरिया (सी.एफ.यू./ग्रा.)	एक्टिनोमाइसीटिज (सी.एफ.यू./ग्रा.)	फफूँदी
नाडेप	30 × 107	26 × 107	10 × 105
नाडेप+बी.डीख़ कल्चर	60 × 104	80 × 107	25 × 105

(आई.आई.टी. दिल्ली)

6. यह सम्पूर्णतया अप्रदूषणकारी है। गाँव के कूड़े-कचरे का कल्याणकारी उपयोग होकर ग्राम स्वच्छ रहकर स्वास्थ्यवर्धन होगा तथा पोषक अन्न की निर्मिति होगी।

7. यह तकनीक सरल होने से कोई भी किसान इसे थोड़े प्रशिक्षण से अपना सकता है और थोड़ी सी पूँजी लगाकर अपने आप में उद्यमी का स्वरूप प्राप्त कर सकता है।

8. इसमें भारतीय परिस्थिति, परम्पराएँ, यहाँ का मनुष्य इसका स्वभाव, प्रवृत्ति, प्रकृति एवं साधन सामग्री का विचार होने से कोई भी व्यक्ति इसे बड़े प्रेम से अपनाता है।

9. इसका एन.पी.के. सबसे सस्ता पड़ता है, ऐसा आई.आई.टी. दिल्ली के वैज्ञानिकों ने सिद्ध किया है।

10. इसके इन राष्ट्रोपकारक पहलुओं का विचार कर कृषि के राष्ट्रीय बैंक 'नाबार्ड' ने किसानों के लिए ऋण उपलब्ध कराने की योजना कार्यान्वित की है।

जीवामृत खाद

सामग्री : गाय का गोबर, गोमूत्र, दही, दाल का आटा एवं गुड़।

विधि :

1) गाय का गोबर 60 कि.ग्रा.

2) गोमूत्र 10 लीटर

3) किसी दाल का आटा 2 कि.ग्रा.

4) गुड़ 2 कि.ग्रा.

5) दही 2 कि.ग्रा.

उपरोक्त मिश्रण को अच्छी प्रकार मिलाकर दो दिन रखें

200 लीटर पानी मिलाकर एक एकड़ क्षेत्र में बिखेरें/छिड़काव करें

परिणाम

खेत में असंख्य सूक्ष्म जीवाणुओं की वृद्धि तथा ह्यूमस में बढ़ोत्तरी होती है।

फलदार वृक्ष में तने से 2 मीटर दूर एक फुट चौड़ी तथा एक फुट गहरी नाली खोदकर खेत पर उपलब्ध कूड़ा-करकट से भरकर जीवामृत खाद से गीला करें। परिणाम स्वरुप उच्च गुणवत्ता का फलोत्पादन होता है।

मटका खाद

सामग्री : गाय का गोबर, गोमूत्र, गुड़।

विधि :

1) 15 कि.ग्रा. गाय का ताजा गोबर

2) 15 लीटर ताजा गोमूत्र

3) 15 लीटर पानी एवं आधा कि.ग्रा. गुड़ अच्छी तरह घोल कर मिला लें।

उपरोक्त सामग्री को मिट्टी के घड़े में अच्छी प्रकार घोल कर कपड़ा अथवा टाट पट्टी से अच्छी प्रकार मुँह को बंद कर दें। 4-6 दिन बाद 200 लीटर पानी मिलाकर एक एकड़ खेत में बोने से 15 दिन पूर्व तथा बुआई के एक सप्ताह बाद दूसरा छिड़काव करें।

3.8.6 गोबर गैस स्लरी

गोबर गैस प्लांट से गोबर से ज्वलनशील गैस प्राप्त कर शेष बची हुई गोबर-स्लरी को बहुमूल्य खाद में परिवर्तित किया जा सकता है। स्लरी खाद में जैविक कार्बन 25-30 प्रतिशत, नाइट्रोजन 15 से 2.5 प्रतिशत के अनुपात में देशी पशु आहार में मिलाकर प्रयोग करने के भी उत्साहजनक परिणाम देखें गये हैं।

3.8.7 वर्मीवाश

केचुओं द्वारा छोड़ें गये अवशिष्ट पदार्थ को वर्मीवाश कहते है। यह अत्यन्त ही उपजाऊ एवं पौध वृद्धि उत्प्रेरक में विशेष सहायक होता है। अर्थात वर्मीवाश एक द्रव खाद है जो कि केचुओं के अपष्टि पदार्थ म्यूकस स्त्राव का मिश्रण है। इसका पौधो की पत्तियो पर छिड़काव किया जाता है। यह पौधों की वृद्धि को बढाकर उत्पादन बढानें में महत्वपूर्ण भूमिका निभाता है एवं पौधों को बिमारियों से बचाकर रखता है। यह एक साफ, पारदर्शी, पीले रंग का द्रव होता है। वर्मीवाश मिश्रण नसर्री, लोन एवं बगीचो में छिडकने से अच्छे परिणम प्राप्त होते है।

वर्मीवाश बनाने की विधि

1. वर्मीवाश की इकाई ड्रम या बाल्टी, बड़ें गमले में आवश्यकतानुसार बनाई जा सकती है। वर्मीवाश बनाने के लिए ड्रम का वाहरी हिस्सा खुला होना चाहिये।
2. वर्मीवाश बनाने के लिए 300 ली0 क्षमता का ड्रम ले, उसके पेदे में एक निकासी हेतु टोटी लगा दें।

3. टोटी के अन्दर की तरफ जाली लगा दें। ताकि कचरा नही फस पाये।
4. सबसे नीचे 30 सेमी परत अमरुद के आकार के पत्थरो से भरें।
5. इसके ऊपर 20 सेमी. कंकरीट की परत भरें।
6. 15 सेमी. रेत की परत डालें।
7. इसके ऊपर गाय अथवा भैस का ठंडा कच्चा गोबर ड्रूम की गर्दन तक भरे।
8. गोबर में 2-3 किलों एपिजोइक प्रजाति के केचुऐं छोड दें एवं ऊपर घास पूस की पतली परत बना दें।
9. ड्रूम के ऊपर एक मटका रखें। जिसके पेदें में छोटा छिद्र हो ताकि बूद बूद पानी टपकता रहे।
10. पानी गिरनें की गति इस प्रकार रखे। कि 24 घंटें में 3 लिटर पानी ही गिरे।
11. ड्रूम भरे हुए गोबर को केचुएं वर्मी कम्पोस्ट में बदलते रहेंगे। यह प्रकिया 15 दिन में पूरी होगी। ड्रूम में तैयार वर्मी कम्पोस्ट को एकत्रित कर लें एवं इसके स्थान पर ठंडा किया कच्चा गोबर पुनः भर दें ।
12. रोजाना लगभग 2.50 लिटर वर्मीवाश तैयार होगा जिसे बोतलो में भरकर एक बडी टंकी में भर दें । यह वर्मी वाश किसी भी फसल में छिडकाव हेतु तैयार है।

13ण वर्मीवाश का प्रयोग सात गुना पानी में मिलाकर पौधों पर प्रातः या सायंकाल छिड़काव द्वारा दिया जाता है। इससे पौधों का विकास व वृद्धि होती है।

14. वर्मीवाश तथा गोमूत्र मिश्रण दस गुना पानी में मिलाकर छिड़काव करने से यह प्रभावकारी कीटनाशक एवं तरल खाद के रूप में कार्य करता है।

Vermiwash Unit (वर्मीवाश यूनिट)

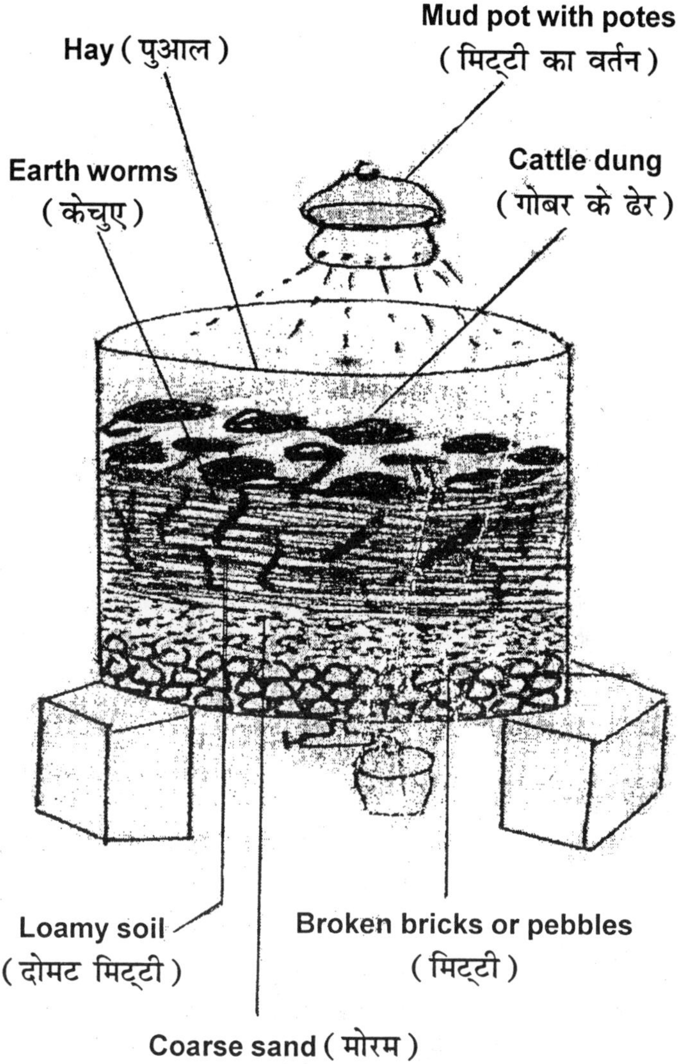

चित्र 3.15 वर्मी वाग बनाने की तकनीक

15. इसके उपयोग से किसानों को कम लागत पर अच्छी फसल व अच्छी कीमत मिलने के साथ-साथ रासायनिक उर्वरकों के कुप्रभाव से मुक्ति तथा पर्यावरण को स्वच्छ बनाने में अपार सफलता मिलती है।

निःसन्देह वर्मीवाश के कृषि में प्रयोग से भूमि के गिरते जीवांश, कार्बन एवं मृदा उर्वरता में हो रहे ह्रास को रोककर टिकाऊ खेती हेतु परि मित्रता का वातावरण के लिए एक उचित कदम होगा।

टंकी निर्माण - वर्मी वाश उत्पादन हेतु 8 × 8 फीट का पक्की (ईट एवं सीमेंट की मदद् से) डेढ फीट ऊची टंकी बनायी जाती है। इसके एक फीट नीचे लगा हुआ छोटा टांका आकार -1 फीट गुण 1 फीट का उसी तरह बनाया जाता है। बडी टंकी को बनाते समय इस बात का विशेष ख्याल रखें कि जिस तरफ छोटी टंकी हो उस तरफ ढालान कर दें। ताकि बड़ी टंकी में एकत्र सामग्री आसानी से बहकर छोटी टंकी में चली जायें। बड़ी टंकी में जहां पर नीचे छोटी टंकी हो वहां पाईप के माध्यम से एक नल की टोंटी भी लगायें ताकि बडी टंकी का अवशिष्ट छोटी टंकी मे रिसता रहें।

आवश्यक सामग्रीः- बड़ी टंकी में 80-100 किग्रा. केचुए डालें। इनके भोजन हुतु 250 किग्रा. सड़ा गोबर खाद डालें ताकि केचुए र्प्याप्त रुप से भेजन ग्रहण कर सकें। ऊपर से जूट की पट्टी से ढंक दें। इसके पश्चात प्रतिदिन कम से कम 4-5 लीटर पानी हजारे के माध्यम से पट्टियों के ऊपर डालें।

इन केचुओं को एक सप्ताह पश्चात निकालकर इसमें गोबर खाद बदल दें। यदि केचुओं को अलग करना है तो निकाल लें अन्यथा इन्ही केचुओं को दुबारा उपयोग में लाया जा सकता है। एक बात का विशेष ख्याल रखें कि टंकी में प्रयुक्त सड़ी गोबर खाद अवश्य बदल लें क्योकि केंचुओं के दुबारा भोजन के लिए नयी सड़ी गोबर खाद का होना आवश्यक है। इस क्रिया से प्रतिदिन 4-5 लिटर वर्मीवाश छोटी टंकी में एकत्र होता रहेगा। इस वर्मीवाश को किसी पात्र में इकट्ठा करते जायें।

वर्मीवाश प्रयोग विधिः-

1. वर्मीवाश का प्रयोग खड़ी फसलों में पत्तियों में छिड़ककर कर लें।
2. वर्मीवाश का सीधा छिड़काव अथवा 50 प्रतिशत वर्मीवाश एवं 50 प्रतिशत पानी मिलाकर छिड़काव करें।
3. वर्मीवाश का प्रयोग फसलों, सब्जियों, फूल वाले पौधो एवं फलादार पेड़ पौधो पर किया जा सकता है।

वर्मीवाश का फसलो के उत्पादन एवं गुणवत्ता पर प्रभावः- वर्मीवाश का विभिन्न सान्द्रता के रुप में विभिन्न फसलों पर प्रयोग किया गया है एवं वैज्ञानिकों के शोध करने पर पाया कि इसके पत्तियो पर छिड़काव से फसलों के उत्पादन एवं गुणवत्ता पर सार्थक प्रभाव पाये गये।

50:50 के अनुपात में वर्मीवाश एवं पानी का सब्जियों में फूल जल्दी आना, फलों का आकार बढ़ना पाया गया। अन्ततः उत्पादन बढ़ा।

वर्मीवाश के प्रयोग से उत्पादन एवं गुणवत्ता में वृद्धि के साथ कीड़े-बीमारियों के आक्रमण से पौधों को बचाया जा सकता है। विभिन्न शोध के परिणामो के आधार पर वर्मीवाश एक बहुगुणी, पोषक तत्वो से भरपूर एवं बीमारियों से बचाव हेतु एक उत्तम द्रव खाद है।

फसल उत्पादन बढ़ाने के लिए आजकल रसायनिक खाद का अधिकाधिक मात्रा में उपयोग किया जा रहा है, जिसके फलस्वरूप मृदा के पोषक तत्वों का ह्रास हो रहा है तथा पर्यावरण भी दूषित हो रहा है। इनके हानिकारक प्रभाव से पौधों तथा मृदा को बचाने के लिए जैविक खाद का प्रयोग किया जाना चाहिए। वर्मीवाश एक तरल जैविक खाद है, जो छिड़काव द्वारा प्रयोग में लाई जाती है। इससे पौधों की वृद्धि के लिए आवश्यक पोषक तत्व जैसे कि नाइट्रोजन, फॉस्फोरस व पोटाश के अतिरिक्त हार्मोन आक्सिन तथा साइटोकाइनिन की कुछ मात्रा भी होती है, जो पौधों के लिए भी लाभकारी है।

उपयोगः- वर्मीवाश का उपयोग पौधे टॉनिक के रुप में किया जा सकता है। इस वर्मीवाश का उपयोग कीटनाशक के रुप में भी किया जा

सकता है। प्रयोगो के आधार पर वर्मीवाश के उपयोग से फसलों में वृद्धि एवं दानो की गुणवत्ता भी सुधरती है। इसका प्रयोग 15 लिटर पानी में 200–400 मि.लि. प्रति एकड़ (फसल अनुसार) करना चाहिए। बाजार में उपलब्ध पौधा टॉनिक से तुलना करने पर वर्मीवाश के उपयोग से 400–500/– ₹ प्रति लि. इससे बचाया जा सकता है और फसल की गुणवत्ता भी सुधरेगी।

वर्मीवाश संगठन – वर्मीवाश में सभी पोषक तत्व सूक्ष्म मात्रा में पाये जाते हैं और एंजाइम्स जैसे जिबरेलीक एसीड, ऑक्सीजन सायटोकिन्स और एन्जाइम्स जैसे लीपेज इतयादि पाये जाते हैं।

चित्र 3.16 वर्मी वाश तैयार करने का दृश्य

चित्र 3.17 वर्मी वाश का टैक बनाकर एकत्र करे।

चित्र 3.18 वर्मी वाश तैयार करने की विधि

चित्र 3.19 बोतलो में वर्मी वाश

वर्मीवाश उपयोग की अवस्थाएं - वर्मीवाश का उपयोग सामन्यत: फसलों की प्रारम्भिक अवस्था और पुष्पन के समय किया जाता है। •

तैयार वर्मीवाश को पौधों पर पर्णीय छिडकाव किया जाता है। इसकी उपयोगिता बढानें के लिए इसमें गौमूत्र मिलाकर इसमें दस गुणा पानी मिलाया जा सकता है।

वर्मीवाश के लाभ - वर्मीवाश का पर्णीय छिडकाव करने से पौधों में वृद्धि एवं विकास शीघ्रता से होता है।

- ➢ फूलों की संख्या बढ़ जाती है।
- ➢ दानों एवं फलो का आकार बढ़ जाता है।
- ➢ कल्ले एवं जड़ें बढ़ जाती है।
- ➢ दानों एवं फलो का आकार बड़ा हो जाता है।
- ➢ दाने में चमक बढ़ जाती है। जिससे बाजार भाव अच्छे प्राप्त होते हैं।

विशेष- वर्मीवाश का उपयोग किसी भी प्रकार के रासायनों के साथ नही करनी चाहिए।

''सनई बोवे सनई कढ़ैं, सनई सारे खेत मइयर।
डलटे पलटे दोनो जोते वहि दीजै गल्ला का झार।।''

घाघ

4

जैव कारक एवं जैविक कीटनाशक

फसलों को कीटों, रोगों एवं खरपतवारों आदि से प्रतिवर्ष 7 से 25 प्रतिशत क्षति होती है, जिसमें 33 प्रतिशत खरपतवारों द्वारा, 26 प्रतिशत चूहों द्वारा तथा 8 प्रतिशत अन्य कारण सम्मिलित हैं। यह क्षति दलहन में 7 प्रतिशत, ज्वार में 10 प्रतिशत, गेहूँ में 11.4 प्रतिशत, गन्ना में 15 प्रतिशत, धान में 18.6 प्रतिशत, कपास में 22 प्रतिशत तथा तिलहन में 25 प्रतिशत तक होती है। फसलों, फलों एवं सब्जियों पर इनके प्रकोप को कम करने के उद्देश्य से कृषकों द्वारा कृषि रक्षा रसायनों का प्रयोग किया जा रहा है।

प्रदेश में कीटनाशकों की औसत खपत 279.60 ग्राम प्रति हैक्टेयर है, जो देश के औसत खपत 288 ग्राम प्रति हैक्टेयर से कम है। इस औसत खपत में 58.7 प्रतिशत कीटनाशक, 22.0 प्रतिशत तृणनाशक, 16.0 प्रतिशत रोगनाशक तथा 3.3 प्रतिशत चूहा विनाशक/धूम्रक सम्मिलित हैं। इन रसायनों का प्रयोग करने से जहाँ कीटों, रोगों एवं खरपतवारों में सहनशक्ति पैदा होती है और कीटों के प्राकृतिक शत्रु (मित्र कीट) प्रभावित होते हैं, वहीं कीटनाशकों का अवशेष खाद्य पदार्थों, मिट्टी, पानी एवं वायु को प्रदूषित करने लगते हैं। कीटनाशक रसायनों के हानिकारक प्रभावों के लिए जैविक कीटनाशकों का प्रयोग करना नितान्त आवश्यक है।

जैविक एजेन्ट तथा जैविक पेस्टीसाइड जीवों यथा कीटों, फफूँदों जीवाणुओं एवं वनस्पतियों पर आधारित उत्पाद है, जो फसलों, सब्जियों एवं

फलों को कीटों एवं व्याधियों से सुरक्षित कर उत्पादन बढ़ाने में सहयोग करते हैं तथा 20–30 दिनों के अन्दर भूमि एवं जल से मिलकर जैविक क्रिया का अंग बन जाते हैं तथा स्वास्थ्य एवं पर्यावरण को कोई भी हानि नहीं पहुँचाते हैं।

नीम एक प्राकृतिक पेस्टीसाइड है जिसमें एजाडिरेक्टिन एवं सैलापिन तत्व पाये जाते हैं। जो फसलों को कीड़ों द्वारा खाने से बचाता है तथा फसलों को सुरक्षा प्रदान करता है। इसका तेल, खली एवं पत्तियाँ पौध संरक्षण एवं कीट नियन्त्रण में प्रयोग की जाती है।

4.1 जैविक कीटनाशकों से लाभ

जीवों एवं वनस्पतियों पर आधारित उत्पाद होने के कारण, जैविक कीटनाशक लगभग एक माह में भूमि में मिलकर अपघटित हो जाते हैं तथा इनका कोई अंश अवशेष नहीं रहता। यही कारण है कि इन्हें पारिस्थितकीय मित्र के रूप में जाना जाता है।

- ➢ जैविक कीटनाशक केवल लक्षित कीटों एवं बीमारियों को मारते हैं, जबकि रासायनिक कीटनाशकों से मित्र कीट भी नष्ट हो जाते हैं।
- ➢ जैविक कीटनाशकों के प्रयोग से कीटों/व्याधियों में सहनशीलता एवं प्रतिरोध नहीं उत्पन्न होता जबकि अनेक रसायन कीटनाशकों के प्रयोग से कीटों में प्रतिरोध क्षमता उत्पन्न होती जा रही है, जिनके कारण उनका प्रयोग अनुपयोगी होता जा रहा है।
- ➢ जैविक कीटनाशकों के प्रयोग से कीटों के जैविक स्वभाव में कोई परिवर्तन नहीं होता जबकि रासायनिक कीटनाशकों के प्रयोग से ऐसे लक्षण परिलक्षित हुए हैं। सफेद मक्खी अब अनेक फसलों तथा चने का फली छेदक अब कई अन्य फसलों को भी नुकसान पहुँचाने लगा है।

जैविक कीटनाशकों के प्रयोग के तुरन्त बाद फलियों, फलों, सब्जियों की कटाई कर प्रयोग में लाया जा सकता है, जबकि रासायनिक कीटनाशकों के अवशिष्ट प्रभाव को कम करने के लिए कुछ दिनों की प्रतीक्षा करनी

पड़ती है। जैविक कीटनाशकों के सुरक्षित, हानिरहित तथा पारिस्थितकीय मित्र होने के कारण विश्व में इनके प्रयोग से उत्पादित चाय, कपास, फल, सब्जियों, तम्बाकू तथा खाद्यान्नों, दलहन एवं तिलहन की मांग एवं मूल्यों में वृद्धि हो रही है, जिसका परिणाम यह है कि कृषकों को उनके उत्पादों का अधिक मूल्य मिल रहा है।

➢ जैविक कीटनाशकों के विषहीन एवं हानिरहित होने के कारण ग्रामीण एवं शहरी क्षेत्रों में इनके प्रयोग से आत्महत्या की सम्भावना शून्य हो गयी है, जबकि कीटनाशी रसायनों से अनेक आत्महत्याएं हो रही हैं।

➢ जैविक कीटनाशक पर्यावरण, मनुष्य एवं पशुओं के लिए सुरक्षित तथा हानिरहित हैं। इनके प्रयोग से जैविक खेती को बढ़ावा मिलता है जो पर्यावरण एवं पारिस्थितकीय का संतुलन बनाये रखने में सहायक हैं।

4.1.1 **ट्राइकोग्रामा (ट्राइकोकार्ड)**

यह ट्राइकोग्रामा जाति की छोटी ततैया जो अंड परजीवी है, पर आधारित है जो लैपीडाप्टेरा के लगभग 200 प्रकार के नुकसानदेह कीड़ों के अंडों को खाकर जीवित रहता हैं। इस ततैया की लम्बाई 0.4 से 0.7 मिमी. होती है तथा इसका जीवनचक्र निम्न प्रकार है :–

अंडा देने की अवधि	–	16–24 घण्टे
लार्वा अवधि	–	2–3 दिन
प्यूपा पूर्व अवधि	–	2 दिन
प्यूपा अवधि	–	2–3 दिन
कुल अवधि	–	8–10 दिन (गर्मी)
	–	9–12 दिन (जाड़ा)

मादा ट्राइकोग्रामा ततैया अपने अंडे हानि पहुँचाने वाले कीड़ों के अंडों के बीच में देती है तथा वहीं पर इनकी वृद्धि होती है। ट्राइकोग्रामा का जीवन चक्र कीड़ों के अंडों के बीच चलता है। अंडों के निषेचन होने पर ट्राइकोग्रामा

के लार्वा कीड़ों के अंडों के भ्रूण को खाकर अपना जीवन चक्र पूरा करते हैं। ततैया अंडों में छेदककर बाहर निकलता है। ट्राइकोग्रामा की पूर्ति कार्ड के रूप में होती है, जिसमें एक कार्ड पर लगभग 20000 अंडे होते हैं। धान, मक्का, गन्ना, सूरजमुखी, कपास, दलहन, फलों एवं सब्जियों के नुकसानदायक तनाछेदक, फलवेधक, पत्ती मोड़क प्रकार के बेधक कीड़ों का जैविक विधि से नाश करने हेतु ट्राइकोग्रामा का प्रयोग किया जाता है। इससे 80 से 90 प्रतिशत क्षति को रोका जा सकता है। ट्राइकोग्रामा को विभिन्न फसलों में 10 से 15 दिन के अंतराल पर 3 से 4 बार लगाया जाता है। खेतों में जैसे ही हानिकारक कीड़ों के अंडे दिखाई दे, तुरन्त ही कार्ड के छोटे-छोटे समान टुकड़ों में कैंची से काट कर खेत के विभिन्न भागों में पत्तियों की निचली सतह पर या तने पत्तियों के जोड़ पर धागे से बांध दें। सामान्य फसलों में 5 किन्तु बड़ी फसलों जैसे गन्ना में 10 कार्ड प्रति हैक्टेयर का प्रयोग किया जाये। इसे सांयकाल खेत में लगाया जाये किन्तु इसके उपयोग के पहले व बाद में खेत में रासायनिक कीटनाशक का छिड़काव न किया जाय।

ट्राइकोग्रामा को खेत में प्रयोग करने से पूर्व तक 5 से 10 डिग्री. सेल्सियस तापक्रम पर बर्फ के डिब्बे या रेफ्रिजरेटर में रखना चाहिए।

4.1.2 ट्राइकोडर्मा

ट्राइकोडर्मा एक घुलनशील जैविक फफूंदीनाशक है जो *ट्राइकोडर्मा* विरडी या *ट्राइकोडर्मा हरजिएनम* पर आधारित है। ट्राइकोडर्मा फसलों में जड़ तथा तना गलन/सड़न उकठा (*फ्यूजेरियम, ऑक्सीस्पोरम, स्केल रोसिय डायलेक्टेमिया*) जो फफूंद जनित हैं, में फसलों पर लाभप्रद पाया गया है। धान, गेहूँ दलहनी फसलें, गन्ना, कपास, सब्जियों, फलों एवं फल वृक्षों पर रोगों से यह प्रभावकारी रोकथाम करता है।

ट्राइकोडर्मा के कवक तन्तु फसल के नुकसानदायक फफूंदी के कवक तन्तुओं को लपेट कर या सीधे अन्दर घुसकर उनका जीवन रस चूस लेते हैं और नुकसानदायक फफूंदी का नाश करते हैं। इसके अतिरिक्त भोजन स्पर्धा के द्वारा तथा कुछ ऐसे विषाक्त पदार्थ का स्राव करते हैं जो बीजों के चारों

ओर सुरक्षा दीवार बनाकर हानिकारक फफूंदी से सुरक्षा देते हैं। ट्राइकोडर्मा से बीजों में अंकुरण अच्छा होकर फसलें फफूंद जनित रोगों से मुक्त रहती हैं एवं उनकी नर्सरी से ही वृद्धि अच्छी होती है।

ट्राइकोडर्मा का प्रयोग निम्न रूप में किया जाना उपयोगी है :

- ➢ कन्द/कर्म/राईजोम/नर्सरी पौध का उपचार 5 ग्राम ट्राइकोडर्मा को एक लीटर पानी में घोल बनाकर डुबोकर करना चाहिए तत्पश्चात् बुवाई/रोपाई की जाये।
- ➢ बीज शोधन हेतु 4 ग्राम ट्राइकोडर्मा प्रति किलोग्राम बीज में सूखा मिला कर बुवाई की जाये।
- ➢ भूमि शोधन हेतु एक किलोग्राम दवा को 25 किलोग्राम गोबर की खाद में मिलाकर हल्के पानी की छीटा देकर एक सप्ताह तक छाया में सुखाने के उपरान्त बुवाई के पूर्व प्रति एकड़ प्रयोग किया जाये।
- ➢ बहुवर्षीय पेड़ों के जड़ के चारों ओर गड्ढा खोदकर 100 ग्राम ट्राइकोडर्मा पाउडर को मिट्टी में सीधे या गोबर/कम्पोस्ट की खाद के साथ मिला कर दिया जाये।

यह एक जैविक उत्पाद है किन्तु खुले घावों, श्वसन तंत्र एवं आंखों के लिए नुकसानदायक है। अतः इसके प्रयोग के समय सावधानियां बरतनी चाहिए। इसके प्रयोग से पहले या बाद में किसी रासायनिक फफूंदनाशक का प्रयोग न किया जाये। ट्राइकोग्रामा की सेल्फ लाइफ एक वर्ष है।

4.1.3 **एन.पी.वी. (न्यूक्लियर पॉली हेड्रासिस वायरस)**

न्यूक्लियर पॉली हाइड्रोसिस वायरस (एन.पी.वी.) पर आधारित हरी सूड़ी (*हेलिकोवर्पा आरमीजेरा*) अथवा तम्बाकू सूंड़ी (*स्पोडाप्टेरा लिटूरा*) का जैविक कीटनाशक है, जो तरल रूप में उपलब्ध है। इसमें वायरस कण होते हैं, जिनसे सूंडी द्वारा खाने या सम्पर्क में आने पर सूंड़ियों का शरीर 2 से 4 दिन के भीतर गाढ़ा भूरा फूला हुआ व सड़ा हो जाता है, सफेद तरल पदार्थ

निकलता है व मृत्यु हो जाती है। रोग ग्रसित तथा मरी हुई सूंड़ियां पत्तियों एवं टहनियों पर लटकी हुई पाई जाती हैं।

- एन.पी.वी. कपास, फूल गोभी, टमाटर, मिर्च, भिण्डी, मटर, मूंगफली, सूर्यमुखी, अरहर, चना, मोटा अनाज, तम्बाकू एवं फूलों को नुकसान से बचाता है। प्रयोग करने से पूर्व 1 मिली. एन.पी.वी. को 1 लीटर पानी में घोल बनायें तथा ऐसे घोल को 250 से 500 लार्वल समतुल्य प्रति हैक्टेयर की दर से 12 से 15 दिनों के अंतराल पर 2 से 3 छिड़काव फसलों के लिए उपयोगी है। छिड़काव सायंकाल को किया जाये।
- एन.पी.वी. की सेल्फ लाइफ 6 माह है।

4.1.4 विवेरिया बैसियाना

यह एक फफूंदी जनित उत्पाद है, जो विभिन्न प्रकार के फुदकों को नियंत्रित करता है। लेपीडाप्टेरा कुल के कैटरपिलर जिसमें फली छेदक (हेलियोथिस), स्पोडाप्टेरा, छेदक तथा बाल वर्म कैटरपिलर, पर प्रभावी है तथा छिड़काव होने पर उनमें बीमारी पैदा कर देता है जिससे कीड़े पंगु हो जाते हैं और निष्क्रिय होकर मर जाते हैं। यह सब्जियों फलों, फूलों आलू पर उपयोगी हैं।

विवेरिया बैसियाना का छिड़काव 1.0 किलो/1.0 लीटर प्रति हैक्टेयर की दर से 12 से 15 दिन के अंतराल पर सायंकाल को किया जाये। यह अंडा, लार्वा, प्यूपा तथा फुदके आदि सभी दशाओं में प्रभावी है किन्तु उचित समय अंडा देने तथा शैशवलार्वा की है। इसकी सेल्फ लाइफ 1 वर्ष है।

4.1.5 क्रोइसोपा

क्रोइसोपा नामक हरे कीट जिनकी लम्बाई 1 से 1.3 सेमी. पंख लंबे, हल्के रंग के पारदर्शी सुनहरी आंखें तथा ऐन्टिना धारक होते हैं, के लार्वा सफेद मक्खी, माहूँ, जैसिड, थ्रिप्स आदि के अंडों तथा लार्वा को खा जाते हैं। इसको प्रभावित खेतों में डाला जाता है। इनका जीवन चक्र निम्न प्रकार है :–

अंडा अवधि	3-4 दिन
प्यूपा अवधि	5-7 दिन
लार्वा अवधि	11-13 दिन
व्यस्कता	35 दिन
अंड क्षमता	300-400 अंडे

क्राइसोपर्ला के अंडों को कोरसायरा के अंडों के साथ लकड़ी के बुरादे में बॉक्स में आपूर्ति किया जाता है। इनके लार्वा कोरसियरा के अंडों को खाकर बयस्क बनते हैं। विभिन्न फसलों में क्राइसोपर्ला के 50000 से 100000 लार्वा या 500 से 1000 व्यस्क प्रति हैक्टेयर डालने से कीटों का नियंत्रण भली प्रकार से होता है।

क्राइसोपर्ला के अंडों को 10 से 15 डिग्री से. पर रेफ्रीजेरेटर में 15 दिनों तक रखा जा सकता है। सामान्य तापक्रम पर इनका जीवन चक्र प्रारम्भ हो जाता है।

4.1.6 बी.टी. (बेसिलस थ्यूरिजिएन्सिस)

बी.टी. एक बैक्टिरिया आधारित जैविक कीटनाशक है जो सूंड़ियों पर तत्काल प्रभाव डालता है। इससे सूंड़ियों पर लकवां, आंतों का फटना, भूखापन तथा संक्रमण होता है तथा दो से तीन दिन में मर जाती है। यह पाउडर एवं तरल दोनों रूपों में उपलब्ध है। इसका प्रयोग मटर, चना, कपास, अरहर, मूंगफली, सूर्यमुखी, धान, फूलगोभी, पत्ता गोभी, टमाटर, बैंगन, मिर्च तथा भिण्डी में उपयोगी एवं प्रभावशाली है। बी.टी. का प्रयोग छिड़काव द्वारा किया जाता है। प्रति हैक्टेयर 500 से 1000 ग्राम मात्रा को 500 से 700 लीटर पानी में घोल बनाकर 15 दिन के अंतराल पर दो से तीन बार छिड़काव लाभकारी है। इसकी सेल्फ लाइफ 2 से 3 वर्ष है।

4.1.7 फेरोमोन ट्रेप (गंध पाश)

फेरोमोन ट्रेप फसलों को नुकसान करने वाली सूंड़ियों के नर पतंगों के फंसाने के लिए चमकीले प्लास्टिक का बना होता है। इसमें कीप के आकार

चित्र 4.1 विलैक लाइट ट्रैप

चित्र 4.2 फोरोमोन एवं किल स्कैन ट्रैप

चित्र 4.3 होलियोथिस ट्रैप

चित्र 4.4 स्क्रीन होलियोथक ट्रैप

के मुख्य भाग पर लगे ढक्कन के मध्य में (मादा कीट की गंध ल्योर) लगाया जाता है जो नर पतंगों को आकर्षित करता है। कीप के निचले भाग पर पॉलीथीन की थैली लगायी जाती है जिसमें पतंगे फंस जाते हैं। थैली के निचले मुख पर से रबर बैंड हटाकर फंसे पतंगे निकालकर मार दिये जाते हैं। फेरोमोन ट्रेप को खेत में पतंगों की उपस्थिति पता करने के लिए 5-6 ट्रेप प्रति हैक्टेयर की दर से तथा अधिक संख्या में पकड़ने के लिए 15-20 ट्रेप प्रति हैक्टेयर की दर से लगाया जाता है। इसे खेत में कीप पर लगे हत्थे द्वारा डंडे पर फसल की ऊँचाई से 30-60 सेन्टीमीटर ऊपर लगाया जाता है।

ल्यूर (गंध रबर) में गंध रहित रबर पर मादा पतंगों की विशेष गंध (फेरोमोन) भरी होती है। विभिन्न प्रकार के पतंगों के लिए अलग-अलग ल्यूर उपयोग किये जाते हैं। ल्यूर थैली में बंद मिलता है। जिसे खोल कर ट्रैप के ढक्कन में बने स्थान पर लगाया जाता है। कपास, चना, अरहर, टमाटर, गोभी, बन्दगोभी, मूंग, उर्द, भिण्डी तथा धान के लिए विभिन्न प्रकार के ल्यूर का प्रयोग करते हुए फेरोमोन ट्रैप लगाये जाते हैं। ल्यूर 3-4 सप्ताह तक कार्य करता है।

4.1.1. कीटरोधक गुण वाले वनस्पतियाँ

4.1.1.2 नीम

''नीम'' को वनस्पति विज्ञान की भाषा में एजेडिरेक्टा इंडिका कहते है। संश्लेषित कार्बनिक कीटनाशक रसायनों की खोज के पहले से ही विश्व के अनेक भागों में इसके कीटनाशक गुणों के कारण ही इसका प्रयोग होता आ रहा है। सन् 1940 और 1950 के दशकों में विकसित डी.डी.टी. तथा अन्य संश्लेषित विशाल कार्य क्षेत्र वाले कीटनाशकों के प्रभाव, कार्य क्षमता, आसानी से व सस्ते दामों में उपलब्ध होने के कारण बॉटनिकल पेस्टीसाइड्स का उपयोग धीरे-धीरे कम होता चला गया। इन कार्बनिक रसायनों पर पूरी तरह निर्भर रहने की कार्य योजना के कारण अनेकों पारिस्थितिकीय, वातावरणीय एवं प्रतिरोधक की समस्या पैदा हो गयी जिससे कीटों का आक्रमण और बढ़ गया। इन नयी परिस्थितियों ने पुनः हमें बॉटनिकल पेस्टीसाइड्स तथा अन्य सुरक्षित वैकल्पिक साधनों द्वारा कीट नियंत्रण के बारें में सोचने के लिए मजबूर कर दिया है। यह पौधों के लिए सुरक्षित और मनुष्य के लिए कम विषैले होते है । इस पौधे में सामान्य तौर पर उपस्थिति शर्कराओं एवं अमीनोएसिड्स के अतिरिक्त अनेक प्रकार के द्वितीयक मेआबोलाइट जेसे टरपीनाइड्स एल्केलीइड्स, फिलाइलोप्रोपनाइड्स, प्लेवानोइट्स आदि पाये जाते है।इनमें से कई रसायन पौधों को कीट तथा पैथोजिन्स से रक्षा करते है। यह पौधा भारत एवं वर्मा में ''भारतीय लिलैक'' नाम से जाना जाता है। वैसे यह इन्हीं देशों में उत्पत्र हुआ पौधा है। लगभग 20 वर्षो से विश्व के अनेक देशों जैसे अफीका, अमेरिका, आस्ट्रेलिया, फिलीपीन्स, हैरी,

काटीनान्स द्वीप में औद्योगिक, दवाओं के रूप में एवं प्राकृतिक कीट नाशक के रूप में प्रयुक्त हो रहा है। यह पौधा पूरे साल हरा भरा रहने वाला, तेजी से बढ़ने वाला, लगभग 25 मीटर ऊँचा तथा 2.5 मीटर चौड़ा होता है। हरी पत्ती, मध्यम आकार की, अन-पेयर्ड पीनेट, एसीमेट्रोकल, सीरेट लीफलेट लगभग 7 से.मी. वाली होती है। इसके फल 1.5 से 1.9 से.मी. जो शुरू में हरे रंग के होते है। पकने के बाद पीले हो जाते है। बीज मजबूत, भूरे रंग का कभी-कभी सफेद भी हो जाता हैं। औसतन पेड़ से 50 से 100 किग्रा. बीज वर्ष में प्राप्त होता है। 50 कि.ग्रा. फल से लगभग 30 कि.ग्रा. नीम खली की प्राप्ति होती हैं। नीम खली, खेती में अच्छी प्रकार का खाद बन जाता है। इनके पौधों को सामान्यतया बीज से उगाया जाता है लेकिन कहीं-कहीं इसकी कटिंग भी लगायी जाती हैं। भारतीय मूल का यह पौधा कम से कम लागत में होने वाला महत्वपूर्ण सुरक्षित एवं पौधों से प्राप्त कार्बनिक कीटनाशक के रूप में अपनी अलग पहचान रखता है।

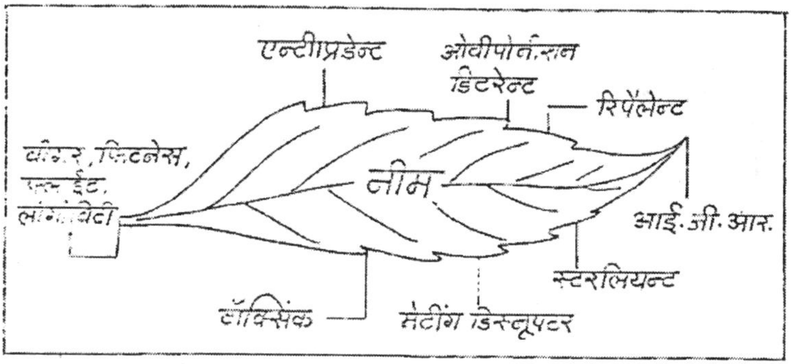

चित्र 4.5 **नीम की पत्ती में पाये जाने वाले पदार्थ**

आदिकाल से लाभदायी नीम एक महत्वपूर्ण और सर्वव्यापी वृक्ष है। अपने यहाँ नीम सदियों से लोकप्रिय है क्योंकि इसके गुणों की पहचान पौराणिक काल से जन-जन में है। यह तेजी से बढ़नेवाला पेड़ है सूखे तथा अनुपजाऊ मिट्टी में भी स्वस्थ रहता है। कहावत है "जहाँ रहे नीम वहाँ क्या करे हकीम"। नीम का वृक्ष पूज्यनीय वृक्ष है। इस पेड़ की पत्तियों तथा बीजों में कीटनाशक गुण होते है। जो नाना प्रकार के कीटों को प्रभावी ढंग से नष्ट

करते हैं। नीम से कीटनाशक, औषधियां, मच्छर मारने के लिए रीपलेन्ट्स, उर्वरक, डायवेटिक फूड, पशुओं का चारा, साबुन उद्योग, कागज उद्योग, ल्युब्रिकेन्ट्स, टूथब्रश, टूथपेस्ट तथा कास्मेटिक पाउडर बनाये जाते हैं।

चित्र 4.6 **नीम आउल**

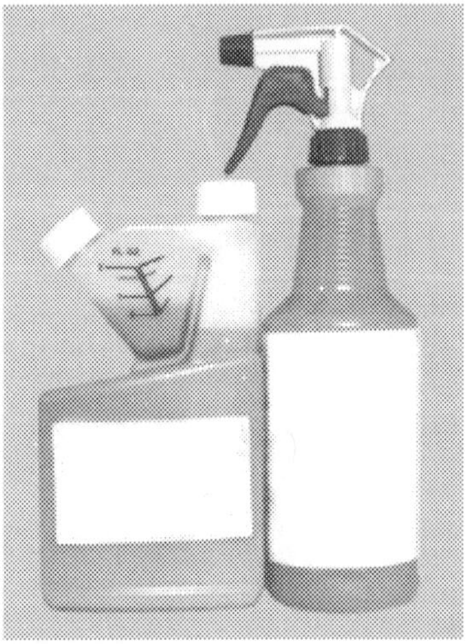

चित्र 4.7 **वोतलो में बन्द नीम आउल**

नीम में सक्रिय तत्व तथा लगभग 17 प्रकार के आइसोर्मस पाये जाते हैं, जिन्हें नीमोनाइट्स कहा जाता है। मुख्य रूप से एजाडिरेक्टा, सीलोनिन, मिलयाट्रायल तथा लिम्बिन प्रमुख हैं। इनकी संरचना आधुनिक रासायनिक कीटनाशकों से बिल्कुल भिन्न हैं। आधुनिक रासायनिक कीटनाशक क्लोरिन एवं फास्फोरस, इत्यादि विषैले पदार्थों से बने होते हैं।

नीम का पौधा रेगिस्तान और शुष्क जलवायु वाले क्षेत्रों में ज्यादा पाया जाता है। इस वृक्ष पर सूखे का असर कम होता है तथा पाले से संवेदनशील है।

4.1.1.3 **नीम का महत्व**

1. धार्मिक दृष्टि से

- ➢ भगवान जगन्नाथ सुभद्रा एवं बलभद्र की मूर्ति उड़ीसा में इसी लकड़ी से बनी हुई है।

- शीतला अष्टमी के दिन उ.प्र. में इसकी पूजा करते हैं।
- चेचक निकलने पर इसका प्रयोग करते हैं।

2. स्वास्थ्य की दृष्टि से

- प्रतिरोधक क्षमता के विकास हेतु 8-10 नीम की पत्ती खाने पर मधुमेह तथा उच्च रक्त चाप से छुटकारा मिलता है।
- दंत मंजन में प्रयोग।
- बालों के स्वास्थ्य हेतु नीम की पत्ती उबालकर उसके पानी से बालों को धोने से बाल काले रहते हैं। जूँ एवं रूसी खत्म होती है।
- कान की दवा के रूप-एक चम्मच नीम की पत्ती का रस तथा उसी के बराबर शहद मिलाकर इयर ड्राप के रूप में इस्तेमाल करने से कान का दर्द दूर हो जाता है।
- पीलिया रोग में 3-6 चम्मच नीम की पत्ती का रस तथा उसकी आधी मात्रा में शहद मिलाकर सेवन करने से लाभ मिलता है।
- मुँह एवं जीभ में छाले हेतु 10-15 नीम की सूखी पत्तियों को 5 ग्राम पिपली के साथ शहद में मिलाकर जीभ एवं मुँह में लेप लगाने पर लाभ मिलता है।
- इसके अतिरिक्त पेट की बीमारी, पित्त रोग, त्वचा सुरक्षा, खसरा, मधुमेह तथा पशुओं की बीमारी में प्रयोग किया जा सकता है।
- रोग वाहक का वृद्धि और विकास रोक देती है।
- नीम जीवाणु जनित और विषाणु जनित रोगों में एन्टीबायोटिक्स (Antibiotics) और एन्टीसेप्टिक (Antiseptic) के रूप में कार्य करती है।

3. पर्यावरण की दृष्टि से

नीम का वृक्ष वातावरण को शुद्ध रखता है एवं अपने आसपास के प्रदूषण को कम करता है।

4. **फसल सुरक्षा की दृष्टि से**

- कीटों में वृद्धि नियंत्रकों (Growth regulators) को नियंत्रित करने के लिए। जैसे-खाद्य अवरोधक के रूप में एवं अण्ड अवरोधक रूप में।
- हानिकारक कीटों में प्रजनन अवरूद्ध हो जाती है।
- कीटों के लार्वा एवं वयस्क प्रतिकर्षित होकर भाग जाते हैं।
- वयस्क कीटाबन्ध्य (नपुंसक) हो जाते है। उनमें वंशवृद्धि की कमी हो जाती है।
- नियन्त्रण निमैटोड के नियन्त्रण में काफी प्रभावी है।

4.1.2 कुछ खास कीटों पर विशेष प्रभाव

एफिड्स, ब्राउन राईस, प्लांट होपर, कटवार्म, कोलोराडो बीटल, मेक्सिकन बीज बीटल, डेर्जर, कैबेज वर्म, ग्रीन राईस लीफ होपर, व्हाईट फ्लाई, मेडिटेरेनियन, फ्रूफ्लाई, डायमंड बैकमोथ तथा अन्य।

4.1.2.1 कीटरोधक गुण

नीम का सत् कीटों के अंडे तथा लार्वा को बढ़ने नहीं देता, कीटों के विकास को भी रोकता हैं। यह प्रभावी कीटरोधक है, इसलिए कई अन्य रोगकारक जीवाणुओं को भी नष्ट करता है। इन्हीं सब गुणों के कारण नीम बहुत से कीटों पर अंकुश लगाता है। अभी तक नीम के सत् का मधुमक्खियों तथा अन्य बड़े कीटभक्षक कीटों व परागण में आवश्यक कीड़ों पर इसके दुष्प्रभाव नहीं पाए गए हैं। यद्यपि संभव है कि नीम को खाने पर कोई प्रभाव इन पर पाया जाता हो।

4.1.2.2 नीम का सत्

नीम का सत् बनाने के लिए बीजों की गिरी, तेल, खली तथा पत्तियों का प्रयोग किया जाता है। नीम सत् बनाने के लिए नीम के पके फलों को इकट्ठा कर लें। इसके फलों को अंगूठे व अंगुली से दबाने से बीज फल से बाहर आ जाते हैं। इन सफेद फलों को छाया में अच्छी तरह सुखा लें। इन

बीजों में नमी रह जाने से इन पर एक फफूंदी पैदा हो जाती है। इस फफूँदी में ऐफ्लाटोक्सिन बहुत घातक विष होता हैं। सूखे बीजों को बोरी में भंडारण कर लें।

4.1.2.2.1 सत् निर्माण की विधियाँ

4.1.2.2.1.1 नीम गिरी का सत्

1. एक लीटर सत् बनाने के लिए 50 ग्राम नीम की गिरी लें।
2. गिरियों को धीरे-धीरे कूट कर पाउडर बना लें। लेकिन ध्यान रहे कि गिरी से तेल न निकले।
3. गिरी पाउडर को एक पतले सूती कपड़ें में बाँध (पोटली) कर रात भर के लिए 1 लीटर पानी में भिगो दें।
4. अगले दिन इस पोटली को मसल कर निचोड़ दें व इस सत् को छान लें।
5. इस सत् को पत्तियों पर चिकना योग्य बनाने के लिए इसमें 1 मिलीग्राम देशी साबुन का घोल (खादी साबुन) मिलाना उत्तम रहता है।
6. यह घोल दूध के समान सफेद हो तो इसकी गुणवत्ता अच्छी होती हैं।
7. सत् एफिड, व्हाईट फ्लाई तथा स्टेमबोरर सफेद मकड़ी, तनाछेदक पर प्रभावी नहीं हैं। एक महत्त्वपूर्ण ध्यान देने योग्य बात है कि सत् जमा करने के 3 से 8 महीने के अन्दर ही बीजों में अजेडायरेक्टीन जैव-रसायन की प्रचुरता होती है। बाद में यह धीरे-धीरे कम होता रहता है। अत: सत् बनाने के पश्चात् उपरोक्त समयावधि में इसका प्रयोग करना उपयोगी होता है।

4.1.2.2.1.2 नीम-पत्ती से सत् निर्माण विधि

1. 5 लीटर सत् बनाने के लिए 1 किग्रा. ताजी हरी पत्ती लें।
2. पत्ती को रातभर के लिए पानी में भिंगों दें।
3. पत्ती को पीस लें व सत् को छान लें।

4. इस सत् में 1 मिलीग्राम प्रति लीटर के अनुसार खादी साबुन घोल मिलायें।
5. इस सत् का प्रयोग पत्ते खाने वाले कीटों जैसे-कैटरपिलर, ग्रेब, लोकस्ट तथा ग्रास होपर (टिड्डा) के लिए करना अत्यधिक लाभदायी होता है।

इस सत् को उबालना आवश्यक नहीं हैं क्योंकि गर्मी से अजाडिरेक्टीन कम हो जाती है जिससे इसका प्रभाव भी कम हो जाता है। एक हेक्टेयर के लिए लगभग 80 किग्रा. पत्तियों की आवश्यकता होती है। अतः इस विधि का प्रयोग छोटी नर्सरी व घर के रसोई उद्यान में ही करना चाहिए।

4.1.2.2.3 नीम-तेल से सत् निर्माण विधि

1 लीटर सत् बनाने के लिए 30 मिली. ग्राम नीम के तेल को 1 लीटर पानी में भली भाँति मिलाऐं। इसमें 1 मिली. साबुन का गाढ़ा घोल मिलाकर पुनः अच्छी तरह मिलायें। इस सार को बनाने के तुरन्त बाद ही प्रयोग करना आवश्यक है अन्यथा तेल अलग होकर सतह पर तैरने लगता है। इस तरह सत् प्रभावी नहीं रह जाता। हाथ से चलने वाली छोटी छिड़काव मशीन की अपेक्षा पीठ पर लेकर छिड़काव करने वाली बड़ी मशीन (नेपसेक) से छिड़काव करना अधिक प्रभावी होता है।

4.1.2.2.4 नीम खली से सत् निर्माण

बीजों से तेल निकालने के बाद बचे हुए भाग को खली कहते हैं। इस खली का घोल भी कीटरोधक प्रभाव रखता है।

1. एक लीटर सत् बनाने के लिए 100 ग्राम नीम की खली का प्रयोग करना चाहिए।
2. खली को एक पतले कपड़े में पोटली बनाकर रातभर के लिए पानी में भिगोंना चाहिए।

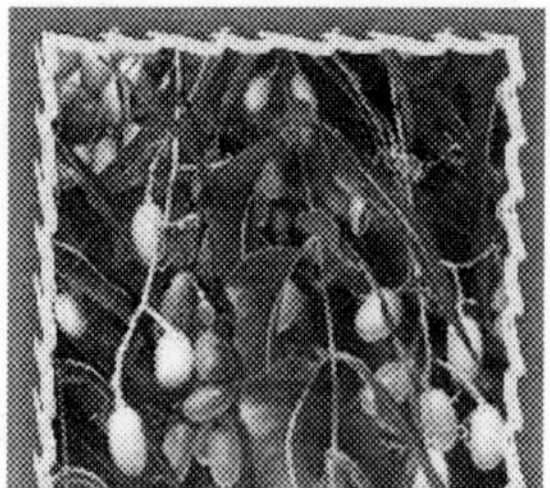

चित्र 4.8 **नीम के बीज**

3. अगले दिन इसे मसल कर घोल को छान लें।
4. इस घोल में 1 मिलीग्राम गाढ़ा साबुन का घोल बनाकर भलीभाँति मिला लें तथा छिड़काव करें।

हमेशा ध्यान रखें की नीम पर आधारित इन कीटरोधकों का छिड़काव सूर्यास्त के बाद ही करें क्योंकि दिन में सूर्य की अल्ट्रावायलेट किरणों के कारण यह नष्ट हो जाता है व इसका कीटरोधक प्रभाव निष्प्रभावी हो जाता है।

4.1.2.2.5 भण्डारण के लिए नीम का प्रयोग

नीम की पत्तियां, गिरी चूर्ण, तेल का प्रयोग भंडारण के समय कीटरोधक के रूप में भी किया जाता है।

4.1.2.2.6 नीम का फव्वारा

नीम की 10-12 किग्रा. छोटी-छोटी टहनियाँ 200 लीटर पानी में दो-चार दिन तक भिंगों कर छोड़ दें। जब पानी का रंग बदलकर पीला हो जाये तब पीला पानी ही दवा के रूप में प्रयोग किया जाता है। 15 लीटर पानी में बनाये गये पीले घोल को मिलाकर इतना फेंटे कि उसमें साबुन जैसा फेना आ जाये। यह 15 लीटर मिश्रित घोल 'कुदरती इंडो सल्फान' बन जाता है।

कई जगह नीम के पत्ते नहीं मिलते। ऐसे में नीम की खली 5-6 किलोग्राम लेकर 200 लीटर पानी में चार-छः दिन भिंगोकर रख देते हैं। पानी का रंग जब पीला हो जाए तो वही पानी उपरोक्तानुसार बताए तरीके से फसल पर प्रयोग किया जाता है।

4.1.3 बकायन (मेलिया अजाडिरेक्टा)

यह नीम जैसा ही एक वृक्ष है। सदियों से इसके बीजों, पत्तियों व सूखी टहनियों का प्रयोग कपड़े, चमड़ा तथा कागज को कीटों से बचाने के लिए किया जाता रहा हैं। यह उत्तरी भारत में बहुलता से मिलता है। यह भी बहुत से कीटों पर कीटनाशक प्रभाव रखता है।

बकायन के कीटरोधक गुण

बकायन कीटों के लार्वा को बढ़ने नहीं देता, कीट द्वारा खा लेने पर उसके पेट में विषाक्त प्रभाव पड़ता है। स्पर्श में भी विषाक्त होता है। यह कीटों के विकास में बाधक हैं, यह नीम से भी ज्यादा प्रभावी कीटरोधक है।

इसका सत् तैयार करने की विधियाँ नीम सत् तैयर करने के समान ही है। बकायन की कीटनाशक क्षमता नीम से दोगुनी होने के कारण इसकी मात्रा नीम के आधी ही प्रयोग की जाती है।

4.1.4 शरीफा या सीताफल

यह आकार में छोटा पेड़ होता है तथा शुष्क स्थितियों में भी भली प्रकार प्रवर्धित होता है। इसके फल खाने के काम आते है इसके कीटरोधक तत्व कच्चे फल, बीजों, पत्तियों तथा जड़ से प्राप्त होते हैं।

4.1.4.1 कीटों पर प्रभाव

इसका प्रभाव एफिड, ब्राउन राईस, प्लांट होपर, डायमंड बैक मोथ, रेड पंपकीन बीट्ल, ग्रासहोपर, व्हाईट बैक राईस होपर, ग्रीन राईस लीफहोपर तथा पोटेटो एफिड पर होता है।

4.1.4.2 गुण

यह स्पर्श तथा खाने पर विषाक्त होता है। कीटों के लार्वा को नहीं बढ़ने देता, कीटों के लिए अप्रिय कीटरोधक है। इसके बीजों का बारीक चूर्ण ही प्रयोग करते हैं। फल का प्रयोग करने के लिए फल को पीसकर लुगदी बना लेते हैं। जबकि पत्तियों को प्रयोग करने के लिए उन्हें पानी में भिगोकर रख़ते हैं।

4.1.5 करंज (पोंगेमिया)

फलीदार पेड़ करंज सम्पूर्ण भारत में पाया जाता है। दक्षिण भारत में यह प्रमुखता से पाया जाता है। अत्यधिक गुणवती होने के कारण इसे 'माँ की गोद' के नाम से भी जाना जाता है। इसकें बीजों से तेल मिलता है। यह

रोशनी के लिए जलाने के काम आता है। जैविक डीजल बनाने में भी इसके तेल का वृहद प्रयोग हो रहा है। इसकी खली को खाद के रूप में प्रयोग किया जाता है। इसकी पत्तियों को हरी खाद के रूप में प्रयोग किया जाता है। इसका सत् बनाने के लिए पत्तियों, गिरी, खली व तेल का प्रयोग किया जाता है।

4.1.5.1 कीटों पर प्रभाव

साईट्रस एफिड, साईट्रस लीफ, रेड फ्लोर वीवील, राईस वीवील, मक्का का तनाछेदक, रूट नॉट नीमेटोड, व्हाईट फ्लाई, रेड एण्ट, ब्राउन प्लांट होपर, पेटेटो ट्यूबर मोथ आदि।

4.1.5.2 करंज के गुण

स्पर्श व खाने पर विषाक्त, कीटरोधक, कीट प्रतिरोधक।

चित्र 4.9 **करंज के फूल एवं फल**

चित्र 4.10 **करंज पत्तियां एवं फल**

4.1.5.3 पत्तियों का सत् तैयार करना

1. एक किलो पत्तियों को रातभर 5 लीटर पानी में भिगोये।
2. अगले दिन पत्तियों को पीसकर छान लें।
3. प्रत्येक 1 लीटर सत् में 1 मिलीग्राम खादी साबुन का घोल मिलायें।
4. इसका छिड़काव पत्ती खाने वाले कैटरपिलर के लिए किया जाता है।

एक एकड़ में छिड़काव के लिए 20 किलो ग्राम पत्तियां 100 लीटर पानी तथा 100 मिलीग्राम साबुन का घोल आवश्यक है।

4.1.5.4 करंज गिरी से सत् तैयार करना

1. बीजों के छिलके उतार कर बीजों को हल्का-हल्का पीसें। 1 लीटर पानी के लिए 50 ग्राम चूरे का प्रयोग करें।
2. गिरी के चूर्ण को पतले कपड़े में पोटली बनाकर रातभर भिगों दें।
3. पोटली को मसलकर, तैयार रस छान लें।
4. इस रस में 1 मिलीग्राम गाढ़ा साबुन का घोल मिलायें तथा छिड़काव करें।

एक एकड़ में छिड़काव के लिए 5 किलोग्राम खली 100 लीटर पानी तथा 100 मिलीग्राम साबुन का घोल आवश्यक है।

4.1.3 जैव कारक/ कीटनाशक की उपलब्धता

प्रदेश में जैविक एजेन्ट/ट्राइकोकार्ड, ट्राइकोडरमा तथा एन.पी.वी. का उत्पादन कृषि विभाग की छः आई.पी.एम. प्रयोगशालाओं हरदोई, आजमगढ़,

वाराणसी, जालौन, बरेली एवं मथुरा, कृषि विश्वविद्यालयों की तीन प्रयोगशालाओं लखनऊ एवं गोरखपुर में किया जा रहा है, क्राइसोपर्ला का उत्पादन, सरदार बल्लभ भाई पटेल कृषि एवं जैवि खेती विश्वविद्यालय, मेरठ की प्रयोगशाला में हो रहा है। इसी प्रकार जैविक एजेन्ट एवं जैविक जीवनाशकों का उत्पादन/विक्रय प्रदेश में अनेक फर्मों द्वारा भी किया जा रहा है। इनकी उपलब्धता में कठिनाई नहीं है।

इस प्रकार जैविक एजेन्ट एवं जैविक जीवनाशकों के प्रयोग से शुद्ध एवं मितव्ययी तथा अधिक उत्पादन प्राप्त किया जा सकता है तथा स्वस्थ पर्यावरण में कृषि का सतत् विकास सुनिश्चित हो सकता है।

4.1.4 जैविक खेती में फसलों को कीटों एवं रोगों से बचाव एवं फसल सुरक्षा

जैविक खेती में सामान्य खेती में प्रयुक्त होने वाले रसायन वर्जित होते हैं। इसलिए कीट, व्याधि एवं खरपतवारों का समुचित प्रबन्धन बहुत ही महत्वपूर्ण हो जाता है। जैविक पद्धति में फसल के इन शत्रुओं के नियंत्रण की अपेक्षा उनके प्रबंधन पर ज्यादा जोर दिया जाता है। हालांकि कभी-कभी यह एक लम्बी प्रक्रिया हो सकती है, परन्तु निम्न उपाय अपनाकर फसल सुरक्षा का लक्ष्य प्राप्त किया जा सकता है।

4.1.4.1 **पादप एवं मृदा को स्वस्थ रखना**–जैविक खेती में पौधों को सम्पूर्ण पोषण मिलता है, जिससे उनकी बढ़वार सम्पूर्ण रूप में होती है और वे अधिक स्वस्थ और कीट बीमारियों के लिए सहिष्णु होते हैं। इसके अतिरिक्त मृदा में सूक्ष्म पोषक तत्व पर्याप्त मात्रा में रहते हैं, जिससे उनकी कमी से होने वाले रोग भी नहीं हो पाते।

4.1.4.2 **निवारण विधियाँ अपनाना**–निवारण का अर्थ है, कीटों अथवा बीमारियों की रोकथाम अर्थात् उन्हें दूर रखना और इसके लिए निम्न उपाय काम में लाये जाते हैं:

➢ जहाँ तक सम्भव हो रोग/कीट प्रतिरोधी अथवा सहिष्णु प्रजातियों को लगायें। प्रजातियों का चयन करते समय इस बात का विशेष

ध्यान रखें कि वह आपके क्षेत्र में लगने वाली प्रमुख बीमारियों और कीटों के लिए प्रतिरोधक क्षमता रखते हों।

- स्वस्थ एवं स्वच्छ बीज का उपयोग करें। ध्यान रखें कि बहुत सी बीमारियों के जीवाणुओं के वाहक स्वयं बीज होते हैं, अतः ऐसी बीमारियों से ग्रसित फसल से बीज न बनाएं। इस तथ्य को भी नहीं भूलना चाहिए, स्वस्थ बीज ही स्वस्थ पौधे को जन्म देते हैं।
- समुचित फसल-पद्धतियाँ अपनाएं। फसल-चक्र एवं सहफसली खेती का सही तालमेल न केवल पालन पोषण में उपयोगी है, बल्कि बीमारियों, कीटों व खरपतवारों से भी छुटकारा दिलाता है।
- निराई, गुड़ाई, सिंचाई इत्यादि उचित कृषि क्रियाओं को समय से अपनाने से पौधे स्वस्थ रहते हैं और बीमारियाँ कम लगती हैं।
- बीमारी व कीट से प्रभावित पौधों व उनके अवशेष को नष्ट करना।

4.1.4.3 **नियन्त्रण**–नियंत्रण का तात्पर्य है कि बीमारी अथवा कीड़ों का प्रकोप होने के बाद उनको नियंत्रित करना। जैविक खेती में कीट/व्याधि नियंत्रण के लिए तीन प्रमुख उपाय अपनाए जा सकते हैं, जो इस प्रकार हैं:

प्राकृतिक परभक्षी तथा शत्रु सूक्ष्म जीवियों द्वारा जैविक नियंत्रण कीट व व्याधि नियंत्रण हेतु प्राकृतिक शत्रु काफी महत्वपूर्ण सिद्ध होते हैं। ये प्राकृतिक शत्रु चार प्रकार के होते हैं :

परभक्षी–ये जीव अनेक हानिकारक कीड़ों को खा जाते हैं, इस श्रेणी में पक्षी, मकड़ियाँ, मेढ़क, बीरिल्स आदि आते हैं।

परजीवी–कुछ ततइयां व मक्खियों की गिड़ार दूसरे कीटों पर परजीवी होकर उन्हें नष्ट कर देते हैं। ट्राइकोग्रामा का प्रयोग इसका बहुत ही अच्छा उदाहरण है।

कीट व्याधिकारक–इस श्रेणी में वे सूक्ष्मजीव आते हैं जो कीट विशेष से संपर्क में आने पर उनमें बीमारी फैलाकर नष्ट कर देते हैं। *वैसीलस थूरिजिएन्सिस* (बी.टी) इसका बहुत ही अच्छा उदाहरण है।

सूत्र कृमि–कुछ सूत्र कृमि मृदा में पल रहे कुछ हानिकारक कीटों को नष्ट करने में सक्षम होते हैं।

4.2 प्राकृतिक कीट/व्याधि नाशक पदार्थ

वनस्पतिक कीटनाशी–ये सामान्यतया पौधों से निकले सत्व होते हैं और कई प्रकार के कीटों को नष्ट करने की क्षमता रखते हैं, ये सत्व संपर्क द्वारा, श्वसन तंत्र अथवा पाचन तंत्र में प्रवेश कर कीटों को हानि पहुँचाते हैं, पाइरेथ्रा, नीम, लहसुन, अदरक के सत्व इसके अच्छे उदाहरण हैं।

अन्य प्राकृतिक कीटनाशी/व्याधिनाशी पदार्थ–कुछ कवक-जनित रोगों के लिए गंधक, खाने का सोडा तथा चींटी, पत्ते बेधक तथा तना बेधक कीटों के लिए राख इस तरह से अच्छे उदाहरण हैं।

4.3 यांत्रिक विधियाँ–

हाथ से पकड़ कर कीटों को नष्ट करना, लाइट ट्रैप्स द्वारा कीड़ों को पकड़ना, निराई, गुड़ाई तथा खरपतवार नष्ट करना इत्यादि उपाय यांत्रिक विधियों में आते हैं।

जैविक खेती में गुणवत्ता नियंत्रण

एक जागरूक उपभोक्ता की संतुष्टि के लिए जैविक खेती में गुणवत्ता नियंत्रण एक अत्यंत ही महत्वपूर्ण पहलू है तथा इसकी पूरी प्रक्रिया चार स्तम्भों मानक, निरीक्षण 'प्रमाणीकरण' तथा अधिकरण पर टिकी है, हालाँकि यह पूरी प्रक्रिया महंगी है, परन्तु उपभोक्ता एवं उत्पादनकर्ता के मध्य विश्वास स्थापित करने के लिए आवश्यक है, इससे जहाँ एक ओर जैविक उत्पाद को अच्छी कीमत मिलना सुनिश्चित हो जाता है वही किसान को नकली जैविक किसानों से भी सुरक्षा मिलती है। यहाँ यह बताना आवश्यक है कि जैविक खेती में गुणवत्ता नियन्त्रण पूरी उत्पादन प्रक्रिया का होता है, न कि केवल –'उत्पाद' का तथा प्रयोगशालाओं में की गई जाँच इस प्रक्रिया का एक अंग मात्र है।

अलग-अलग देशों में जैविक गुणवत्ता नियंत्रण हेतु कुछ संस्थायें स्वीकृत की गई हैं। हमारे देश में यह जिम्मेदारी 'एपीडा' नामक सरकारी संस्था को सौंपी गई हैं। एपीडा ने सबसे पहले 2003 में जैविक कार्य हेतु मानको का निर्धारण किया था तथा वही इनमें आवश्यकतानुसार समय-समय पर सुधार करती है। यही संस्था कुछ अर्द्ध सरकारी अथवा गैर सरकारी संस्थाओं को उनकी योग्यता तथा अनुभव के आधार पर जैविक कृषि के प्रमाणीकरण हेतु 'प्राधिकृत' करती है। इच्छुक किसान इन प्राधिकृत संस्थाओं से सम्पर्क कर अपने फार्म तथा उत्पाद का प्रमाणीकरण करवा सकते हैं, जिसके लिए वे किसानों से पूर्व निर्धारित शुल्क वसूलते हैं। इस समय एपीडा द्वारा 11 संस्थाओं को प्राधिकृत किया गया है।

"पहले गढ़ा वनाइये वारह छः और चार।
कूडा कुरकुट मल सब, इसमें दीजै डार॥
तीन माह के वाद में खाद तैयार जब होय,
तब खेतों में डारिए घर में सोना होय॥"

घाघ

5

जैविक खेती एवं पर्यावरण सुरक्षा

जैविक खेती प्राचीन भारतीय कृषि प्रणाली है और आधुनिक रसायन प्रधान युग में भी प्रासंगिक है। अब तक रासायनिक खेती प्रणाली अपनाते हुए कृषि उत्पादन मे आशातीत सफलता प्राप्त की गई। कृषि क्षेत्र से अधिक से अधिक लेने के लिए विभिन्न फसलों में ऐसी किस्मों का विकास किया गया जिससे अधिक पैदावार देने के लिए रासायनिक उर्वरता की भारी मात्रा की आवश्यकता होती है। रासायनिक उर्वरको के अत्यधिक उपयोग के कारण मृदा के भौतिक और रासायनिक गुणों पर विपरीत प्रभाव पड़ रहा है। कृषि का आधार स्वस्थ भूमि, शुद्ध जल तथा जैव विविधाता में निहित है। अब लगने लगा है कि रासायनिक कृषि प्रणाली निरंतर बनी रहने वाली प्रणाली नहीं है। अतः पौद्यों के पोषण के लिए रासायनिक उर्वरता पर निर्भरता कम करके जैविक पोषण को प्राथमिकता दी जानी चाहिए।

5.1 ताकि माटी रहे स्वस्थ

मृदा की जीवंतता से पौद्यों को पोषण उपलब्ध कराने की प्रक्रिया को गति मिलती है। मृदा को कम से कम जोता जाए। जिससे अधिक गर्मी से उसके अन्दर उपस्थित जीवाणु और जीवांशु नष्ट न होने पाऐं। पौद्यों के पोषक तत्वों की पूर्ति जीबांश के द्वारा और कुछ विशिष्ट अवस्थाओं में जिप्सम, आयरन पाइराइटों तथा रॉक फास्फेट आदि डालकर की जा सकती है।

कंपोस्ट का उपयोग उचित होगा। मृदा के जीवों के पोषण और ऊर्जा का स्रोत कंपोस्ट है। क्योंकि मृदा में जीवांश की पर्याप्त मात्रा जलधारण क्षमता को बढ़ाती है। जहां तक हो सके फसल अवशेषों को भूमि पर न जलाएं । इससे मृदा की जीवतता नष्ट होती है और रासायनिक़ उर्वरता पर निर्भरता बढ़ जाती है।

देश में जैविक तथा औद्योगिक अपशिष्ट बहुतायत में उपलब्ध रहते हैं। इन्हें नष्ट न करके पौद्यों के पोषण के लिए कम्पोस्ट में परिवर्तित करना चाहिए। साधारणतया प्रति हैक्टर 2 से 3 टन औद्योगिक कचरा/जीवांश उपलब्धा रहता है। इसको कम्पोस्ट में परिवर्तित करने से उर्वरकों पर निर्भरता कम होगी। साथ ही तत्कालिक संसाधनों की आवश्यकता के बाद भी अपने प्राकृतिक संसाधानों, जीवों, मृदा जल तथा वायु को भी स्वस्छ व स्वस्थ रख सकना संभव हो सकेगा।

5.1.1 जरूरी कम्पोस्ट

कम्पोस्ट तैयार करने में सूक्ष्म जीवाणुओं का विशेष योगदान होता है। वे जीवांश को ह्यूमस में परिवर्तित करने में मदद देते हैं। कम्पोस्ट, बनाने की प्रचलित विधियों में बंगलूर कम्पोस्ट विधि और नाडेप कम्पोस्ट विधि अधिक उपयोग में लाई जाती है।

5.1.2 बंगलौर कम्पोस्ट विधि

कम्पोस्ट बनाने की यह अवायवीय विधि है। अवायवीय विधि में जीवांश से कम्पोस्ट बनाने में 9–10 माह का समय लगता है।

5.1.3 नाडेप कम्पोस्ट विधि

इसकी विशेषता जमीन की सतह पर टंकी बनाना व प्रक्षेत्र अपशिष्ट के बराबर मात्रा में खेत की मृदा मिलाई जाती है। गोबर की 100 किलो मात्रा भी उपयोग में लाई जाती है। कंम्पोस्ट बनाने की यह वायवीय विधि है। इस विधि में कंम्पोस्ट 4 माह में तैयार हो जाता है।

वर्मी कल्चर और वर्मी कंम्पोस्ट

केंचुऐं अनादिकाल से मृदा की उर्वरता बढ़ाते रहे हैं। इनकी क्रियाशीलता मृदा में स्वत: ही चलती रहती है विगत वर्षों में रासायनिक उर्वरकों और कीटकनाशी रसायनों के अविवेकी उपयोग के कारण मृदा का प्रदूषण बढ़ा है जिससे केंचुओं की संख्या में भारी कमी आई है। केंचुआ मृदा में पाए जाने वाले जीवों में सबसे प्रमुख है। ये अपने आहार के रूप में मिट्टी तथा कच्चे जीवांश को निगलकर अपनी पाचन नलिका से गुजारते हैं। केंचुओं का उपयोग कर व्यापारिक स्तर पर कंम्पोस्ट बनाया जाना संभव है। केंचुओं का उपयोग कर कम्पोस्ट बनाने की संपूर्ण क्रिया में मात्र 45 दिन का समय लगता है। लगभग 200 लाख केंचुए 80 मीट्रिक टन पल्प स्लज को खा जाते हैं। इस प्रकार लगभग 5 ग्राम स्लज प्रतिदिन एक केंचुए के हिस्से आती है। केंचुआ इस खाए गए गंदे पदार्थ को कार्बनिक उर्वरक में परिवर्तित कर देता है।

केंचुओं का पालन 'कृमि संवर्धन' या 'केंचुआ पालन' (वर्मीकल्चर) कहलाता है। कृमि पर्यावरण कें केंचुओं के लिए आहार और कार्बनिक अपशिष्ट उपलब्ध कराए जाते हैं। इसके लिए केंचुए की ऐसी किस्म का चयन किया जाता है जिसका किसान सरलता से संबर्धन कर सके और शीघ्रता से वर्मी कम्पोस्ट तैयार हो। केंचुऐ की उपयोगी किस्म की लाक्षणिक विशेषताएं निम्नलिखित होनी चाहिए।

- केंचुओं शीघ्रता से पादप अथवा प्राणि जीवांश (जैव पदार्थ) को शरीर के प्रोटीनों में परिवर्तित कर सकें, जिससे कि उसकी वृद्धि दर अधिक रहे।
- इसमें कम्पोस्ट बनाने के गुण- जैसे, तेजी से खाने, शीघ्र पाचन और स्वांगीकरण की दरें अधिक हों।
- केंचुआ पर्यावरणी कारकों के फेरबदल को सहन कर सके।
- इसमें विविध प्रकार के कार्बनिक पदार्थों के प्रति भरण वरीयता हो।

- ➢ अधिक संख्या में कोये (कोकून) पैदा करें और उनमें स्फुटन शीघ्रता से हो ताकि केंचुओं की संख्या में वृद्धि हो और कार्बनिक पदार्थ में परिवर्तन शीघ्र हो।
- ➢ नवजात की वृद्धि दर तेज हो और वह वयस्क में शीघ्र परिवर्तित हो सके।
- ➢ यह दूसरे कृमियों के साथ संगीत रख सके ओर विभिन्न स्तरों पर जीवांश के परिवर्तन में शीघ्रता दिखाए।
- ➢ इन कृमियों में रोगों के विरुद्ध प्रतिरोधक क्षमता हो।
- ➢ इस किस्म को जब अवस्तर में छोड़ा जाए तो यह शीघ्रता से अपना कार्य आरंभ करे।
- ➢ केंचुए की यह किस्म कार्बनिक पदार्थ के अवस्तर की सतह अशन करे।

इस प्रकार के गुण केचुओं की 3–4 किस्मों में ही देखे गए हैं। केंचुए की किस्म, ईसोनिया फोटिडा को बहुतायत से कचरा परिवर्तन में प्रयुक्त किया जा रहा है। यह सतह अशनी है।

'वर्मी कम्पोस्ट' केंचुए द्वारा बनाई जाने वाली जैविक खाद है। यह केंचुए द्वारा जैव पदार्थ का ह्यूमस से परिपूर्ण उर्वरक में परिवर्तन है, पशुशाला से गोबर, बचा हुआ चारा–भूसा, खेती से खरपतवार, गोबर गैस संयंत्र से निकला गोबर जल का मिश्रण, खाद्य उद्योग से प्राप्त बेकार पदार्थ, सड़े-गले फल और सब्जियां तथा अन्य कार्बनिक पदार्थों को केंचुऐ वर्मी कम्पोस्ट मे बदल देते हैं।

चित्र 5.1 **वर्मी कम्पोस्ट तैयार करने की विधि**

5.1.5 कैसे बनाए वर्मी कम्पोस्ट

केंचुए द्वारा कचरे का कम्पोस्ट में परिवर्तन केंचुए की संख्या में वृद्धि ऐसे दो प्रक्रम हैं जिन्हें गांव की कोई भी व्यक्ति सरलता से संचालित कर

सकता है। सबसे पहले बांस का फुट चौड़ा और 20 फुट लंबा छप्पर खड़ा करते है। यह इतना ऊंचा होना चाहिए कि उसमें घुसकर पानी दिया जा सके। इसके बाद सूखी घास की 'मोटी परतें इसके नीचे बिछा देते हैं। इस पर मोटी अच्छी सड़ी फार्म यार्ड मेन्योर (एफ.वाई.एम) बिछा देते हैं। इन परतों को निरंतर पानी देने की आवश्यकता होती है। इसे ऐसे ही 48 घंटों तक रहने देते हैं। इसके बाद 10,000 केंचुए (100 केंचुए/फुट^2) को इसमें रख देते हैं। अब कचरे, गोबर, फार्म अपशिष्ट अथवा शहर के अपशिष्ट या मैले से बनी 20 सेन्टीमीटर मोटी स्तर केंचुओं पर बिछायी जाती है और निरंतर पानी दिया जाता है। फिर इसे बोरी जैसे कपड़े से ढक देते हैं। प्रतिदिन पानी दिया जाता है जिससे कि इसमें 50-60 प्रतिशत नमी बने रहे। गर्मी के मौसम में दो बार पानी देने की आवश्यकता होती है। अब 30 दिन बाद कचरे को नीचे से ऊपर उलट देते हैं और बोरी/कपड़े से ढक देते हैं। एक महीने तक पानी दिया जाता है। इसके बाद प्लास्टिक की चादर खुले मैदान में बिछा देते हैं और सड़े हुए कचरे को इस पर स्थानांतरित कर देते हैं। इसे सूर्य के प्रकाश में 5-6 घंटे तक रखते हैं, पर पानी नहीं देते। केंचुऐ गर्मी, प्रकाश और शुष्क पर्यावरण के प्रति संवदेनशील होते हैं। इसलिए वे रक्षा हेतु सड़े कचरे में भीतर की ओर सिमट जाते हैं। अब ऊपरी सतह को हटा देते हैं। यहीं 'वर्मी कम्पोस्ट' है। अब कम्पोस्ट को छान कर केंचुए को अलग कर सकते हैं।

ऐसा अनुमान है कि केंचुओं को खिलाए जाने वाले कचरे का 40 प्रतिशत केंचुओं द्वारा वर्मी कम्पोस्ट में परिवर्तित कर दिया जाता है और केंचुओं की संख्या पहले से दुगुनी हो जाती है। इस प्रक्रिया को आगे दोहरा कर कम्पोस्ट की मात्रा बढ़ा सकते हैं।

100 वर्ग फुट क्षेत्र में, 1000 केंचुए को, 300 कि.ग्रा. एफ.वाई.एम. और 350 कि.ग्रा. कचरा खिला कर 400 कि.ग्रा. वर्मी कम्पोस्ट और 25 से 30 हजार केंचुऐ प्राप्त किए जा सकते हैं।

वर्मी कम्पोस्ट को सीधे खेत में प्रयुक्त कर सकते हैं। इसमें साधारण मृदा की तुलना में 5 गुना अधिक नाइट्रोजन, 7 गुना अधिाक फॉस्फेट, 7 गुना अधिक पोटाश, 2 गुना अधिक मैग्नीशिम, 2 गुना अधिक कैल्शियम और 7

गुना अधिक एक्टीनोमाइसिटीज होते हैं। इसके अतिरिक्त इस कम्पोस्ट मे महत्वपूर्ण विटामिन, एन्जाइम और जिब्रेलिन के हॉर्मोन होते हैं।

वर्मी कम्पोस्ट-कितना किसके लिए	
उद्योग फसलें	100-200ग्रा./पादप
वन	100-200ग्रा./पादप
अन्य फसलें	2 वन हैक्टर
किचन गार्डन/गमले	50 ग्रा. प्रति गमला

केंचुओं की उद्यानी फसलों में पेड़ों में तनों के पास 100-200 केंचुए प्रति पादप की दर से रखने से पर्याप्त लाभ होता है, लेकिन इसके लिए पर्याप्त नमी चाहिए। प्रति हैक्टर खेत के लिए 10-15 लाख केंचुओं की आवश्यकता होती है।

5.2 रासायनिक खाद को धता बताते तरीके

खेत से निकले फसल के अवशिष्टों, नींदे गए खरपतवार आदि का उपयोग पलवार के रूप में करने से मृदा की जीवंतता में वृद्धि होती है। इससे पौधो के पोषण तथा उत्पादन की प्रणाली को लाभ पहंचता है। नींद का भरपूर उपयोग करना चाहिए। जितना अधिाक कार्बनिक पदार्थ मृदा में होगा वह उतनी ही अधिाक समृद्ध होगी।

फसलों को वैज्ञानिक विधिा से बदल-बदल कर बोने को फसल चक्र कहते हैं। एक ही फलस को बार-बार बोने से मृदा की उर्वरा शक्ति कम होती है तथा फसल पर कीट और व्याधियों का प्रकोप बढ़ जाता है। फसल-चक्र अपनाने से उत्पादन में स्थिरता, संतुलन, अधिाक आर्थिक लाभ, श्रम,-विभाजन तथा कम से कम जोखिम होता है। यदि दलहन-अनाज, दलहन-तिलहन अंतरवर्ती फसलों या मिश्रित फसल उगायी जाए तो उर्वरकों पर निर्भरता कम होगी। दलहनी फसलों का मृदा की उर्वरा शक्ति पर अनुकूल प्रभाव पड़ता है। अतः दलहन आधारित फसल-चक्र मृदा उर्वरता पोषक फसल चक्र के नाम से जाना जाता है। अनाज की फसल लेने से पहले

दलहन की फसल ली जाए और उसकी जड़े भूमि में छोड़ दी जाएं तो अनाज की फसल को कम उर्वरकों की आवश्यकता होती है तथा भूमि मं कार्बनिक पदार्थ की मात्रा भी बढ़ जाती है। जैव उर्वरक विभिन्न सूक्ष्मजीवियों द्वारा बनता है इन मे राइजोबियम (दलहन फसलों में नाइट्रोजन का स्थिरीकरण करता है), एजोटोबैक्टर एवं एजोस्पाइरिलम अनाज तथा अन्य फसलों में नाइट्रोंजन का स्थिरीकरण करते हैं, शैवाल (धान की फसल में नाइट्रोंजन का स्थिरीकरण करते हैं), तथा माइकोराइजा प्रमुख हैं। इनके उपयोग से नाइट्रोंजन की मात्रा भी कम लगती है साथ ही फसलों में स्वाद, विटामिन तथा लवण अधिक होते है और पर्यावरण प्रदूषित नहीं होता है। मृदा स्वस्थ रहती है और उसकी उत्पादकता बढ़ती है।

5.3 कैसे दूर रहे कीट तथा व्याधियां

जैविक खेती का लक्ष्य कीटों की व्याधायों का उगलन करना नहीं है। अब तक नियंत्रण विविधा का उपयोग केवल कीट तथा व्यधियों के पूर्ण विनाश की दिशा में किया जा रहा था। इन नियंत्रण विधियों में पीड़क कीट नाशियों का आवश्यकता से अधिक उपयोग विशेष था। अब पर्यावरण पर बढ़ते संकट को देखते हुए परिस्थिति बदल गयी है। 'परिस्थिति ज्ञान' के कारण अब आवश्यकता है कि कीटों और व्यधियों का उन्मूलन न करके उनकी ऐसी व्यवस्था अथवा उपस्थिति रहें जो फसलों के लिए हानिकारक न हों। इसके दूरगामी प्रभाव होगें तथा पोषण स्तर पर विक्षोभ उत्पन्न नहीं होगा। किसी नाशक जीव की संख्या कितनी बढ़े कि उसे नाशक जीव के नाम से पुकारा जाए, इसके उत्तर के लिए ही 'अर्थिक क्षति स्तर' की संकल्पना का विकास हुआ है।

अर्थिक क्षति स्तर वह स्थिति है जो यह दर्शाती है कि एक निश्चित स्थान पर नाशक जीव की संख्या का घनत्व कितना है और वहां पर उसके नियंत्रण के उपाय आर्थिक दृष्टि से कितने उचित हैं। कीट तथा व्यधि प्रबंधन के लिए आवश्यक है कि कीट नाशक अथवा व्याधि को आर्थिक क्षति स्तर तक न पहुंचने दिया जाए, ताकि कोई गंभीर हानि न पहुंचे। इसके लिए एक दूसरे जनसंख्या घनत्व स्तर वाले सिद्धांत का विकास किया गया जिसे

'आर्थिक सीमांत' अथवा 'आर्थिक देहनी कहते हैं इस सीमा से पता चलता है कि कीट अथवा व्यधि प्रबंधन के कौन-से उपाय किए जाएं कि आर्थिक क्षति न पहुंचे।

5.4 मिट्टी, पानी-न हो बरबाद

जो भी फसल लगाई जाएं उसके लिए आवश्यक है कि मृदा का उचित प्रबंधन हो, जिससे कि उसकी उपजाऊ शक्ति कम न हो। साथ ही जल का ऐसा प्रबंध हो कि मृदा में उसकी उपस्थिति आवश्यकता से अधिाक न हो। मृदा में कार्बनिक पदार्थ की मात्रा भी पर्याप्त हो जिससे वह जीवंत रहे और उसमें सूक्ष्म जीवों की प्रक्रिया चलती रहे।

जैविक कर्षण प्रणाली प्राचीन भारतीय कृषि प्रणाली है। वर्तमान समय में इसकी प्रासंगिकता बढ़ती जा रही है। विशेषकर रासयनिक उर्वरकों के अधिक उपयोग से विपरीत प्रणाली और आधुनिक प्रणाली, जो रासयनिक उर्वरकों पर आधारित है, के बीच अच्छा समन्वय और सामंजस्य स्थापित किया जा सकता है। इससे मृदा समृद्ध होगी, उपज बढ़ेगी और प्रदूषण नहीं होगी।

उर्वरकों, जैविक खाद तथा जैव उर्वरकों को विशेष अनुपात तथा विशिष्ट विधि से प्रयुक्त किया जाए, जिससे यें सभी एक दूसरे की उपयोग क्षमता बढ़ाने में सहायक हों और किसी भी रूप में अधिक न बनें। जैविक उर्वरकों द्वारा वायुमंडल के अतुल नाइट्रोजन भंडार से भूमि में अपार नाइट्रोजन संगृहित करने की क्षमता होती है। दलहनी फसलों में राइजोस्पाइरिल टीका, मक्का, गेहूँ में एज़ोटोबैक्टर तथा नील-हरित शैवालों का योगदान प्रमुख रूप से है। कुछ जैव उर्वरकों- जैसे *बैसिलस पौलीमेक्सा*, *स्यूडोमोनास* तथा *माइकोराइजा* के द्वारा भूमि में पाए जाने वाले अविलेय फॉस्फोरस यौगिकों को पौधों के लिए सुलभ पिलय पदार्थों के रूप में परिवर्तित किया जा सकता है।

5.5 रसायनिक उर्वरक हों, मगर सीमा में

विभिन्न पोषक स्रोतों में समन्वय की भांति विभिन्न रसायनिक उर्वरकों में भी समन्वय आवश्यक है। रसयनिक उर्वरक कई प्रकार के हैं- नाइट्रोजन,

फॉस्फेट, पोटाश, गंधक तथा जस्ता उर्वरक आदि। भूमि में जिन पोषक तत्वों की कमी है और जिस अनुपात में सभी को भूमि में प्रयुक्त किया जाना चाहिए, यानी यदि भूमि में नाइट्रोजन और फास्फोरस की कमी है तो दोनों को ही भूमि में उपलब्ध मात्रा तथा फसल की आवश्यकता के अनुसार डालना चाहिए। इसी प्रकार यदि भूमि में गंधक की कमी है तो तिलहनी तथा दलहनी फसलों में गंधक तथा जस्ते का भी समावेश होना चाहिए। जो भी तत्व भूमि में क्रांतिक स्तर से कम है उन सभी का ही उपयोग आवश्यक है। किसी एक को भी न देने पर मनोवांछित लक्ष्य की प्राप्ति नहीं हो सकती। पौधों को भूमि से 13 तत्वों-प्रमुखतः नाइट्रोजन, फॉस्फोरस, पोटाश, गौण रूप में कैल्शियम, मैग्नीशियम, गंधक तथा सूक्ष्म मात्रा में जस्ता, तांबा लोहा, मैगनीज, बोरोन मोलिब्डेनम और क्लोरीन की आवश्यकता होती है। नाईट्रोजन की कमी अपने देश में सार्वभौमिक है। फॉस्फोरस की भी कमी अधिकांश क्षेत्रों में बढ़ती जा रही है। जस्ता, तांबा, मैगनीज तथा लोहा की उपलब्धता क्षारीय प्रकृति की भूमि में कम होती है तथा बोरान मौलिब्डेनम की उपलब्धता अम्लीय भूमि में कम होती है।

अधिकांशतः कृषक केवल नाइट्रोजन उर्वरक (यूरिया) का ही प्रयोग करते है। लगातार कई वर्षो तक नाइट्रोजन का प्रयोग करने से भूमि में जैविक पदार्थ की कमी हो जाती है। भूमि में नाइट्रोजन का मुख्य स्रोत जैविक पदार्थ की कमी होने से नाइट्रोजन की मृदा में कमी नहीं होने पाती। फॉस्फेट उर्वरक पौधों की जड़ो का परिवर्धन करता है जो कि अवशेष रूप में भूमि में ही रह जाते हैं।

जैविक खाद मृदा की जल धारण क्षमता को बढ़ाती है तथा इससे मृदा में जल की सुलभ मात्रा का प्रतिशत भी बढ़ जाता है। मृदा के घनत्व में कमी आती है तथा वायु संचार बढ़ जाता है। जैविक खाद में कार्बन तथा नाइट्रोजन के अनुपात का विशेष महत्व है। अच्छी खाद में कार्बनः नाइट्रोजन अनुपात 20 से कम होना चाहिए तभी पौधों को नाइट्रोजन सुलभ हो सकेगी। जैविक खादों में प्रमुख हैं- गोबर की खाद, कम्पोस्ट, सीवेज (मलजल), मुर्गी से प्राप्त खाद तथा हरी खाद, गोबर की खाद से एक फसल को नाइट्रोजन की

सुलभता युरिया की तुलना में लगभग एक तिहाई है। इतनी ही मात्रा अगली फसल को मिल जाती है। इसी प्रकार यूरिया के प्रयोग से भी संपूर्ण नाइट्रोजन पौधों को प्राप्त नहीं हो पाती। लगभग आधी मात्रा रिसाव द्वारा या उड़नशील होकर नष्ट हो जाती है। यूरिया और देसी खाद का एक साथ प्रयोग करने से दोनों की क्षमता में वृद्धि होती है।

फॉस्फेट उर्वरक की उपयोग क्षमता भी केवल 20 प्रतिशत है, परन्तु देशी खाद के साथ प्रयोग करने से यह क्षमता भी बहुत बढ़ जाती है। गोबर की खाद द्वारा 1/4 नाइट्रोजन की पूर्ति तथा 3/4 नाइट्रोजन, फॉस्फोरस तथा पोटाश रासायनिक उर्वरकों से देने का प्रभाव शत प्रतिशत सभी पोषक तत्व वाले उर्वरकों के द्वारा देने के बराबर होता है।

"जेकरे खेत पड़ा नहिं गोबर।
वहि किसान को जानो दूबर॥"

घाघ

6

रोजगार बढ़ाएगी जैविक खेती

इन दिनों किसानों मे जैविक खेती के लिये जागरूकता बढ़ रही है सुरक्षित वातावरण और भोजन के प्रति उपभोक्ताओं की बढ़ती जागरूकता के चलते हाल के कुछ वर्षो से जैविक रूप से उत्पादित पदार्थो की मांग में खासी बढ़ोत्तरी दर्ज हो रही है। जैविक खेती के लिये जैविक खादों की जरूरत पड़ती है। इसलिये जैविक खादों को बनाने का करोबार ग्रामीणों के लिये बेहतर रोजगार दिला सकता है।

जैविक पद्वति को अपनाने से खेती की उर्वरक क्षमता में कोई क्षति नही पहुँचती है। जैविक खादों के प्रयोग से खाद्य पदार्थो में खतरनाक कीटनाशकों की उपस्थिति नही के बराबर होती है। ये भोज्य पदार्थ स्वाद और गुणवत्ता की दृष्टि से भी बेहतर माने जाते हैं। यदि किसानों के बीच जैविक खाद की बढ़ती लोकप्रियता को देखते हुये गाँव के बेरोजगार युवक छोटे-मोटे संयत्र लगाकर जैविक खाद का निर्माण करें, तो यह कमाई का बेहतर जरिया हो सकता हैं।

जैविक खेती के प्रति किसानों की बढ़ती लोकप्रियता का अंदाजा इटरनेशनल कांपिटिंग सेन्टर फार आर्गेनिक, एग्रीकल्चर (आई.सी.सी.ओ.ए.) की रिपोर्ट से लगाया जा सकता है। आई.सी.सी.ओ.ए. के मुताबिक भारत में जैविक खेती का प्रचलन पिछले 5 साल में सात गुणा से अधिक हो गया है।

वर्ष 2007-08 में करीब 15 लाख हैक्टेयर क्षेत्रफल में जैविक कृषि की गई। वर्ष 2003 में 7.3 करोड़ रूपये की जैविक उत्पाद निर्यात की गयी थी जो अब 2008 में बढ़कर 300 करोड़ रूपये का स्तर पार कर गयी है उम्मीद है कि वर्ष 2021 तक इसका निर्यात बढ़कर 2500 करोड़ रूपये का हो जायेगा। पूरी दुनिया में जैविक उत्पादों का सालाना करोबार 38.6 अरब डॉलर का है जो वर्ष 2000 में 18 अरब डालर का था। बिक्री दर में तेजी को देखते हुये अगले पॉच साल में निर्यात लागत 6-7 गुनी बढ़ेगी। फिलहाल जैविक उत्पादों के वैश्विक बाजार में भारत की हिस्सेदारी 0.2 फीसदी है उम्मीद है कि वर्ष 2012 तक यह बढ़कर 2.5 फीसदी हो जायेगी। वर्ष 2007-08 के दौरान भारत में 5 लाख 38 हजार हेक्टयेर भूमि पर जैविक कृषि हुई थी। केन्द्र सरकार का मानना है कि वर्ष 2012 तक भारत के करीब 20 लाख हैक्टेयर भूमि पर जैविक खेती की जायेगी। फिलहाल दुनिया में 3.04 करोड़ हेक्टेयर भूमि पर जैविक विधि से खेती की जाती है। जैविक खेती के मार्ग में कई बाधाएँ हैं जिनको दूर करने के लिये सरकार को कदम उठाने चाहिये।

जैविक खेती कृषि का सबसे प्राचीन स्वरूप है। इस पद्धति के बहुत सारे लाभ, उत्पादन का उच्च मूल्य, प्राकृतिक संसाधानों का संरक्षण, भूमि उर्वरता, जल की गुणवत्ता, मृदा के कटाव से बचाव और प्राकृतिक जैव विविधता की सुरक्षा के साथ-साथ अनेक समाजिक फायदे जैसे ग्रामीण रोजगार सृजन संबर्धित पोषण और बाह्य लागतों पर अल्प निर्भरता आदि हैं जैविक खेती की जान कहे जाने वाले पॉच कारक वर्मी कम्पोस्ट, जैविक खादें, जैविक कीटनाशक, वनस्पति कीटनाशक एवं हरी खाद्यान्न दलहनी फसले है। इनका सुरक्षित उपयोग करके गुणवत्ता युक्त उत्पाद लिया जा सकता है।

इतिहास के पन्नों में जाये तो पायेगें कि जैविक खेती 1890 में एक अंग्रेज सैन्य वैज्ञानिक **सर अल्वर्ट हावर्ड** द्वारा उत्तरी प्रान्त के एक गाँव से शुरू की गई थी वैसे तो हमारे यहॉ युगों से सभी कृषक जैविक खेती के रूप में करते रहे है। आज व्यवसायिक स्तर पर जैविक खेती के रूप पर जैविक

खेती की बात कही जा रही है। भारत में जैविक खेती का क्षेत्र तेजी से बढ़ रहा है। हमारे देश में चाय बागवान, मसाले, फल सब्जियॉ, कपास, अनाज सूखे तिलहन दाले और गन्ना आदि की जैविक खेती भारतीय निर्यात उद्योग के लिये उचित मूल्य दिलाने में एक अग्रणी आन्दोलन की तरह काम करेगी।

6.1 जैविक खेती आन्दोलन-

- ➢ उत्तम गुणवत्ता युक्त खाद्य पदार्थो का अधिक मात्रा मे उत्पादन करना।
- ➢ प्राकृतिक संसाधनों का उचित उपयोग।
- ➢ पौधों एवं जन्तुओं का उपयोग कर जैवकीय चक्र को गति प्रदान करना।
- ➢ मृदा की दीर्घ कालीन उर्वरक उत्पादकता बनाये रखना।
- ➢ कृषि तकनीकों से होने वाले सभी प्रदूषणों से सुरक्षा।
- ➢ कृषकों को सुरक्षित वातावरण के साथ-साथ अधिकतम उत्पादन द्वारा सन्तुष्टि।

6.2 जैविक खेती एवं जीनान्तरित फसलें-

विकसित देशों की तरह हमारे देश ने भी जीनान्तरित फसलों के विकास में जैव प्रौधोगिकी की एक रणनीति को वैज्ञानिक निवेश के रूप में पहचान की है जोकि खाद्यान्न सुरक्षा, पोषाहार सुरक्षा और ज्यादा टिकाऊ कृषि में योगदान का वादा करती है। केन्द्रीय राष्ट्रीय प्राथमिकताओं के अनुसार कृषि उत्पदकता व टिकाऊपन को बढ़ाने के लिये अनाजों, दलहनों, कपास, तेलीय व सब्जी वाली फसलों को जीनान्तरित फसलों से बदलने की मुख्य भूमिका निभा रहा है। जिससे भविष्य में जीनान्तरित फसलों द्वारा उत्पादकता बढ़ाने के साथ-साथ किसानों द्वारा कीट रसायनों पर व्यय होने वाले करोड़ों रुपयो की बचत होगी।

जीनान्तरित फसलें न केवल अधिक उपज अपितु गुणवत्ता की दृष्टि से भी यह महत्वपूर्ण है। यही नही इस तकनीक द्वारा पौधों में ही कीट

व्याधियों से लड़ने की आंतरिक क्षमताएँ भी पैदा की जा रही है। वैज्ञानिकों ने पादप व जीवाणुओं के जीनों का सम्मेलन करते हुए कीटों व पीड़क जन्तुओं, सर्दी, ठण्ड, लवणता के प्रति सहिष्णुता पैदा करने के लिये प्रोटिएज रणनीति तैयार की है। प्रोटिएज निरोधक और लेक्टिन प्रोटीन जीनों के देशी दलहनी फसलों से पृथक किया गया है। इन जीनों का प्रयोग विभिन्न फसलों के अनेक प्रकार की कीट प्रजातियों को नियंत्रित करने में किया जा सकता है। लेक्टिन फलियों के बीजों में पर्याप्त मात्रा में पाये जाने वाले विषम जातीय कार्बोहाइड्रेट को बांधने वाले प्रोटीन होते है। इसका प्रभाव रस चूसक कीटों के आहार नाल की एपीथिलियम में मौजूद ग्लाइकोप्रोटीन पर होता है और वाद में पोषक पदार्थो के अवशोषण में निरोध के कारण कीटों की मृत्यु हो जाती है। प्रोटिएज निरोधक पौधा द्वारा तैयार किये जाने वाले छोटे प्रतिरक्षात्मक प्रोटीन होती है।

ऊतक संवर्धन प्रौधोगिक का प्रयोग का उच्च उपज देने वाली नई किस्म पूसा जय किसान को सन् 1994 में ही विकसित कर लिया था यह देश में जैव प्रौधोगिकी द्वारा विकसित पहली किस्म हैं जिसकी उत्पादकता दूसरी लोकल किस्मों से 20-25 प्रतिशत अधिक है तथा यह एक प्रतिरोधी किस्म है जो विभिन्न प्रदेशों के लिये जारी की गई है।

जीनान्तरित फसलों का हमारे देश में बढ़ता क्षेत्रफल किसानों में जैव प्रौधोगिकी के अपनाने के प्रति उनके विश्वास को प्रदर्शित करता है। हमारे केन्द्र ने भी जीनान्तरित कपास का विकास कर लिया है। इसके तहत वैज्ञानिकों द्वारा स्थानीय किस्म बीकानेरी नरम में बैक्टिरिया थूरिजियेंसिस थ्यूरिजीन जीन स्थानान्तरित कराया गया है। इसके टी-1, टी-2 स्तर पर परीक्षण सफल पाये गये हैं तथा इसे सुण्डी के प्रति सहिष्णु पाया गया है। दिल्ली में स्थिति राष्ट्रीय पादप जैव प्रौधोगिकी अनुसंधान केन्द्र, पूसा परिसर के वैज्ञानिकों में वंशानुधान नामक सरलता से प्रयुक्त होने वाला एक आंकड़ा संग्रह विकसित किया है जिसमें धान के लगभग 56298 जीनों/वंशाणुओं की पूरी जानकारी दी हुई है।

सदियों से कृषि भारतीय अर्थ व्यवस्था का मूल आधार रही हैं इस समय देश के सकल घरेलू उत्पाद का 31.8 प्रतिशत भाग कृषि से जुडी देश की 70 प्रतिशत जनसंख्या के द्वारा उत्पादन किया जा रहा है जबकि दूसरी ओर कुछ अमीर देशों में 2.7 प्रतिशत लोग कृषि से जुड़ें है। सौभाग्य से स्वतंत्रता प्राप्ति के बाद देश की जनसंख्या में जिस दर से वृद्धि हो रही है। उसी दर से कृषि उत्पादन भी बढ़ रहा है। लेकिन इसमें कोई संदेह नही कि जब तक देश की जनसंख्या वृद्धि दर स्थिर नही होती तब तक खाद्यान्नों का तथा अन्य आवश्यकताएँ बढ़ती रहेगी और आमदनी के हिसाब से खपत में आया बदलाव उनमें झलकेगा।

अनेक अध्यनों से ज्ञात किया गया है कि हमारे देश का खाद्यान्न उत्पादन जो कि कुछ वर्षो पूर्व चरम पर पहुॅच चुका था पुनः ढलान की ओर है। अतः इस समय की महती आवश्यकता यह है कि पुनः खाद्यान्न उत्पादन को ऊचाइयों पर पहुँचा कर बनाये रखा जाये। कृषि उत्पादन को स्थिर बनाये रखने के लिये भूमि प्रबन्धन, सिंचाई प्रबन्धन, उन्नत बीजों का प्रयोग तथा कार्बनिक खेती जैसे अनेक उपाय आजकल भारतीय वैज्ञानिकों द्वारा किये जा रहे है। आधारभूत युक्तिपरक व्यवहारिक ओर अनुकूल अनुसंधान निरंतर अवाध गति से चलने चाहिए। नीतिगत प्रश्नों को सुलझाने के लिये अधिक अनुसंधान प्रयासों की आवश्यकता होगी क्योंकि अन्ततः इन्ही के आधार पर उत्पादन प्रणालियों को अपेक्षित स्थायित्व मिल पाएगा।

अब ऐसी तकनीकों का विकास करना होगा जो इस बदलते परिवेश में जनता को गुणवतायुक्त भोजन उपलब्ध करा सकें। वर्तमान में की जाने वाली खेती में निम्नलिखित विशेषतायें होनी चाहिए।

1. जैविक खेती अति विविधता एवं महत्वपूर्ण जैव भौतिक और समाजिक आर्थिक दशाओं के अनुकूल हो।
2. कृषि में विविधीकरण लाने के लिये वैकल्पिक तथा गैर परंपरागत पौधा संसाधनों की खोज की जाए ताकि भोजन ईधन, चारा और रेशा आदि की आपूर्ति से वांछित खाद्यान्न और पोषण सुरक्षा प्राप्त की जा सके।

3. जैविक खेती टिकाऊ हो आर्थिक दृष्टि से सक्षम हो और किसानों के स्वीकार्य होने के साथ-साथ पर्यावरण मित्र हो साथ ही मिट्टी-पानी जीवांश (फॉसिल) ईंधनों का संरक्षण हो।
4. फसल उत्पादन में जैव उर्वरकों का उपयोग बढ़ाती हो।
5. ग्रामीणों गरीबों ओर भूमिहीनों के लिये रोजगार के अवसर उपलब्ध कराने एवं खादों का उत्पादन करना।
6. जैविक अनाज/सब्जी फल-फूल और नाशवान को बरबादी से बचाने के लिये परिवहन और भंडारण की ऐसी तकनीकें विकसित करना जिनमें वे देर तक टिकाऊ रहें।

विश्व के अनेक भागों में कार्बनिक खेती तथा परम्परागत खेती के द्वारा अनेक सब्जियों और फलों को उत्पन्न करके देखा गया है कि उनके स्वादों, सुगंध, दिखावट, कीटनाशी अवशेष आदि में क्या अन्तर थे। इनके परिणामों में बहुत विरोधाभास देखा गया है। इसके अतिरिक्त यह भी पाया गया है कि इनमें से अनेक अध्ययन योजनाबद्ध विधि से नही किये गये थे अतः उनसे न्याय संगत परिणाम प्राप्त भी नही किये जा सके थे।

अतः वर्तमान अध्ययन को अत्यधिक तर्क संगत बनाया गया है और इसमें विभिन्न विषयों के विषय विशेषज्ञों को विभिन्न पहलुओं पर अध्ययन करने का उत्तरदाायित्व सौंपा गया है इसलिए पूर्ण रूप से विश्वास किया जा सकता है कि वर्तमान योजना से प्राप्त परिणाम तर्क की कसौटी पर निश्चित रूप से खरे उतरेंगें।

1. पर्यावरण व भूमि को बचाने के लिये व उपभोक्ता के स्वास्थ्य के लिये जैविक खेती जरूरी है। कर्ज बोझ को कम करने व कम होते भूजल से ही खेती करने के लिये जैविक खेती अपरिहार्य हैं। अतः वर्तमान या भविष्य की जरूरत या मजबूरी को समझकर जैविक खेती करना ही एक मात्र विकल्प है।
2. जैविक खेती प्रकृति का निःशुल्क उपहार है। जैविक खेती के लिये खाद खेती के अवशेष व पशु अपशिष्ट से बनती है अतः लागत

के नाम पर सिर्फ मेहनत होती है। इनके उपयोग से भूमि उपजाऊ होती है व जल की बचत होती है। इसी प्रकार जैविक कीट नियंत्रक फसल पर दुष्प्रभाव नहीं छोड़ता है।

3. जैविक उत्पाद स्वादिष्ट, अच्छी गंध व रूप वाले तथा अधिक समय तक भण्डारण योग्य होते है बाजार भाव अधिक मिलता है।

4. जैविक उत्पादों का उत्पादन करके तथा जैव खादों का निर्माण करके कृषकों को गॉव में ही रोजगार दिया जा सकेगा। अधिक फसल देने वाली फसलों और संकरों के प्रचलन के बाद अधिक पैदावार और लाभ के लिये प्रतिस्पर्धा ऐसी बढ़ी कि हमारा ध्यान इस बात पर गया ही नही कि ये प्राणाली कम समय तक चल पायेगी। इसी का नतीजा है कि ये सारी प्रणालियां जवाब दे चुकी हैं और उत्पादकता के स्तर को घटाने वाली नई-नई समस्याएँ उभरने लगीं हैं। इस तरह की कुछ समस्याएॅ हैं-पोषक तत्वों की दक्षता में कमी, मिट्टी में अनेक पोषक तत्वों का असंतुलन, मिट्टी के भौतिक रासायनिक जैविक गुणों में प्रतिकूल परिवर्तन, पानी का दुरुपयोग, मिट्टी और पानी का प्रदूषण तथा कीट रोगों तथा खरपतवार की सांठ-गांठ। इस समस्याओं से निपटने के लिये फलदार फसलों को शामिल करते हुये प्रणालियां विकसित करनी होगी जो हर हाल में टिकाऊ साबित हों। इनमें लागत की दृष्टि से लाभप्रद फसल प्रबंधन विधियाँ भी शामिल है।

जैविक खेती भारत में यद्यपि कोई नई विधा नही है, बल्कि इसकी जड़ें भारतीय कृषि में पहले से ही मौजूद है। जैबिक खेती उन पद्वतियों में से है जो विस्तृत एवं विविधीकृत है, साथ ही कृषि में टिकाऊपन लाने, वातावरण को सुरक्षित रखने, जैव विविधता को बढ़ावा देने तथा लागत को कम करने में सहायक है। जैविक खेती, फसल चक्र, फसल अवशेष, पशुओं से प्राप्त खाद, कार्बनिक पदार्थो के प्रयोग पर टिकी है तथा भूमि उर्वरता को कायम रखने, वृद्बि तत्वों की पूर्ति करने व कीट व्याधियों एवं खरपतवार नियंत्रण पर विश्वास रखती है।

समस्याएँ:- कृषि रसायनों के अत्यधिक प्रयोगों से उत्पादित फसलों की गुणवत्ता प्रभावित हुई है, फिर भी किसान रसायन आधारित कृषि को छोड़कर जैविक खेती अपनाने के लिए कम ही तैयार है। किसानों को संदेह है कि इससे कहीं प्रति हैक्टेयर उनका उत्पादन इतना कम न हो जाए कि लागत भी प्राप्त न हो। यही नहीं वह जैविक खादों की आपूर्ति के प्रति भी आश्वस्त नहीं हैं

जैविक खादों का अधिक उत्पादन एवं उनका उपयोग जैसे-गोबर की खाद, कम्पोस्ट खाद, जलीय खरपतवारों की कम्पोस्ट, हरी खाद, वर्मी कम्पोस्ट व नीली-हरी शैवाल का उपयोग सफल खेती के लिए आवश्यक है, बैक्टीरियायुक्त कल्चर जैसे-एजोला, एजोटोबैक्टर, राइजोबियम, एजोस्पाइरिलम, फास्फेट सोलूब्लाइजिंग बैक्टीरिया (पी.एस.बी.), माइकोराइजा आदि का उपयोग जैविक खेती में शामिल है।

6.3 जैविक खेती के मुख्य उद्देश्य

1. भूमि के भौतिक, रासायनिक एवं जैविक गुणों में सुधार करना।
2. उच्च गुणवत्ता वाले खाद्य पदार्थो का पर्याप्त मात्र में उत्पादन करना।
3. मृदा की उर्वरता को बनाए रखना।
4. मृदा सूक्ष्म-जीवाणुओं पौधों व जीवों से सबंधित जैविक क्रियाओं को प्रोत्साहित करना।
5. कार्बनिक आधारित पोषक तत्वों का पर्याप्त मात्रा में प्रयोग करना।
6. कृषि रसायनों से उत्पन्न होने वाले प्रदुषण को नियंत्रित करना।
7. स्थानीय कृषि क्रियाओं एवं ऊर्जा नवीनीकरण स्त्रोतों का उपयोग करना।
8. कृषि पद्धति के विस्तृत तथा पारिस्थितिक प्रभाव का ध्यान रखना।

6.3.1 **जैविक पदार्थो की उपलब्धता:-** जैविक खेती के लिए जरूरी है कि पोषक तत्वों की पूर्ति जैविक पदार्थो से ही हो। क्या देश में जैविक पदार्थो की इतनी मात्रा में उपलब्धता होगी कि जैविक खेती के लक्ष्यों

को प्राप्त कर सकें। एक अध्ययन के अनुसार देश में प्रतिवर्ष लगभग 27. 8 करोड़ टन गोबर, 27.6 करोड़ टन फसल अवशेष, 29 करोड टन कम्पोस्ट तथा 635.6 करोड़ टन कूड़ा-करकट प्राप्त होता है। उपयुक्त जैविक और औद्योगिक पदार्थो से 2.11 करोड़ टन नाइट्रोजन, फॉस्फोरस एवं पोटाश के रूप में पोषक तत्वों की पूर्ति प्रतिवर्ष की जा सकती है। इसके अलावा देश में 2.2-2.4 करोड़ हैक्टेयर क्षेत्र पर दलहन-फसलें उगाई जाती है। जो कि अपनी जड़ ग्रंथियों द्वारा एकत्रि की गई नत्रजन का कुछ भाग अगली फसल के लिए छोड़ देती है, यदि प्रति हैक्टेयर औसतन 20-25 किग्रा. नत्रजन अवशेष के रूप में इन फसलों से मिलने का अनुमान लगाया जाए तो 5 से 6 लाख टन नत्रजन का लाभ प्रतिवर्ष लिया जा सकता है, साथ ही दलहनी चारे की फसलों से भी नत्रजन का लाभ मिलता है। इस प्रकार जैविक पदार्थो के प्रयोग से भूमि के भौतिक, रासायनिक और जैविक गुणों में भी सुधार आता है। इसके अलावा इसके उपयोग करने से भूमि में मौजूद जीवाणुओं को एक नई शक्ति मिलती हैं जैविक खाद के लिए किसान बायोगैस संयंत्र से निकली स्लरी, गोबर की खाद, हरी खाद, फसल अवशेष, वर्मी कम्पोस्ट, पत्तियों की खाद आदि प्रयोग कर सकते है।

6.3.2 जैविक खेती का भविष्य एवं लाभ

कृषि रसायनों के मानव स्वास्थ्य पर दुष्प्रभाव देखते हुए जैविक खेती उपयुक्त स्थानापन्न है और देश में इसका भविष्य उज्जवल है।

1. किसान अपने घर के लिए जो गन्ने से गुड़ तैयार करवाता है उसमें वह किसी भी रसायन का प्रयोग नहीं करता है भले ही उसमें अच्छा रंग एव चमक न आए।
2. स्वयं सब्जी उत्पादक भी कार्बनिक खादों से उगाई गई सब्जियां अपने घर के लिए प्रयोग करते है, जबकि रसायनों वाली सब्जियां बाजार में भेजी जाती है। कार्बनिक खेती से प्राकृतिक संसाधान सुरक्षित रह सकते है। जैविक खेती अपनाने से देश स्वावलंबी बनेगा।

3. गोबर के उपले न बनाकर यदि इसकी खाद बनाकर खेती में प्रयोग की जाए, तो इस खाद से पर्याप्त मात्रा में नत्रजन, फॉस्फोरस एवं पोटाश तत्वों की आपूर्ति फसलों को की जा सकती है।
4. कृषि-वानिकी में नीम, सिरस, महुवा, जामुन आदि वृक्षों को फसलों के साथ उगाया जाना लाभप्रद है।
5. कृषि क्षेत्र में विश्व व्यापार संगठन-2001 के लागू हो जाने से फसल-उत्पादों की बिक्री में प्रतिस्पर्धा और बढ़ गई है, फलस्वरूप अनेक बहुराष्ट्रीय कंपनिया मैदान में उतर चुकी है जो गुणवत्ता के आधार पर ही जीवित रहेंगी। अतः विश्व व्यापार (बाजार) में अच्छी गुणवत्ता हेतु प्रतिस्पर्धा आएगी।

6.3.3 जैविक खेती की प्रत्याशायें

कार्बनिक खेती के सर्मथकों के अनुसार इसकी प्रत्याशायें (वायदे) निम्न प्रकार हैं।

- कार्बनिक खेती एक व्यापक प्रयास है जिसमें पद्वति के सभी अवयव निहित है।
- यह खेती पद्धति प्रकृति आधारित, वातावरणीय मैत्रीय एवं स्थानीय प्रकार की है।
- कार्बनिक खेती से उत्पन्न किये गये खाद्य देखने में अपेक्षाकृत अच्छे, स्वादिष्ट, सुस्वादु और पोषक होते है।
- कार्बनिक खाद्य पदार्थे सभी प्रकार के रसायन अवेशेषों से मुक्त होते है अतः मानवों एवं पशुओं को इन से किसी भी प्रकार की स्वास्थ्य कठिनाई नहीं होती है।
- कार्बनिक खेती स्थानीय तौर पर उपलब्ध और साधन आधारित पुनरूज्जीवित होने वाली होती है अतः लघु एवं सीमान्त कृषकों के लिए भी परमोपयोगी होती है।
- खेती की कार्बनिक पद्धति को यदि सही तरीके से अपनाया जाय तो कृषि उत्पाद को लगातार बनाये रखा जा सकता है।

➢ इस पद्धति से उत्पन्न किये गये उत्पाद महंगे नहीं होते हैं।

6.3.3.1 **अध्ययन के मानक (पैरामीटर्स)**

➢ कार्बनिक खाद रोग फैलाने वाले जीवाणुओं एवं कीटनाशी अवशेषों का संश्लेषण।

➢ कार्बनिक खाद की गुणवत्ता का अध्ययन।

➢ कार्बनिक और पारम्परिक विधि से खेती करके तुलनात्मक अध्ययन।

➢ दोनों विधि से प्राप्त उत्पादों की दिखावट, भार, सेवदी परीक्ष्ण, सुवासत व स्वाद आदि गुणवत्ता, रंग संबंधी मानकों का अध्ययन-टीम एवं विशेषज्ञों द्वारा।

➢ दोनों प्रकार के उत्पादों की हाट व्यवस्था, करके, प्राप्य विक्रय मूल्य का तुलनात्मक अध्ययन।

➢ भूमि की गुणवत्ता पर पड़ने वाले प्रभाव का अध्ययन-विषय विशेषज्ञ द्वारा।

➢ दोनों प्रकार की खादों की तुलना उनमें उपस्थित पोषक की मात्रा व गुणवत्ता पर किया जाना चाहिए।

➢ दोनों पद्वतियों में पानी की आवश्यकता तथा अन्त में दोनों परिस्थितियों में दिये गये पानी मूल्य का आंकलन और अन्तर निकाला जा सकता है।

''जो तुम देत नील की जूठी।
सब खादो में रहे अनूठी।।''

घाघ

7

रासायनिक खादों का विकल्प जैविक खादें

मानव, पशु वृक्ष और पौधों की भांति मिट्टी भी एक सजीव तत्व है। मिट्टी के एक ढले में हजारों प्रकार के करोड़ों सूक्ष्म जीव निवास करते हैं। ये सूक्ष्म जीव या जीवाणु ही हमारी खेती और मृदा के स्वास्थ्य के मूल आधार होते हैं। वर्तमान समय में खेती में हो रहे रासायनिक उर्वरकों के अनियोजित उपयोग से मृदा में पाये जाने वाले उपयोगी मित्र जीवाणुओं का लगातार ह्रास होता जा रहा है, जिससे भूमि का स्वास्थ्य निरन्तर गिरता जा रहा है। मृदा की यह स्थिति पौधा-पोषक जैविक तत्वों के अभाव के चलन, मृदा के रासायनिक संगघटकों में हो रही अव्यवस्था के कारण ही हो रही है। भारत जैसे प्राचीन कृषि प्रधान देश के किसान हजारों वर्षो से उर्वरकों के रूप में जैविक खादो का प्रयोग करते रहे हैं। प्राचीन भारतीय कृषि गो पालन से सम्बद्ध रही है। भारतीय किसान हल चलाने के लिए बैल, दूध के लिए गाय भैंस और बकरी पालता रहा है। पशुओ के गोबर और गोमूत्र से बनी खादों को खेतों में डालकर यहां जैव संरक्षणीय खेती भी होती रही है। बदलते परिवेश में बढ़ती आबादी का पेट भरने के लिए रासायनिक खादों और संकर बीजों के उपयोग से हमने अपना उत्पादन कई गुण बढ़ा लिया जिससे हमारा देश जो कभी अपनी बहुसंख्यक आबादी का पेट भरने के लिए पी.एल. 480 जैसे विदेशी सहयोग पर निर्भर था आज अपनी पूरी आबादी को भोजन कराने के बाद विश्व के कई देशों को अन्न निर्यात करने लगा। लेकिन

रासायनिक उर्वरकों का यह जादू अब खत्म होने लगा है। 60 के दशक में हरित क्रांति के नाम से बढ़ रहा हमारा अन्न उत्पादन अब एक बिंदु पर ठहरता नजर आ रहा है, जबकि हमारी आबादी का बढ़ना उच्च गति से जारी है। दूसरी ओर विशेषज्ञों का मानना है कि अब हम रासायनिक खादों के उपयोग से उत्पादन के अंतिम बिंदु पर पहुंच गये है। आज उर्वरकों एवं रासायनिक कीटनाशकों के असंतुलित उपयोग के चलते खेती में निम्नलिखित समस्यायें आने लगी हैं।

1. फसलों के लिए पानी की मांग में निरंतर वृद्धि हो रही है।
2. मृदा कठोर हो रही है।
3. खेतों की जल धारण क्षमता में लगातार गिरावट आ रही है।
4. मृदा और जल में विषाक्तता बढ़ रही है।
5. फसलोप्रयोगी मित्र जीवों की संख्या में लगातार कमी आ रही है।
6. कृषि उत्पादों में रसायनों की मात्रा वृद्धि से उनमें विषाक्तता और गुणवत्ता विहीनता की स्थिति पैदा हो रही है।
7. कृषि उत्पादों में खनिज तत्व एवं विटामिन घट रहे है।
8. भूजल एवं सतही जल सहित सम्पूर्ण पर्यावरण प्रदूषित हो रहा है।
9. कृषि उत्पादों की लागत कीमत बढ़ रही है।
10. भूमि की उर्वरा शक्ति घट रही है।

उपरोक्त समस्याओं ने स्थिति को इतना विषम बना दिया है कि हम समय रहते नहीं चेते और रासायनिक खादों अैर कीटनाशकों के प्रयोग को नियत्रित नही किया या उसके उपयोग में अपेक्षित कमी नही लाई गई तो संपूर्ण कृषि योग्य भूमि एक समय बांझ हो जाएगी और तब हम उसमें अन्न का एक दाना नहीं पैदा कर पायेगें। यहां हमे यह जान लेना चाहिए कि हमारी प्राचीन मोहनजोदड़ों सभ्यता के साथ दुनिया कई अन्य प्राचीन सभ्यताओं के विनाश के कारणों में भी मृदा के स्वास्थ्य का बिगड़ना एक कारण था।

स्थिति की गंभीरता को समझते हुए भारत सरकार ने दसवीं पंचवर्षीय योजना में कृषि के क्षेत्र में कम लागत और उच्च गुणवत्ता वाले उत्पादनों के

प्राप्ति और दीर्घकालीन स्थाई खेती के लिए जैविक खेती के रूप में बायोटेक, बायोडाइनामिक्स के रूप में एकीकृत नाशी जीव प्रबन्धन (आईपीएनएम) केचुआ इत्यादि का प्रोत्साहन देकर स्वच्छ तथा मृदा स्वास्थ्य को बनाये रखने पर बल दिया है। इसी प्रकार कृषि नीति स्वच्छ एवं मुक्त वातावरण से कृषि क्षेत्र गुणवत्ता युक्त सुधार की बात की गई है। इसी क्रम में उपर्युक्त कृषि पद्धति का प्रचार-प्रसार कर जिससे भूमि और प्रबंधन के साथ ही भूमि की उर्वराशक्ति दीर्घकाल तक बनाये रखने के लिए उर्वरकों के उपयोग को उत्साहित करने की बात भी कही गई है।

7.1 सरकारी नीति

वर्तमान समय से खेती के लिए अधिक व्यय रासायनिक खादों पर ही हो रहे हैं। इसके लिए भारत सरकार द्वारा अनुदान भी दिया जाता रहा है। यहाँ ध्यान देने योग्य बात यह है कि रासायनिक उर्वरको के मामले में पूरी तरह आत्मनिर्भर भी नहीं हैं। हम उर्वरकों के लिए कच्चे माल, तैयार उर्वरकों दोनों का ही आयात करते है और इन दोनों में ही भारी बहुमूल्य विदेशी मुद्रा खर्च करनी पड़ती है। रासायनिक उर्वरक के साथ ही देश में कीटनाशकों का उपयोग लगातार बढ़ता ही जा रहा है। विंडम्बना यह है कि हमारी सरकार रासायनिक खादों के हानिप्रद प्रभावों को जानते हुए भी वर्तमान बढ़ती जनसंख्या के भोजन के लिए उसके प्रयोग को बढ़ावा दे रही है। भारत सरकार द्वारा प्रति वर्ष कृषकों को रासायनिक खादों पर 15 से 20 हजार के रूपये की छूट के रूप में सहायता देती ही नहीं प्रति वर्ष प्रति हेक्टेयर रासायनिक खादों का उपयोग बढ़ाने का लक्ष्य भी निर्धारित किया जाता है। इस सम्बंध में सरकार की दोष पूर्ण-मूल्य नीति के चलते कहा जा रहा है कि देश की बढ़ती आबादी के लिए पर्याप्त अन्न का उत्पादन बिना रासायनिक खादों के नही हो सकता। आज आवश्यकता इस बात की है कि हम अपने सरकारी विशेषज्ञों की इस नकरात्मक सोच को बदलें। हमें रासायनिक खादों के विकल्पों के निर्माण के अलावा उपलब्ध साधनों का प्रचार-प्रसार करना होगा।

7.2 रासायनिक खादों के विकल्प

हमारे कृषि वैज्ञानिकों ने अपने शोध और कठिन परिश्रम के बल पर रासायनिक खादों के अनेक विकल्प प्रस्तुत किये है, जिनके उपयोग से मृदा में पाये जाने वाले सूक्ष्म जीवों का पोषण और संरक्षण तो होता ही है, हमारा पर्यावरण भी सुरक्षित रहता है। इन जैविक खादों के उपयोग से प्राप्त परिणामों से भी यह सिद्ध हो चुका है कि इस प्रकार के गैर रासायनिक जैविक खादों के बराबर उत्पादन लिया जा सकता है, यह तथ्य प्रयोग सिद्ध है।

7.3 रासायनिक उर्वरकों का विकल्प

भारत विश्व का प्राचीनतम् देश है, मानव ने कृषि का आरम्भ इसी क्षेत्र में किया था, जो उत्तरोत्तर विकसित होने के साथ ही विश्व के अन्य भागों में प्रचारित-प्रसारित हुए। यहां पारम्परिक रूप से जैविक खेती होती रही है, लेकिन अधिक अन्न उपजाने के लालच में हमने कृषि की अपनी प्राचीन मौलिक परम्परा छोड़ रासायनिक खेती को अपनाया, जिसका दुष्परिणाम आज सम्पूर्ण विश्व झेल रहा है। रासायनिक खादों को विकल्प स्वरूप जैविक खादें इस प्रकार है।

- ➢ नेपेड कम्पोस्ट खादें
- ➢ सूक्ष्म जैविक खादें,
- ➢ बॉयो डायनेमिक खादें,
- ➢ एजोला एवं नील हरित शैवाल,
- ➢ केंचुए की खाद,
- ➢ बायो डायनेमिक खादों के सहयोग से बनी आधुनिक खादें,
- ➢ तरल जैविक खादें

7.3.1 नेपेड कम्पोस्ट खादें

यह कम से कम गोबर का प्रयोग करके अधिक से अधिक जैविक खाद प्राप्त करने की आधुनिक तकनीक है इस पद्धति द्वारा एक गाय से पूरे वर्ष मिलने वाले गोबर से 80 से 10 टन (कम से कम 150 गाड़ी) जैविक

खाद तैयार हो जाती है, जिसकी कीमत 40,000 रूपये के आस-पास आती है। इन खाद में नाइट्रोजन 0.5 से 1.5 प्रतिशत, फास्फोरस 0.5 से 0.9 प्रतिशत, पोटेशियम, 1.2 से 1.4 प्रतिशत तक पाया जाता है।

7.3.1.1 विशेषतायें

- एक किलोग्राम गोबर से 30 से 40 किलोग्राम तक उत्तम जीवाणु युक्त नेपेड कम्पोस्ट प्राप्त होती है।
- नेपेड कम्पोस्ट में शत-प्रतिशत गोबर से बनी परम्परागत् जैविक खाद की तुलना में तीन से चार गुना अधिक उर्वरा शक्ति भी होती है।

7.3.2 आधुनिक हरी खादें/नील हरित शैवाल और एजोला

भारतीय कृषक अपने पूवर्जो से प्राप्त परम्परागत खेती में हरी खाद के रूप में सन दैंचा आदि फसलों को उगाने के बाद उसे खेत में जोत कर भूमि में मिलाकर सड़ा देता है। जिससे खेत की उर्वरा शक्ति में पर्याप्त वृद्धि होती है। आधुनिक युग में वैज्ञानिकों ने इस विधा को थोड़ा आगे बढ़ाकर पानी में पैदा होने वाले नीलहरित शैवाल एवं एजोला जैसी वनस्पति का हरी खाद के रूप में उपयोग कर मृदा व उत्पादकता और फसलों का पोषक तत्वों व आपूर्ति का जैविक माध्यम खोजा है।

चित्र 7.1 नील-हरित

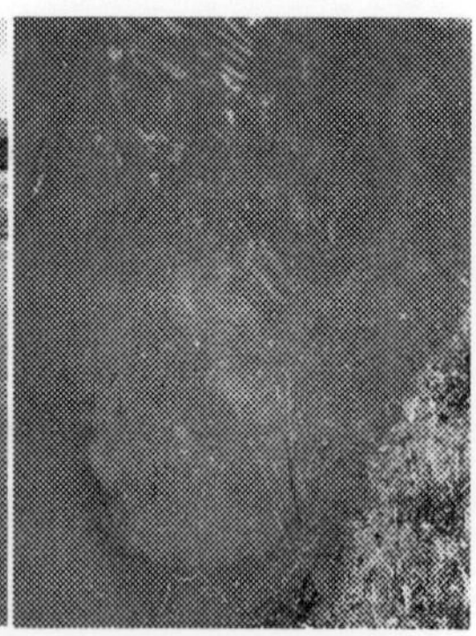

चित्र 7.2 शैवाल

चित्र 7.3 खेत में विकसित होती हरी खाद

चित्र 7.4 तैयार हरी खाद

चित्र 7.5 खेत में मूंग की तैयार हरी खाद का निरीक्षण करता वैज्ञानिक

चित्र 7.6 खेत में हरी खाद की जुताई करता ट्रैक्टर

चित्र 7.7 हरी खाद का पूर्ण रुप से विकसित पौधा की जड़ो में उपयोगी गाड़े।

7.3.3 केंचुआ खाद

भारत में गांव और खेती से प्राप्त जैव अपशिष्टों के उपयोग से कम्पोस्ट खादों व निर्माण की परम्परा रही है। आधुनिक युग में वैज्ञानिकों ने खेती से प्राप्त पुआल पेड़ो व पत्तों एवं खेती से प्राप्त अन्य अपशिष्टों पर अधारित केंचुआ खाद निर्माण की प्रवधि का विकास किया है। इस जैविक खाद निर्माण प्रक्रिया से केचुओं द्वारा कृषि अपशिष्ट और सड़नशील जैविक पदार्थो का भक्षण बिष्टा के रूप में उच्चस्तरी पादपीय पोषक तत्वों से युक्त जैविक खाद उपलब्ध करायी जाती है। केंचुआ खाद में नत्रजन 1.3 प्रतिशत, फास्फेट 0.50 प्रतिशत, कार्बन नत्रजन 19 प्रतिशत और साइट्रेक विलयक फारूेट 0.005 प्रतिशत तत्व पाये जाते है। केचुऐं की खाद रासायनिक खादों का श्रेष्ठतम विकल्प है। एक ओर जहां इसके निर्माण में कृषि अपशिष्टों का प्रयोग होता है वहीं दूसरी ओर ग्रामीणों को रोजगार और स्वनिर्मित हानिरहित जैविक उर्वरक की प्राप्ति होती है। ग्रामीण केचुआ बेचकर भी आय कर लेते है।

7.3.4 सूक्ष्म जैविक खादें

आधुनिक पद्धति से बनी सूक्ष्म जैविक खादें वस्तुतः सूक्ष्म जीवों के समूह हैं, ये सूक्ष्म जीव वायुमण्डल में उपस्थित नाइट्रोजन को भूमि में पौधों के पोषक तत्व के रूप में प्रतिस्थापित कर देते है। नत्रजन स्थाईकरण के अलावा ये सूक्ष्म जीव विभिन्न हारमोन्स, सूक्ष्म तत्व एवं विटामिनों को भी मुक्त करते है। जिससे पौधों में अधिकाधिक वृद्धि होती है।

7.3.4 सूक्ष्म जैविक खादों के प्रकार

- सहजीवी नत्रजन स्थिर करने वाली सूक्ष्म जैविक खाद- राइजोवियम, एजोस्पीरिल्म, आदि।
- स्वतंत्र नत्रजन स्थिर करने वाली सूक्ष्म जैविक खाद-एजेटोबैक्टर आदि।
- फास्फोरस घोलक सूक्ष्म जैविक खाद।
- मदकोराइजा ।

7.3.4.2 सूक्ष्म जैविक खादों की विशेषतायें:-

- जैविक खादों के सूक्ष्म जीव मृदाजनित व्याधियों को भी रोकते हैं।
- सूक्ष्म जैविक खादें फसल का उत्पादन 10 से 20 प्रतिशत बढ़ा देती है।
- सूक्ष्म जैविक खादों के उपयोग से मृदा में स्थित मित्रजीव की संख्या में वृद्धि होती है।
- फसलों के उत्पादन में सूक्ष्म जैविक खादों के उपयोग से रासायनिक खादों की तुलना में कम व्यय आता है।
- अलग-अलग फसलों के लिए अलग अलग सूक्ष्म जैविकी खादों का उपयोग कर अच्छा उत्पादन लिया जा सकता है।

''खेते फंसा जो न दिखाना।
वहि के घर दरिद्र समाना॥''

घाघ

8

बायो डायनेमिक खादें

आस्ट्रिया के चर्चित विचारक एवं वैज्ञानिक **डा. रूडाल्फ स्टेनर** ने मिट्टी की बनावट एवं पृथ्वी से प्रकृति के सूक्ष्म अन्त:सम्बंधों का गहराई से अधयन करने के बाद यह पाया कि मिट्टी, वनस्पति और जीवो पर ब्रह्माण्ड और उसमें निहित शक्तियों और तत्वों का स्पष्ट प्रभाव है इसी तथ्य के अधार पर **डा. रूडाल्फ स्टेनर** ने बायो डायनेमिक या जीवन उर्जा नामक एक ऐसी पर्यावरण संरक्षणीय जैविक खेती की पद्धति की खोज की जिससे विभिन्न अपशिष्टों का उपयोग नक्षत्रों की गतिविधियों के अनुसार करके क्रियाओं को निर्धारित कर मिट्टी और उसमें उगाई जाने वाली फसलों के मध्य एक ऐसी प्रभावकारी स्थिति लाई जाती है, जिससे मिट्टी और उसमें उगने वाली फसल दोनो के स्वास्थ्य को अधिकाधिक समृद्ध किया जाता है।

इस आधुनिक विधा के द्वारा अपशिष्टों से तैयार खादों को प्रिपरेशन 500 से 507 का नाम दिया गया जिनका विवरण इस प्रकार है-

प्रिपरेशन 500 :- इस खाद के निर्माण में मौलिक प्रजाति की मरी हुई दुधारू गाय की सींग में गायों के ताजे गोबर को भरकर सितम्बर अक्टूबर के शुक्ल पक्ष में जमीन के अन्दर निर्धारित प्रक्रियाओं को ध्यान में रखते हुये दबा दिया जाता है। मार्च-अप्रैल के महीने में इस सींग में भरी खाद को मिट्टी के बर्तन में रखकर ठंडे स्थान पर सुरक्षित कर लिया जाता हैं। सींग में भरी खाद की 30 से 35 ग्राम मात्रा को 15 लीटर वर्षा के शुद्ध रसायन

और जीवाणु रहित पानी में एक से डेढ़ घटें तक सुई की दिशा के उल्टा और पुनः सीधा घुमा कर अच्छी तरह से मिलाने के बाद बने इस घोल को झाड़ू या बिना नोडल वाले स्प्रे मशीन से फसल की बुआई के पूर्व छिड़काव कर दिया जाता है। स्प्रे से छिड़काव करने के पूर्व इस बात का ध्यान रखा जाता है कि उससे किसी प्रकार की अन्य रसायनिक गतिविधियों का संचालन न हुआ हो। इसके साथ ही यह भी ध्यान रखा जाना चाहिए कि सींग में भरा गया गोबर चार पांच दिन से हरा पौष्टिक आहार खाने वाली स्वस्थ दूध दे रही गाय का ही हो।

प्रिपरेशन 501: इस प्रिपरेशन के निमार्ण के लिए स्वच्छ बालू को लेकर उसे अच्छी तरह पीस कर कपड़े से छानने के बाद, मरी गाय के सींग में भरकर मार्च अप्रैल के महीने में जमीन में दबा दिया जाता है। सितम्बर अक्टूबर में इसे जमीन से निकाल कर 30 लीटर शुद्ध जल में मात्र एक ग्राम सींग से प्राप्त खाद प्रिपरेशन 500 की तरह घोल कर तीव्र दबाव वाले स्प्रेयर से सुबह या शाम के समय खड़ी फसल की पत्तियों पर छिड़काव किया जाता है।

प्रिपरेशन 502: यह प्रिपरेशन थरों ब्लाज्म (एचीलस मीलिफोलियम) नामक जंगली घास के फूलों से बनायी जाती है। ग्रीष्म ऋतु में फूलों को मरे हुए बकरे के पेट में भरने के बाद उसके पेट को सील कर सूरज की रोशनी वाली जगह पर लटका दिया जाता है। शरद ऋतु आने पर इसे जमीन में दबा दिया जाता है। इसे अंधेरे में मिट्टी से बाहर निकाल कर हवा रहित डिब्बे में भर कर रख दिया जाता है। इसकी एक ग्राम मात्रा अन्य बायोडायनेमिक के साथ मिलाकर प्रयोग की जाती है, जिससे मिट्टी में पोटाश, नत्रजन और सूक्ष्म पोषक तत्वों की आपूर्ति होती है।

प्रिपरेशन 503: इस जैविक खाद या प्रिपरेशन का निर्माण मैट्रिकेरिया केमोमिला नामक पौधों के फूल को मरी हुई गाय की छोटी आँत में भर कर जाड़े के दिनों में मिट्टी में गाड़ने के पश्चात् सड़ने से रोकने के साथ ही कम्पोस्ट निर्माण की प्रक्रिया को गति प्रदान करता है। इसके साथ ही यह प्रिपरेशन से कवक जनित पादप रोग पर लगाने के अलावा हानिप्रद कवकों को भी नष्ट कर देता है।

प्रिपरेशन 504: इस प्रिपरेश्न के निर्माण के लिए स्टीगिंग नेटल (यूरिका डायोका), नामक पौधों को तने, फूल और पत्ती के साथ भूमि में दबा दिया जाता है। पूरे एक साल तक मिट्टी में दबे रहने पर यह गाढ़े काले रंग का हो जाता है। इस प्रक्रिया से तैयार जैविक खाद खेत में लौह तत्वों की आपूर्ति के साथ सल्फर, पोटेशियम, अमोनिया तथा नाइट्रोजन के अनुपात को ठीक रखने का काम करती है।

प्रिपरेशन 505: इस प्रिपरेशन के निर्माण के लिए ओक वृक्ष (क्यूरिकस रोबार) की छाल के छोटे टुकड़ो में काटने के बाद पीस कर मृत गांय या भेड़ की खोपड़ी में भर दिया जाता है। पुनः खोपड़ी के छेदों को हड्डी के छोटे टुकड़ो से बन्द करके उसे एक वर्ष तक नम वातावरण में संरक्षित कर दिया जाता है। यह प्रिपरेशन मृदा में कैल्शियम फिक्स करके बैक्टिरिया और एंजाइमों के लिए उपर्युक्त वातावरण का निर्माण करता है, जिससे खेत में इसके प्रयोग के बाद चूने की 1/3 भाग की आपूर्ति से ही काम चल जाता है। यह प्रिपरेशन मृदा के पी.एच. मान को बढ़ाने के साथ ही कवकों पर रोग लगाने का भी काम करता है।

प्रिपरेशन 506: इस प्रभावकारी प्रिपरेशन का निर्माण हैण्डलीन (टेराक्सेकम आफिसूनेल) के सूखे फूलों से होता है। इसके फूलों को हल्का सुखा लेने के बाद इस मृत गांय या भैंस की आंत में लपेट कर शरद ऋतु में मिट्टी में दबा दिया जाता हैं पुनः इसे वसंत ऋतु में जमीन से बाहर निकाल कर प्रयोग किया जाता है। इस प्रिपरेशन से मृदा को सीलिसिल्क एसिड, पोटेशियम की प्राप्ति होती है।

प्रिपरेशन 507: इस प्रभावकारी प्रिपरेशन का निर्माण हैण्डलीन (टेराक्सेकम आफिसनेल) के सूखे फूलों को हल्का सुखा लेने के बाद इसे मृत गांय या भैंस की आंत में लपेट कर शरद ऋतु में मिट्टी में दबा दिया जाता हैं पुनः इसे वंसत ऋतु में जमीन से बाहर निकाल कर प्रयोग किया जाता है। इस प्रिपरेशन से मृदा को सीलिसिल्क एसिड पोटेशियम की प्राप्ति होती है।

प्रिपरेशन 508: इस प्रिपरेशन का निर्माण वेलेरियन (वेलेरिएना अधिसनिएलिस) के सूखे फूलों से तैयार किया जाता है। इसके फूलों को कुचलकर कांच के बर्तन में रखकर कुछ दिनो तक धूप में रख दिया जाता है। इस बीच इसे हिलाते-डुलाते रहते है। थोड़े समय बाद इन फूलों का रस निचोड़ लिया जाता है। इसके द्रव की 5 से 10 मि.ली. मात्रा को एक गैलन गरम पानी में मिलाकर कम्पोस्ट पर छिड़काव किया जाता है, इसका सीधे

चित्र 8.1 गोबर को सींग में भर ले।

चित्र 8.2 भरी सींगो को जमीन मे उल्टा गाड़ना है।

चित्र 8.3 सींग से खाद बन जाने पर मिट्टी के घड़े में एकतित्रत करना।

चित्र 8.4 सींग की खाद को पानी में घोलना

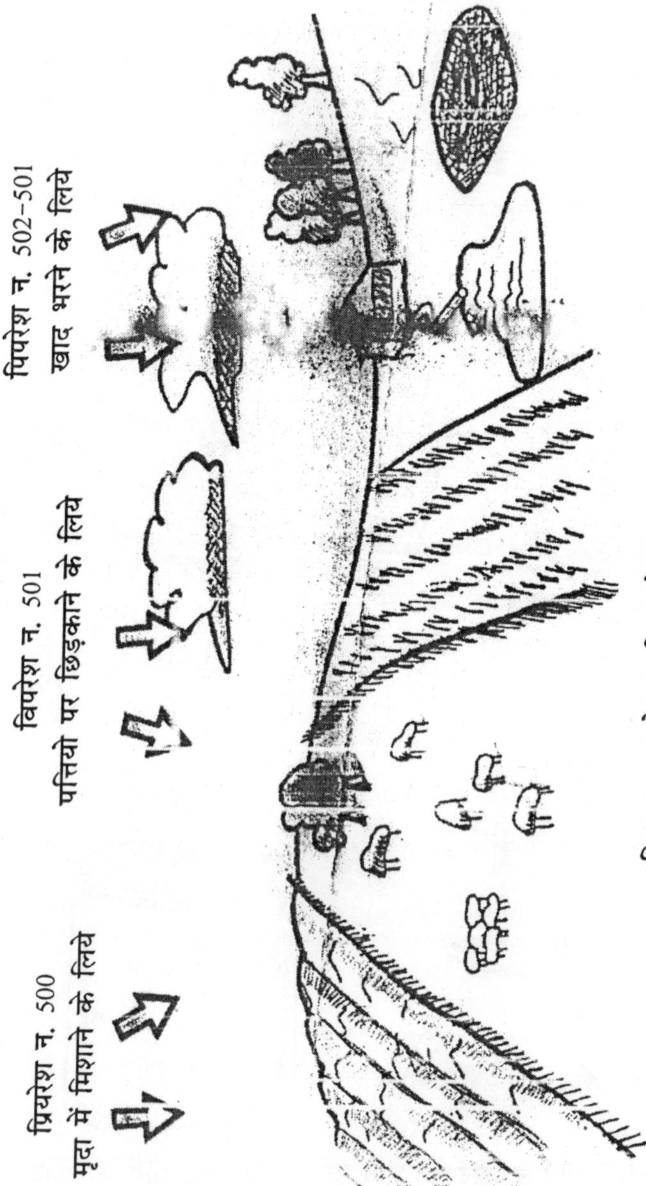

चित्र 8.5 बायोडायनमिक के उत्पाद तथा उन का प्रयोग

उत्पाद भण्डारण का तरीका

कम्पोस्ट बनाने का तरीका

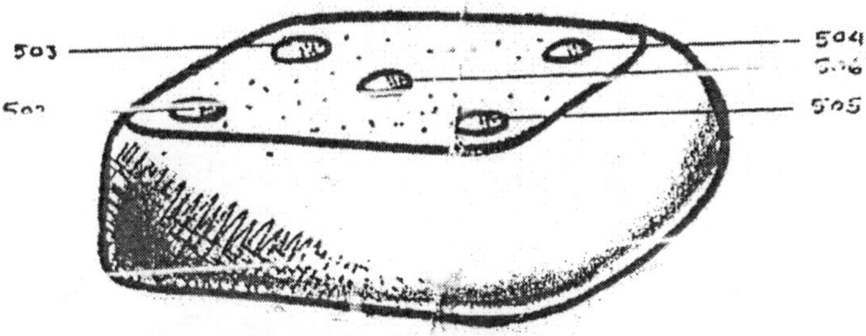

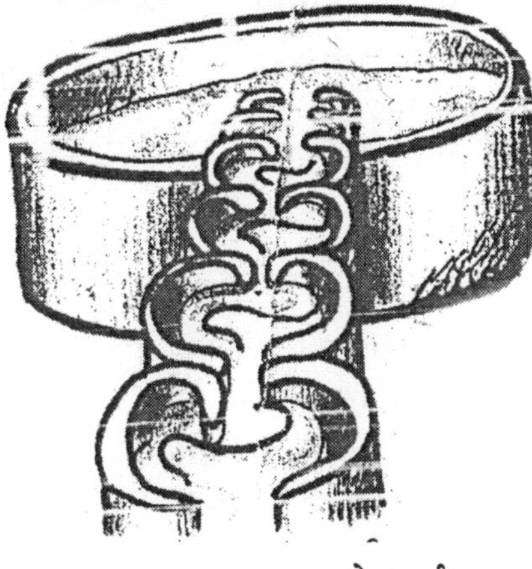

भरवला फ्लो फार्म

चित्र 8.6 वायोडायनमिक उत्पादों को पानी में घोलने के लिये

भूमि पर छिड़काव भी लाभकारी रहता है। इसके प्रयोग से मृदा फास्फेट की उपलब्धता तो बढ़ती ही है फसल पाले से सुरक्षित हो जाती है।

बायोडायनेमिक प्रक्रिया से बनी अन्य खादें

वैज्ञानिको द्वारा समय की आवश्यकता को ध्यान में रखकर की गई खोजों में बायोडायनेमिक खादों के रूप में सड़नशील कचरे और गोबर पर आधारित ऐसी जैविक खादों का निर्माण किया गया है जिनका प्रयोग कर रासायनिक खादों के समान लेकिन हानिरहित सुरक्षित कृषि उत्पाद प्राप्त किया जा सकता है। इसमें कुछ के विवरण इस प्रकार है-

कचड़े एवं गोबर की खाद

सड़ने वाले कूड़े एवं गाँय के गोबर का चार मीटर लम्बा, दो मीटर चौड़ा एवं 1.5 मीटर ऊँचा परतदार ढेर बनाया जाता है। इसमें प्रिपेशन 502-506 प्रत्येक के 2 ग्राम पदार्थ को 10 मि.ली. वेलेरियम (507)5 प्रतिशत के घोल के साथ ढेर में 30 से.मी. गहरे पॉच छेदों में (चित्रें-5) अंगूठे की सहायता से डाल दिया जाता है तथा छेदों को बंद कर दिया जाता है। इसके बाद वेलेरियम के घोल को ढेर के ऊपर छिड़क दिया जाता है। ढेर में अच्छी खाद बनाने के लिए पर्याप्त नमी होना आवश्यक है तथा इसे हर दो माह में उलट-पलट करने से अच्छी खाद तैयार होती हैं इस विधि से खाद बनाने में 6 माह का समय लगता है।

तरल खाद

एक बड़े ड्रम में बरसाती पानी भरकर सड़-गल सकने वाले पदार्थ जैसे गाय, सुअर, मुर्गी आदि जानवरों का गोबर एवं पेशाब, समुद्री खरपतवार, पेड़ों की पत्तियॉ आदि को डाल दिया जाता है फिर प्रिपरेशन 502-506 की की थोड़ी-थोड़ी मात्रा मलमल के कपड़े में बॉध ली जाती है और चित्र में बताए अनुसार ड्रम के ऊपर लटका दी जाती है। (चित्र 6)।

वेलेरियम को अलग से पानी में घोलकर ड्रम में डाल दिया जाता है। इस घोल को समय-समय के अन्तराल पर लकड़ी या लोहे की छड़ से

हिलाते रहना पड़ता है। कुछ दिनों के पश्चात ड्रम में बुलबुले उठने लगेंगे। करीब माह पश्चात् यह खाद बन कर तैयार हो जाएगी तथा इसमें से मीठी-मीठी सुगंध आने लगेगी। इसे 45 लीटर पानी में घोल कर खेत में छिड़का जा सकता हैं यह मात्र एक हैक्टेयर खेत के लिए पर्याप्त होगी।

काऊपेट पिट

जमीन में 1 मीटर लम्बा 60से.मी. चौड़ा तथा 2.5 से.मी. गहरा गड्ढा बनायें (चित्र 7) इसकी दीवारों में लकड़ी जिसमें किसी प्रकार का रसायन न लगा हो या ईंट की दीवार सी खड़ी कर दें। इस गड्ढे को गाय के ताजे गोबर से भर दें। इसके पश्चात् प्रिपरेशन 502-506 को गोबर की सतह पर 20-20 से.मी. की दूरी पर अगूंठे से छेद कर डाल दें। बेसाल्ट एवं अंडे के छिलकों को कूट कर डालना लाभप्रद होगा। इस गड्ढे को मोटे बोरों से ढक दें जिससे कि गड्ढे में नमी बनी रहे। साथ ही इसके ऊपर नालीदार सीमेन्ट की चादर या लकड़ी का पट्टा रख दें जिससे बरसात का पानी अन्दर न जा सके। चार से पॉच सप्ताह बाद जब इसे खोला जायेगा तो गोबर से किसी प्रकार की बदबू नहीं निकलेगी। खाद बन कर तैयार हो गई। इसे प्रिपरेशन 500 के साथ काम में लिया जा सकता हैं।

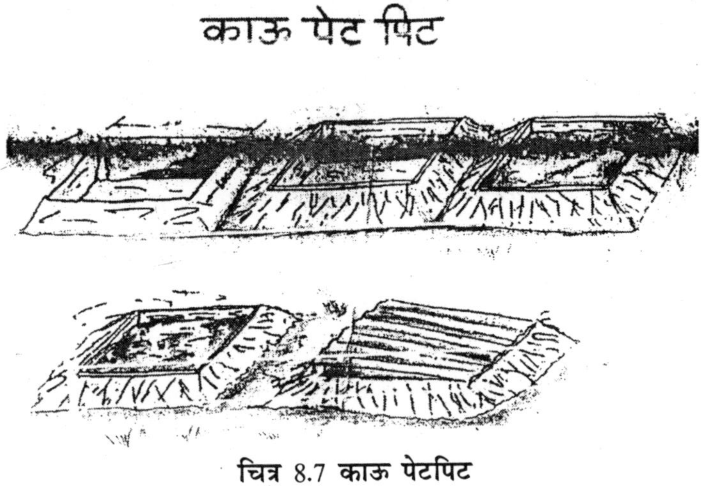

चित्र 8.7 काऊ पेटपिट

इस पद्धति में होम्योपैथिक दवाइयों की तरह पौधो के रोग एवं कीड़ों की रोकथाम की जाती है साथ ही कृषि क्रियाओं को चन्द्रमा एवं नक्षत्रें की स्थिति से संबंधित कर संचालित किया जाता है जिससे अधिक एवं स्वस्थ उत्पाद प्राप्त करने में सहायता मिलती हैं

विश्व के विभिन्न क्षेत्रें में इस पद्धति से उत्पादित कृषि उत्पाद का नियमानुसार एक प्रमाण पत्र प्राप्त होता है जिससे किसानों को अपने उत्पाद का समुचित भाव बाजार में प्राप्त होता है। भारत में वैज्ञानिकों ने इसका कोई वैज्ञानिक आधार अभी तक नहीं खोजा है परन्तु इसके प्रिपरेशनों के उपयोग से किसी प्रकार का कुप्रभाव मृदा, फसल एवं वातावरण में नही देखा गया हैं। भारत में इस पद्धति का प्रयोग मध्य प्रदेश एवं तमिलनाडू के कुछ किसानों द्वारा प्रारम्भ किया गया है। अतः किसान इसे प्रयोग कर देखें एवं वैज्ञानिक करें।

बायोडायनमिक तरल खाद

बायोडायनमिक तरल खाद एवं कीटनाशी, गोबर, गोमूत्र तथा विभिन्न औषधीय पौधों एवं वृक्षों की पत्तियों द्वारा बनाये जाते है। इनमें विशेषकर दलहनी पौधे, नीम, अरण्डी, करंज, मदार एवं सदाबहार की पत्तियों का प्रयोग किया जाता है। करंज, नीम, मदार, सदाबहार, अरण्डी एवं लैण्टाना की पत्तियों द्वारा बनाये गये तरल खादों में कीट एवं रोग निवारक गण विद्यमान होते है।

सामग्रीः प्लास्टिक ड्रम, गोबर, गौ मूत्र, बी.डी. उपक्रम' (502-503), आवश्यकतानुसार दलहनी पौधों, नीम, मदार, करंज आदि की पत्तियां।

विधिः 5 लीटर गोमूत्र एवं 5 किग्रा, गाय का गोबर 200 लीटर क्षमता वाले प्लास्टिक ड्रम में डालकर 150 लीटर पानी भरें।

- बायोडायनमिक उत्प्रेरकों के एक सेट कपड़े की छोटी-छोटी पोटली में लटका दें या पत्तियों में रखकर पैकेट बनाकर ड्रम में डालें।
- नियमित रूप से दिन में दो बार लकड़ी के सहारे ड्रम में तरल को मिलायें तथा बोरे/जाली से ढककर रखें।

- ➢ उपयुक्त तापमान (30-34 डिग्री सें) होने पर तरल खाद 3-4 सप्ताह में तैयार हो जाती है।
- ➢ एक लीटर तरल खाद को 4-5 लीटर पानी में धोलकर पौधों/वृक्षों पर आवश्यकतानुसार छिड़काव किया जाना चाहिए।
- ➢ तरल खाद का प्रयोग एक या दो बार करने से पौधे के स्वास्थ्य तथा वृद्धि पर अनुकूल प्रभाव पड़ता है।
- ➢ तरल खाद में नत्रजन की मात्रा बढ़ाने हेतु किसी दलहनी फसल यथा मूंग, उड़द, लोबिया, सुबबूल, मटर आदि की 8-10 किग्रा, पत्तियों का प्रयोग किया जा सकता हैं
- ➢ कीटनाशी प्रभाव हेतु अनुभव के अनुसार नीम, सदाबहार, कनेर, करंज, मदार (आक), अरण्डी आदि की पत्तियों का प्रयोग किया जाता है।
- ➢ आम में भुनगा कीट नियंत्रण हेतु बिच्छू घास (नेटल पौध) का प्रयोग गोमूत्र के साथ प्रभावी पाया गया है।
- ➢ नीम तथा करंज द्वारा बनायी गयी तरल कीटनाशी आम में कैंकर व्याधि के नियंत्रण में प्रभावी पायी गयी है।
- ➢ झाऊ (कैजूरिना) की पत्तियों से बनायी गयी तरल खाद व्याधि नियंत्रण प्रभावी पायी गयी है।
- ➢ विगत चार-पांच वर्षों के अनुभव के आधार पर बायोडायनेमिक विधा द्वारा औद्यानिक फसलों यथा फल (आम, आंवला, अमरूद), सब्जियों (गोभी, पात गोभी) तथा तुलसी आदि के उत्पादन का मानकीकरण करने का प्रयास किया गया है।

वृक्षों को स्वस्थ रखने, कीटों एवं बीमारियों से बचाने हेतु जैविक वृक्ष लेप का प्रयोग अत्यन्त लाभकारी होता है। वृक्ष लेप बनाने हेतु बालू, गाय का गोबर एवं बेन्टोनाइट पाउडर या चिकनी मिट्टी 1:2:1 की मात्रा में मिलाकर आटे की तरह अच्छी तरह मिलाया जाता है। तत्पश्चात 25 ग्राम गाय के सींग की खाद (बी.डी.-500) को प्रति 13 लीटर पानी में घोलकर मिश्रण में मिला कर आवश्यकतानुसार गाढ़ा/पतना घोल तैयार कर लिया जाता है। इस

घोल को झाड़ू या ब्रश की सहायता से पौधे के तने पर ऊँचाई तक, परन्तु पत्तियों के नीचे, अच्छी तरह से लेप कर दिश जाता है।

चित्र 8.8 वृक्ष लेप

प्रयोगः

(1) इस लेप का प्रयोग कटाई-छँटाई के दौरान कटी सतहों पर भी किया जाता है।

(2) बागानों में पाले के प्रभाव को रोकने,

(3) कीट-व्यधि के रोकथाम एवं गमोसिस आदि में उपयोगी है।

(4) आम में मिली बग से बचाव में उपयोगी।

तरल जैविक खादें

पशुओं के मल-मूत्र से बनी ये जैविक खादें तरल रूप में होती है, जिनको सिंचाई के पानी के साथ या स्प्रे एवं अन्य साधनों से छिड़क कर खेत और फसल में फैला दिया जाता है। इस प्रकार की खादों का विवरण इस प्रकार है-

संजीवनी खाद

देशी गाय का 15 किलो ताजा गोबर 15 किलो गौ मूत्र और 15 किलो सादा पानी को मिलाकर मिट्टी के एक घड़े में डालकर इसमें आधा किलों गुड़ को पानी में घोल कर मिलाने के बाद इसे घड़े के मुहं को ढककर मिट्टी पुते कपड़े से सील कर देवें। एक हफ्ते के बाद इसे खोल लें। 200 लीटर पानी में मिलाकर एक एकड़ जमीन में सिंचाई के समय जल के साथ प्रवाहित कर दें। यह द्रव खाद यूरिया का जैविक विकल्प है।

तरल खाद

एक बड़े ड्रम या मटके में गाय, भैंस, सुअर, मुर्गी और कबूतर आदि के मल-मूत्र मछली, समुद्री वनस्पति और वृक्षों के पत्तों को डालने के बाद

पानी से भर दिया जाता है, फिर प्रिपरेशन 502 और 506 की थोड़ी मात्रा मलमल के कपड़े में बाध कर ड्रम या मटके के पानी में भर दिया जाता है। इसके साथ ही विलेरियम को अलग से घोल कर पानी में डाल देते है। इस घोल को थोड़े-थोड़े समय के अन्तराल पर लकड़ी के डंडे या छड़ से मिलाया जाता है। लगभग एक माह में यह तरल खाद तैयार हो जाती है इसे 45 लीटर पानी में घोल कर एक हेक्टेयर खेत में छिड़काव किया जा सकता है।

बायो-डायनमिक कम्पोस्ट हीप

आवश्यक सामग्री-

क. **नाइट्रोजन बाहुल्य**- हरे पदार्थों, गोबर, हरी पत्तियाँ, सब्जियों के डण्ठल, हरे खरपतवाद, आदि जिनमें उच्च स्तर का नाईट्रोजन पाया जाता हो, प्रयोग कर सकते हैं।

ख. **कार्बन बाहुल्य सूखे पदार्थ**- सूखी पत्तियाँ, सूखे खरपतवार, नारियल का जूट, भूसा, पैरा, सूखे मक्के का पौधा आदि जिनमें उच्च स्तर का कार्बन पाया जाता हो, प्रयोग कर सकते है।

ग. **राक डस्ट लाइम पाउडर** (चूना, रॉक फास्फेट, अैंक सिल्अ, लकड़ी की राख, पुरानी कम्पोस्ट खाद एवं बायो डायनमिक प्रिपरेशन' 502-503)।

कम्पोस्ट हीप बनाने की विधि

जहाँ कम्पोस्ट बनाना हो, दो मीटर चौड़ा तथा पाँच मीटर लम्बा क्षेत्र चिन्हित कर गाय के गोबर से लिपाई कर लेते हैं। लकड़ी के लम्बे टुकड़े को दो मीटर चौड़े कम्पोस्ट क्षेत्र के बीचो-बीच पाँच मीटर लम्बाई तक रखते हैं, जिसमें हवा का संचार होता रहे। 8 से 10 इंच मीटी एक तह हरे पदाथौं की तथा एक तह सूखे पदार्थों की लगावें। दोनों तहों के बीच में गोबर का घोल छिड़कने से कम्पोस्टिंग की दर में वृद्धि की जा सकती है। तह के ऊपर तह रखते हुए हीप की ऊँचाई डेढ़ मीटर तक की जा सकती है। प्रत्येक सूखे पदार्थों की सतहों को पानी से भिगोते रहना चाहिए। उपलब्ध खनिज पदार्थों का प्रयोग प्रत्येक सतह पर छिड़ककर कर सकते हैं।

हीप में 30 सेमी. गहरे पाँच बिन्दु जो तिर्यक हो एवं लम्बाई में हों, उनमें बायो डायनमिक उपक्रम 502-503 की एक-एक ग्राम मात्रा छिद्र में डालकर छिद्र को गोबर से बंद कर देते हैं। इसी प्रकार से दो छिद्र कम्पोस्ट हीप के ऊपर बनाकर उसमें बायो डायनमिक प्रिपरेशन 507 का घोल हीप में डालते हैं। तीन-चार माह में कूड़ा, घास इत्यादि सड़ कर कम्पोस्ट के रूप में तैयार हो जाती है। जिसका प्रयोग विभिन्न फसलों के उत्पादन हेतु कर सकते हैं। अन्य विधि द्वारा बनाई गयी कम्पोस्ट से इस कम्पोस्ट में पोषक तत्वों की मात्रा अधिक होती है।

बायो डायनमिक कम्पोस्ट हीप कम्पोस्ट की गुणवत्ता वृद्धि एवं विशेषता

1. बायो डायनमिक कम्पोस्ट में पोटेशियम तत्वों की प्रचुरता के लिए लकड़ी की राख, कैल्शियम के लिए बुझा हुआ चूना, फास्फोरस के लिए वोनमील, नाइट्रोजन के लिए हरे पौधों की पत्तियों एवं कम्पोस्टिंग के समय उचित तापमान, आद्रता एवं हवा की संतुलित उपलब्धता गुणोत्तर वृद्धि में लाभदायक होती है।

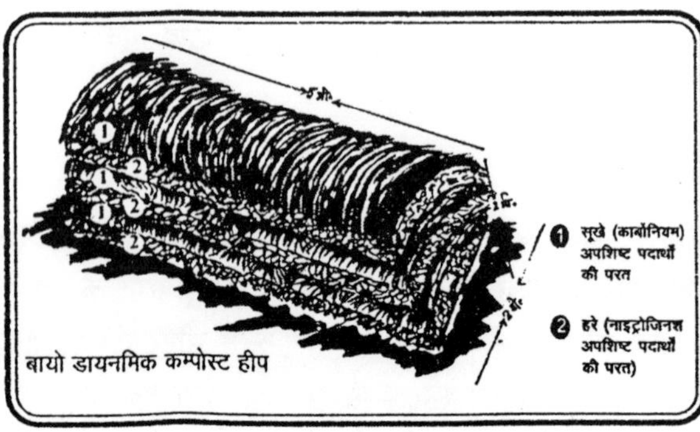

चित्र 8.9 बायो डायनमिक कम्पोस्ट हीप

शोध

रसायनिक खादों के प्रयोग के चलते मिट्टी की बिगड़ती सेहत के मद्देनजर दुनिया भर में रसायनिक खादों के विकल्प के रूप में जैविक खादों

पर शोध जारी है, जिसके चलते स्थानीय स्तर पर उपलब्ध जैविक संसाधनों से जैविक खादों की निर्माण जारी है। आज आवश्यकता है कि कृषकों को जैविक खादों की गुणवत्ता और विशेषता से अवगत कराकर उनके उपयोग और निर्माण की प्रविधि के साथ ही उपलब्ध स्थानीय जैविक संसाधनों से जैविक निर्माण ओर शोध के लिए उत्साहित किया जाये। इसके साथ ही कृषि शोध-केन्द्रो, सामाजिक संस्थाओं और शैक्षणिक संस्थाओं द्वारा जैविक खादों पर व्यापक शोध कार्यक्रम को बढ़ावा दिये जाने की भी विशेष आवश्यकता है।

> **''वही किसानी में है पूरा।**
> **जो डारे हड्डी का चूरा।।''**
>
> **घाघ**

9

जैव उर्वरक एवं जैव नियंत्रक

संपूर्ण विश्व में स्वस्थ्य जीवन एवं पर्यावरण की आवश्यकता महसूस की जा रही है। हमारे देश में हरित-क्रांति को सफल बनाने हेतु रासायनिक उर्वरकों और कृषि रक्षा रसायनों का उपयोग बढ़ा, फलतः अनाज के उत्पादन में तो हम आत्मनिर्भर हो गए, परन्तु अनाज गुणवत्ता प्रभावित होने के साथ-साथ मानव स्वास्थ्य, पशु-पक्षियों, मछलियों, लाभदायक, कीटों, मृदा, जल तथा वातावरण पर भी दूषित प्रभाव पड़ा। इस कुप्रभाव से बचने के लिए आज जैविक खेती की आवश्यकता महसूस की गई, क्योंकि जैविक खेती से उत्पादन को बिना प्रभावित किए हुए खाद्यानों की गुणवत्ता में सुधार होता है और इस प्रकार के उत्पादों से अच्छा मूल्य प्राप्त कर कृषक अधिक से अधिक लाभ कमा सकते हैं। अतः आज "कार्बनिक खाद्य पदार्थ की रुचि बढ़ रही है और इसी के कारण "परिस्थितिकीय मित्रता" वाली खेती की लोकप्रियता भी बढ़ने लगी है। समन्वित पोषक तत्व प्रबंधन एवं समन्वित नाशीजीव प्रबंधन जैविक खेती के महत्वपूर्ण घटक है, और बड़े पैमाने पर अपनाने के लिए किसानों में जागरूकता लाने की आवश्यकता है।

9.1 जैव उर्वरक

जैव उर्वरक जीवाणु खाद है जिसके उपयोग से 30-40 किग्रा. नाइट्रोजन प्रति और साई फसल अमृत के उपयोग से 20-25 प्रतिशत तक उपज बढ़ जाती है। ये रासायनिक उर्वरकों के पूरक तो है ही साथ ही उनकी

क्षमता भी बढ़ाते है। फास्फोबैक्टीरिया के उपयोग से फास्फोरस की उपलब्धता में 20-30 प्रतिशत की बढ़ोतरी हो जाती है।

9.2 जैविक खाद

9.2.1 संपूर्ण फसल आहार

यह जैविक खाद लाभदायक जीवाणुओं की सहायता से तैयार की गई है। जिसमें वर्मी कपोस्ट तथा सूक्ष्म जीवों का मिश्रण रहता है। यह खाद पौधों को सभी 16 प्रकार के जरूरी तत्वों को उपलब्ध कराती है। इसके उपयोग से 20-25 प्रतिशत उत्पादन में वृद्धि होती है। पौधों की जड़ें मजबूत तथा शाखाएं अत्यधिक विकसित होती है। फूल तथ पत्तियों का गिरना रुक जाता है। अन्य खादों की अपेक्षा यह पांच गुना अधिाक लाभकारी होती है।

9.2.2 उपयोग विधि

फलदार वृक्षों जैसे संतरा, अंगूर, आम, नींबू इत्यादि में प्रयोग के लिए 5 किग्रा. साई फसल अमृत को 100 किग्रा. सड़ी गोबर की खाद में मिलाने के उपरांत 4-6 दिनों तक छायादार स्थान पर रख दें। तत्पश्चात प्रति वृक्ष एक किग्रा. मिक्चर का उपयोग करें। नर्सरी के पौधों के लिए 100 ग्राम मिक्चर का उपयोग प्रति गमले की दर से वर्ष में दो बार उपयोग करें।

9.2.3 खेत में उपयोग

दलहन, तिलहन, अनाज, सब्जियों, कपास, गन्ना, आलू आदि सभी प्रकार की फसलों में 10 किग्रा./हें. की दर से 200-250 किग्रा. सड़ी गोबर की खाद में मिलाने के बाद 4-6 दिनों तक छायादार स्थान पर रखने के पश्चात खेत की अंतिम जुताई के समय या बुवाई के समय बिखरा दें।

9.3 जैव-उर्वरकों का उपचार कैसे करें?

9.3.1 बीज उपचार

- 50 ग्राम का आधा लीटर पानी में गरम कर घोल बनाऐं।

- घोल के ठंडा हो जाने के पश्चात बाल्टी में पलट दें फिर 200 ग्राम जैव उर्वरक को मिलाऐं।
- बाल्टी में 10 किग्रा. बीज डालकर हल्के हाथों से अच्छी प्रकार मिलाएं ताकि सभी बीजों पर जैव उर्वरक समान रूप से लग जाऐ।
- उपचारित बीज को छाया में सुखाकर तुरंत बुवाई करें।

9.3.2 जड़ उपचार

- यह विधि रोपाई वाली फसलों के लिए उपयुक्त है।
- 4 किग्रा जैव उर्वरक का 20–25 लीटर पानी में घोल बनाऐं।
- घोल में 500 ग्राम गुड का कोई अन्य चिपचिपा पदार्थ उपयोग करें।
- एक हेक्टेयर क्षेत्र के लिए पौधों की पर्याप्त जड़ को 20–30 मिनट तक घोल में डुबाऐं।
- उपचारित पौधों की शीघ्र रोपाई करें।

9.3.3 मृदा उपचार

- मृदा उपचार हेतु 5 किग्रा. प्रति हेक्टेयर की दर से जैव उर्वरकों का प्रयोग करें।
- जैव उर्वरकों को 80–100 किग्रा. गोबर की सड़ी खाद अथवा 60–60 किग्रा. कमपोस्ट प्रति वर्ग मीटर कमपोस्ट में अच्छी तरह मिलाऐं।
- इस प्रकार तैयार मिश्रण को बुवाई के समय भी 24 घंटा पूर्ण तक हेक्टेयर क्षेत्रफल में समान रूप से छिड़के अथवा जड़ में डालें।

9.3.4 विशेष

- नाइट्रोजन जैव उर्वरकों के साथ फास्को बैक्टीरिया का प्रयोग आवश्यक है और यह अत्यंत लाभकारी भी है।
- अलग-अलग दलहनी फसलों के अनुरूप ही राइजोबियम कल्चर का उपयोग अधिक लाभकारी होगा।

9.4 जैव उर्वरकों के उपयोग से लाभ

- जैव उर्वरक सस्ते होते है और कम खर्च में उत्पादन बढ़ाने का कार्य करते हैं।
- जैव उर्वरक वायुमंडल की नाइट्रोजन फसल को उपलब्ध कराते है। मिट्टी की अघुलनशील फास्फोरस को घुलनशील बनाते हैं तथा अगली फसल को भी लाभ पहुँचाते है।
- जैव उर्वरक वृद्धिकारक हारमोंस उत्पन्न करते हैं जिनसे पौधों की वृद्धि पर अनुकूल प्रभाव पड़ता है।
- मृदाजन्य रोगों पर नियंत्रण, सूक्ष्म जीवों की संख्या में आशातीत वृद्धि तथा पर्यावरण सुरक्षा जैव उर्वरकों के अन्य प्रमुख लाभ है।
- जैव उर्वरक रासायनिक उर्वरकों का स्थान नहीं ले सकते। हां, इनकी आवश्यक मात्र को कम कर सकते है।

9.5 जैव नियंत्रक

जैव नियंत्रकों के अन्तर्गत जैविक कीटनाशक एवं जैविक एजेंट आते हैं।

9.5.1 जैविक कीट/रोग नाशक

ऐसे उत्पाद है जो जीव-जंतुओं, सूक्ष्म जीवों तथा पेड़-पौधों से प्राप्त किए जाते है। यह उत्पाद पर्यावरण एवं स्वास्थ्य को बिना हानि पहुंचाए फसलों को नुकसान पहुँचाने वाले कीट एवं व्याधियों का नियंत्रण करते है तथा कुछ ही दिनों में भूमि में मिलकर पारिस्थितिक तंत्र का एक अंग बन जाते है।

9.5.2 जैविक एजेंट

ऐसे कीड़े-मकोड़े एवं जीव जंतु जो दूसरे जंतु को खाकर अथवा फसल को नुकसान पहुँचाने वाले कीटों (शत्रु कीट) पर अंडे देकर अपना जीवन चक्र पूरा करते है।

सारिणी 1. जैव उर्वरक का नाम उपयुक्त फसले एवं आवश्यक मात्रा का विवरण

क्र.स.	जैव उर्वरक का नाम	उपयुक्त फसले	संस्तुत प्रयोग विधि	आवश्यक मात्रा
1	फसल अमृत	सभी फसलें फलदार एवं जंगल वृक्ष सहित	मृदा उपचार	5–10 किग्र. प्रति हेक्यटेयर
2	ए.यू. राइजोगोल्ड प्लस (राइजोबियम)	सभी इलहनी फसलें	बीजोपचार	200 ग्राम प्रति 10 किग्रा. बीज
3	ए.यू. एजोटो गोल्ड प्लस (एजोटोबैक्टर)	दलहनी फसलों को छोड़कर अन्य सभी फसलों के लिए	बीजोपचार, जड़ उपचार एवं मृदा उपचार	200 ग्राम/10 किग्रा. बीज 5 किग्रा./हेक्यटेयर
4	ए.यू. एजोगोल्ड प्लस	दलहनी फसलों को छोड़कर अन्य सभी फसलों के लिए	बीजोपचार, जड़ उपचार एवं मृदा उपचार	200 ग्राम/10 किग्रा. बीज 5 किग्रा./हेक्यटेयर
5	ए.यू. फास्फोगोल्ड प्लस (फस्फो बैक्टीरिया)	दलहनी फसलों सहित सभी फसलों के लिए	बीजोपचार जड़ उपचार एवं मृदा उपचार	
6	ए.यू.के गोल्ड प्लस (एसिटो बैक्टर)	गन्ना एवं चुकंदर	मृदा उपचार	5 किग्रा./ हेक्यटेयर

9.5.3 एन.पी.वी.

यह कीड़ों में एक घातक बीमारी फैलाने वाला विषाणु है जो अति संक्रमणशील होता है। इसके छिड़काव से कीड़े मर जाते है परन्तु लाभदायक कीटों पर यह किसी भी प्रकार का कुप्रभाव नही डालता है।

9.5.3.1 उपयोग

250 गिडार (झिल्ली) से एन.पी.वी. प्रति हेक्टेयर प्रयोग करें। 500-600 लीटर पानी में घोल बनाकर प्रति हेक्टेयर की दर से छिड़काव करें।

9.5.4 त्रिवेणी (बिवेरिया)

यह फसलों को नुकसान पहुँचाने व विभिन्न कीटों के नियंत्रण हेतु उपयोग आने वाली एक प्रकार की मित्र फफूंदी है।

9.5.4.1 कार्यशील

आलू का कटुआ, धान भूरा फुदका, चना, कपास, टमाटर और फली छेदक, सफेद मक्खी, माहू थ्रिस दीमक, छाल, खाने वाले कीटों के रोकथाम हेतु प्रभावी है।

9.5.4.2 भूमि में उपयोग

50 किलोग्राम अच्छी गोबर में 3 किलोग्राम त्रिवेणी को छायादार स्थान में अच्छी तरह मिलाकर 10 से 15 दिनों तक रखें और मिश्रण को एक हैक्टेयर खेत की आखिरी जुताई अथवा बुवाई के समय बिखेर दें। जिससे मिट्टी में पड़े लार्वे, अंडे संक्रमित होकर मर जांय।

9.5.4.3 छिड़काव हेतु उपयोग विधि

3 किलोग्राम त्रिवेणी पाउडर को 750-1000 लीटर पानी मिलाकर प्रति हेक्टेयर की दर से छिड़काव करें। कीट छिड़काव के 24-28 घंटे के अन्तर्गत संक्रमित होकर मर जाते है। दस दिन अंतराल पर (कीटों की संख्या यदि अधिक तो) कुल तीन छिड़काव करें।

9.5.4.4 त्रिवेणी से होने वाले फायदे

- पर्यावरण अनुकूल एवं अवशेष रहित। पशु पक्षी, जानवर एवं मनुष्यों के लिए सुरक्षित।
- आसानी से उपयोग में लाया जा सकने वाला।
- फसलों को नुकसान पहुँचाने वाले कीटों के लाभ प्रौढावस्था तक प्रभावी।
- लेपिडोप्टेरा गण के कीटों के प्रति विशेष रूप से प्रभावी।

9.5.5 ट्राइकोडर्मा और अन्य जैवीय पदार्थों का मिश्रण

9.5.5.1 संस्तुति

दलहनी फसलों (चना, मटर, मसूर, उरद, मूंग, अरहर) तिलहनी फसलों (मूंगफली, सोयाबीन, सूरजमुखी, तिल), कपास, धान, मक्का, गेंहू, गन्ना, पोरता।

9.5.5.2 सब्जियां

आलू, मिर्च, बैंगन, प्याज, टमाटर, फूल गोभी आदि।

9.5.5.3 फल

आम, अमरूद्ध, संतरा, नींबू, पपीता आदि के फफूंद जनित रोगों के नियंत्रण हेतु। मृदा जनित रोग जैसे प्रभावी है।

9.5.5.4 उपयोग विधि

बीज उपचार : बीज उपचार के लिए 8–10 ग्राम एयूडर्मा पाउडर को 50 ग्राम गुड़ की सकरी में ठंडा होने के उपरांत प्रति किलोग्राम बीज की दर से मिलाऐं। बीज को छाया में सुखाने के बाद बुआई करें।

भूमि उपचार : 4–5 किग्रा. एयूडर्मा पाउडर को 60 किग्रा. सडी गोबर की खाद में मिलाकर एक सप्ताह तक छाया वाले स्थान में रखें। तत्पश्चात 1 हेक्टेयर खेत में बिखेर कर जुताई करें।

बागवानी में प्रयोग हेतु 200 ग्राम एयूडर्मा पाउडर प्रति पेड़ की दर से साल में दो बार मानसून की शुरूआत एवं समाप्ति पर उपयोग करें।

पौधशाला उपचार : नर्सरी हेतु 500 ग्राम एयूडर्मा को 100 लीटर पानी में घोल बनाकर बीज की बुआई के बाद 10 वर्ग मीटर क्षेत्रफल की नर्सरी में डालें ताकि घोल 10 से.मी. की गहराई तक पहुॅंच जाए।

कंद उपचार : कंद उपचार के लिए एयूडर्मा के घोल (500 ग्राम एयूडर्मा पाउडर को 100 लीटर पानी) में कंद डुबा कर बुआई पूर्व छायादार स्थान पर सुख लें।

पौधों की जड़ उपचार के लिए पौधों के रोपने की जड़ को 50 ग्राम एयूडर्मा पाउडर को 10 लीटर पानी के घोल में उपचरित कर रोपाई करें।

9.5.6 ऐजोलीन 300 नीम तेल पर आधारित

9.5.6.1 संस्तुति

यह नीम तेल आधारित जैव कीट नाशक है। जिसकी संस्तुति फसलों को हानि पहुॅंचाने वाले चेपा तथा सुंडी कीटों के लिए की गई है। एक लीटर ऐजोलीन को 500-600 लीटर पानी में घोलकर छिड़काव करें। इसके छिड़काव से फसल पारिस्थिकी की तंत्र में पाए जाने वाले मित्र कीट पूर्णरूपेण से सुरक्षित रहते हैं।

9.5.6.2 सावधानियाॅं

- ➢ यदि कीटनाशकों को निगल लिया गया हो तो जहर के लक्षण दिखने पर डाक्टर को तुरन्त बुलाएं।
- ➢ इसे त्वचा के संपर्क में नही आने देना चाहिए। उपयोग के बाद हाथों को साबुन से अच्छी प्रकार से धो लें।
- ➢ खाद्य सामग्री तथा बच्चों से दूर ठंडे तथा हवादार जगह में ताला लगा के रखें।
- ➢ इसका छिड़काव शाम को करें।

सारिणी 2: जैव-नियंत्रकों का विवरण

क्र.. सं.	जैव नियंत्रक का नाम	नष्ट होने वाले कीट/रोगों का नाम	फसलें
1	ए.यू. डरमाप्लस (ट्राइकोडमी)	उकठा रोग, जड़ सड़न, बीज विगलन आदि	धान, चना, अरहर, मटर, मसूर, सोयाबीन, कपास, आता, गन्ना, सूरजमुखी, अलसी आदि फल एवं सब्जी
2	एजोलिन (नीम आधारित	200 प्रकार के कीट	अनाज, फल एवं सब्जियां, लिहन दलहन, गन्ना, कपास
3	त्रिवेणी (बिवेरिया)	अर्धकूपक, तना छेदक, दीमक, आदि	अनाज, फल एवं सब्जियां, लिहन दलहन, गन्ना, कपास
4	निपो (NPV)	तंबाकू, अर्धगूषक आदि	अनाज, दलहन, गन्ना, कपास आदि

9.5.7 बैसिलस थूरीजियेंसिस (बीटी)

यह एक प्रकार का जीवाणु है जिससे कि लेपीडोप्ट वर्ग की सूड़ियों की मृत्यु हो जाती है। यह बहुभक्षी कीटों पर विशेष रूप से फली भेदक, तंबाकू की सूड़ी, अर्धालूपक, तना छेदक आदि का प्रभावी नियंत्रण करता है इस प्रक़ार यह कपास, अरहर, चना, अलसी, तिल, सरसों, धान आदि फसलों की रक्षा पर्यावरण को बिना क्षति पहुॅचाए करता है, साथ ही साथ फसलों के मित्र कीटों को संरक्षण भी प्रदान करता है।

इसके अतिरिक्त यह कपास के गुलाबी कीट, पित्तीदार कीड़ें एवं पत्तीलपेटक कीट को भी नियंत्रित करता है।

9.5.7.1 प्रयोग विधि

500-700 ग्राम बी0टी0 को 500-600 लीटर पानी में घोल बनाकर 10 दिन के अंतराल पर तीन बार छिड़काव करना चाहिए।

9.6 जैव नियंत्रकों के प्रयोग से लाभ

- ➢ पर्यावरण को प्रदूषित होने से बचाता है।
- ➢ मानव स्वास्थ्य के लिए लाभकारी है।
- ➢ आर्थिक रूप से लाभकारी है।
- ➢ पारिस्थितकीय तंत्र का अनुरक्षण करता है।
- ➢ कृषि लागत मूल्यों को कम करता है।
- ➢ उत्पाद गुणवत्तायुक्त होते है एवं उनका प्राकृतिक स्वाद बना रहता है।
- ➢ पुनरुत्थान, प्रतिरोधी एवं परावर्धी कीट उत्पाद को कम करता है।

> "खेती पाती बीनती और घोड़े की तंग।
> अपने हाथ संवारिए लाख लोग हो संग॥"
>
> घाघ

10

खाद्यान्न की विषाक्तता और जैविक खेती आपूर्ति समस्या

विश्व में सभी जीवधारियों को जीवनधारण के लिए उदरपूर्ति के साधनों पर निर्भर रहना ही पड़ता हैं। विशेष तौर पर मानव समाज ने जब से सभ्यता तथा संस्कृति की विकास-यात्रा तय की तब से भोज्य तथा पेय पदार्थों की आपूर्ति तथा उपलब्धता की प्रकृति भी समयानुसार परिवर्तित होती रही। विज्ञान तथा तकनीकी क्षेत्र में हुई व्यापक प्रगति ने भी इस क्षेत्र में अपना ठोस प्रभाव जमाया। नवीनतम कृषि प्रौद्योगिकी ने भी कृषि उत्पादन के क्षेत्र में अभूतपूर्व वृद्धि दर्ज की। परन्तु स्वास्थ्य क्षेत्र में हुई व्यापक प्रगति के बावजूद जन सामान्य के स्वास्थ्य स्तर पर गंभीर प्रतिकूल प्रभाव भी पड़ा। अंधाधुंध प्रौद्योगिकी विकास ने हमारी सामान्य जीवन शैली को इतना अत्याधुनिक बना दिया कि हमारा सामान्य स्वास्थ्य का स्तर सुधरने के बजाए और भी गिरता जा रहा है। इसका मूल कारण यह है कि आधुनिक मानव विज्ञान तथा तकनीकी विकास पर इतना निर्भर हो गया कि प्राकृतिक जीवन शैली अपनाने के आदर्श को मानो भूल ही गया।

उपर्युक्त तथ्य का एक महत्वपूर्ण उदाहरण है- हरित क्रांति, जिसका मुख्य आधार है- उन्नत तथा संकर बीज, कीटनाशक रसायन, सिंचाई की नई तकनीक तथा आधुनिकतम कृषि प्रवंधन इत्यादि परन्तु अब इसके प्रतिकूल

प्रभावों के लक्षण भी सामने आ रहे है। इस संदर्भ में विश्व खाद्य संगठन तथा विश्व स्वास्थ्य संगठन के एक आकलन के अनुसार भारत सहित अधिकतर विकाशील देशों के 90 प्रतिशत जन-साधारण प्रतिदिन विषाक्त खाद्य पदार्थो का सेवन करने के लिए मजबूर है। इस तरह के विषाक्त खाद्य पदार्थो जैसे अन्न, दाल, दूध, फल तथा सब्जियों का आहार लेने से सिरदर्द, उच्च रक्तचाप, जी घबराना, सफेद दाग, पाचन तंत्र की खराबी, अम्ल, पथरी, प्रजनन क्षमता में कमी तथा कैंसर जैसे प्राणघातक रोगों के होने की आशंका हो जाती है। वास्तव में कृषि सम्बन्धित विभिन्न क्रियाओं के दौरान ही खाद्य पदार्थों में विषाक्त तत्वों का प्रवेश होता है। अतः कृषि विज्ञान के अनुसार विषैले खाद्य पदार्थो को दो भागों में बांटा जा सकता है। पहला है-सम्पर्क विष (कन्टेक्ट पॉइजन) जो पौधों पर छिड़काव के दौरान कीटों तथा किसानों को प्रभावित करता है। दूसरा है-व्यवस्थित विष (सिस्टेमेटिक पॉइजन) जिसके छिड़काव से पौधा विषाक्त बन जाता है और बाद में कीट उस पौधो के सम्पर्क में आने से पहले ही मर जाता है। साधारण तौर पर पेड-पौधों को कीड़ों, चैंपा (एफिड), रोली, दीमक, कातरा, सफेदी एवं फंफूद आदि से बचाने के लिए किसान कई प्रकार के विषाक्त कीटनाशकों का छिड़काव करते है। दूसरी और पैदावार में वृद्वि करने के लिए पोटाश, यूरिया तथा सल्फेट आदि रासायनिक उर्वरकों का भी अंधाधुंध उपयोग किया जाता है। ऐसे रासायनिक उर्वरकों के उपयोग से कृषि उत्पादन में वृद्वि तो होती है, परन्तु दूसरी ओर इसका दुष्प्रभाव मानव स्वास्थ्य पर पड़ता है। स्पष्ट है कि जिस रसायन से कीट-पतंगों की मृत्यु होती है उसका विपरीत प्रभाव मानव के स्वास्थ्य पर भी पड़ेगा। अर्थात इन कीटनाशकों का भी दुष्प्रभाव मानव की कोशिकाओं पर पड़ता है। उदाहरण के तौर पर मोनो क्रोटोफास, डाइपोक्रोन और एफोलक्स जैसे कीटनाशक रसायनों का अत्यधिक उपयोग करने से मानव के सामान्य स्वास्थ्य पर घातक दुष्प्रभाव पड़ता है। फसल काटने के बाद भी भंडारण के लिए रासायनिक कीटनाशकों (जैसे-एल्मूनियम फास्फाइड) का भरपूर उपयोग किया जाता है। अनाज को सुरक्षित रखने के लिए विषैले रसायनों का धुंआ उपयोग में लाना ज्यादा प्रभावी रहता है परंतु यह तरीका हितकारी होने के बावजूद किसान अपनते नहीं है वल्कि अनाज की बोरियों

में ही कीटनाशक गोलियां तथा घोल मिला दिया जाता है। यदि बिना धोए इस प्रकार के अनाज को पिसा लिया जाए या सीधे तौर पर उपयोग किया तो इसके सेवनकर्ता को सिर-दर्द, उल्टी, चक्कर, पेट की गड़बड़ी आदि की शिकायत हो जाती है। बाजार में बिकने वाली फूलगोभी, दरअसल प्राकृतिक रूप से सफेद नही होती नैसर्गिक रूप से मिलने वाली फूल गोभी का रंग पीला-सा होता है। जिन्हें ग्राहक पसंद नही करतें है। बल्कि इस गोभी को सफेद करने के लिए किसान एक विशेष प्रकार के रसायन के घोल में डुबोते है जिससे गोभी सफेद नजर आती है।

इसी तरह से मटर के पौधों को भी कीड़ों से बचाने के लिए रसायन के घोल का छिड़काव किया जाता है। इसका दुष्प्रभाव पौधों तथा मटर की फलियों पर लगभग एक माह तक बना रहता हैं हालांकि इन रसायनों के पैकटों पर स्पष्ट निर्देश लिखा जाता है, फिर भी किसान उन निर्देशों की अनदेखी या उपेक्षा करके फलियां एक माह से पहले ही बाजार में बेच देते है। इसके अलावा, आलू, अरबी तथा अदरक आदि की फसलें कई माह तक सुरक्षित या संरक्षित रखने के लिए विकिरण (रेडियेशन) पद्धति का प्रयोग भी किया जाता है। दरअसल इन विकिरणों की सहायता से उन तत्वों तथा जीवाणुओं को नष्ट किया जाता है, जो इन फसलों तथा सब्जियों को सड़ाते-गलाते हैं। यह तो सही है कि इस विधि से आलू, प्याज आदि लम्बी अवधि तक खराब नहीं होते परन्तु इन विषाक्त रसायनों का उपयोग केवल कीटों का नाश करने तक ही सीमित नहीं है बल्कि फलों को पकाने के लिए भी इनका भरपूर उपयोग किया जाता है। जैसे-साधारण तौर पर केला, पपीता, आम, चीकू, सेब, अनार, अनन्नास तथा आलू बुखारा आदि फलों को पेड़ से कच्चा ही तोड़ लिया जाता है तथा इच्छित गन्तव्य तक पहुँचाकर फिर 'कार्बाइड' द्वारा पकाया जाता है। दरअसल फलों को नरम तथा रसीला बनाने के लिए 'एसिटिलीन गैसं की महत्वपूर्ण भूमिका रहती है जो काफी विषाक्त प्रभाव वाली गैस होती है।

इसी क्रम में अचार, मुरब्बा, चटनी तथा अन्य खाद्य पदार्थो को लम्बी अवधि तक सुरक्षित रखने के लिए रासायनिक तत्वों का प्रयोग किया जाता

है जिनकी निर्धारित मात्रा थोड़ी सी भी अधिक होने से सेवनकर्ता को रोगग्रस्त होने की सम्भावना बढ़ जाती है। 'चाकलेट' में भी निकल धातु, फिनाइल, इथाइल एमीन, पायोक्रोमीन, जानथीम इत्यादि घातक पदार्थ पाए जाते है। मानव के तंत्रिका-तंत्र पर इन रसायनों का प्रतिकुल प्रभाव पड़ता है। यहां तक कि इन चॉकलेटों में जीवाणु भी मिल सकते है। नियमित रूप से चॉकलेट का सेवन करने से कैंसर, मधुमेह, उच्चरक्त चाप, दमा, लीवर की खराबी जैसे प्राणघातक रोग होने की आशंका उत्पन्न हो जाती है।

वर्तमान मे 'फास्ट फूड्स' के प्रयोग का प्रचलन ज्यादा हुआ है। विशेष तौर पर 'चाइनीज फास्ट फूड' का प्रचलन तो बहुत अधिक है। किन्तु सभी तरह से चीनी खाद्य पदार्थों में अजीनों मोटो या सोडियम मोनो ग्लूटामेट नामक रसायन डाला जाता है। इस कारण उपभोक्ता इस तरह के रसायन का सेवन अधिक मात्रा में करते है। जिस कारण उल्टी, चक्कर, सिरदर्द, पेट खराबी, माइग्रेन आदि की शिकायत होने की सम्भावना हो जाती है। कई बार ऐसी भी देखा गया है कि सभी प्रकार की सावधानियों को बरतने के बावजूद हाथ-पैरों की नसों में भयंकर दर्द की अनुभूति होती है। दरअसल 'टाइरामिन' नामक रसायन के कारण ऐसा होता है। यह रसायन शराब, कॉफी, चॉकलेट, पनीर, चेरी, कलेजी, बीन इत्यादि में पाया जाता है। इन खाद्य पदार्थो में इस रसायन की मात्रा पाई जाती है क्योंकि इनके उत्पादन की प्रक्रियाओं में कृत्रिम एवं रासायनिक पदार्थो का उपयोग निरंतर बढ़ रहा है।

इसी तरह से भोज्य सामग्रियों के रंग तथा सुगंध पर हम स्वाभाविक रूप से मोहित तो होते है परन्तु सच्चाई तो यही है कि कृत्रिम रंग तथा महक का प्रयोग आजकल बहुत अधिक होने लगा है। हल्दी, मिर्च, धनिया, चाय, पिसे हुए गरम मसालों या अन्य मसालों में ऐसे रसायन आधारित कृत्रिम रंगों और सुगंधों का भरपूर प्रयोग किया जाता है। खांडसारी से बनी मिठाइयों में भी ऐसी कृत्रिमता पायी जाती है जो आकर्षक होने के बावजूद हानिकारक होती हैं

साधारणतः छोटे बच्चों को शरबत, मिल्करोज, आइसक्रीम बर्फ, लच्छे, खट्टे-मीठे दूसरे पेय पदार्थो के चटकीले रंग बहुत आते है। बच्चों की

इस कमजोरी का लाभ उठाते हुए सस्ते एवं घातक रंग तथा सुगंध रसायन आदि बच्चों के खाद्य पदार्थों में मिलाये जाते है। जबकि इस समस्या का निवारण करने की पहल भी की गई है। पदार्थ निवारण अधिनियम-1954 के अन्तर्गत कृत्रिम रंगों का उपयोग अवैध घोषित हो चुका है परन्तु ग्राहकों की रुचि को दृष्टि गत रखते हुए तथा उन्हें आकर्षित करने के लिए खाद्य पदार्थों की बिक्री धड़ल्ले से जारी है। भारत में खाद्य पदार्थों में प्रयोग किये जाने वाले रंगों की स्वीकृत 110 पी.पी.एम. (प्रति दस लाख में एक तय की गई है) जबकि हलवाइयों व्यापारियों द्वारा इस निर्धारित मात्रा से पॉच-दस गुणा अधिक रंगों का प्रयोग किया जाता है। खाद्य पदार्थों में मिलाने योग्य स्वीकृत रंगों में ऐसे आठ रंगों को सम्मिलित किया गया जो मानक स्तर के होने के साथ-साथ स्वास्थ्य रहित भी अवश्य हों। परन्तु ऐसे रंग मंहगे होते हैं तथा ज्यादा चटकीले नही हैं । अतः लागत कम करने के लिए भी लडडू में मोहनिल येलो ला के लिए 'लैड क्रोमेट तथा अन्य वस्तु रोजमाइन, ओरामाइन, सूडान 3-4 आरे मैलाचाइट ग्रीन आदि रसायनिक रंग का प्रयोग धड़ल्ले से किया जाता है। मैंगो येलो से कैसंर तथा सूडानी रंगो से गुर्दे यकृत के असाध्य रोगों के होने की संभावना सदैव बनी रहती है।

उल्लेखनीय है कि दिल्ली, हरियाना राजस्थान, उत्तर प्रदेश आदि राज्यों में ऐसे कारखाने पकड़े गए जहां सिंथेटिक तथा नकली देशी घी बनाया जाता था। यह अवैध कारोबार अब भी जारी है। अब तो बाजार में देशी घी जैसी सुगंध की तरह के 'ऐसेन्स' की सहायता से ऐसे अवैध व्यापार करना आसान है जिसके अन्तर्गत नकली चीजों को आस-पास असली कहकर खुले तौर पर बेचा जा रहा है। जबकि ऐसी नकली खाद्य का सेवन करने से कैंसर जैसे कई प्राणघातक रोगों की आशंका उत्पन्न हो जाती हैं। मानव के स्वास्थ्य से खिलवाड़ करते हुए निहित स्वार्थी तथा लोभी व्यवसाइियों की अवैध गतिविधियॉ तमाम कानूनी प्रतिबंधों के लागू करने के बावजूद बखूबी जारी हैं। इसके लिए महज कानूनी प्रावधानों को बनाना ही पर्याप्त नहीं है बल्कि यथोचित कठोर दंडात्मक कार्यवाही करने की भी पहल अनिवार्य रूप से की जानी चाहिए। हालांकि इन अवैध गतिविधियों पर रोक लगाने की दिशा में

कई प्रकार की चेष्टाएं की जा रही हैं परन्तु फिर भी सामान्य जनता की पर्याप्त जागरूकता के बिना सम्पूर्ण सफलता प्राप्त करना कठिन काम है। खाद्य पदार्थों की शुद्वता सुनिश्चित करने के लिए एक सुदढ़ प्रशासनिक तंत्र की सुव्यवस्था निर्धारित की जाने की आवश्यकता भी महसूस की जा रही है। हालांकि इस तंत्र के अंतर्गत खाद्य अपमिश्रण विभाग, स्वास्थ्य विभाग तथा उनकी सहायता हेतु पुलिस विभाग भी कार्यरत है परंतु यथोचित अनुपालन की कमी होने के कारण इस नियंत्रण-तंत्र का वास्तविक लाभ कारगर ढंग से अभी तब उभरकर नहीं आ पाया है।

पूरे देश में तथा प्रदेश स्तर पर भी विभिन्न मंत्रालय इस क्षेत्र में कार्यरत तो है परन्तु इस तरह की नियंत्रण व्यवस्था के बावजूद खाद्य पदार्थो में मिलावट, नकली खाद्य सामग्री तथा विषाक्त या मिलावटी खाद्य पदार्थो पर नियंत्रण करने वाले विभाग तथा अभिकरण तब ही सक्रिय होते है। जब कोई एकाएक अनहोनी हो जाती है ऐसी शिकायत सामने लायी जाती है। अतः विभागीय तौर पर पहल न होने के कारण देश में खाद्य अपमिश्रण की घटनायें सामान्य बात हो गयी है। इस बीच शीतल पेय में कीटनाशक रासायनिक अवशेषों की उपस्थिति ने भी राष्ट्रीय स्तर पर एक नया विवादास्पद विषय उठाया है। परंतु शीतल पेय से भी अधिक गंभीर मुद्दा तो सामान्य खाद्य पदार्थो तथा पेय जल में मिलावट तथा उसके विषाक्त प्रभाव को समझा जा रहा है। स्पष्ट है कि सामान्य खाद्य सामग्रियों तथा पेय जल का उपयोग सभी लोग करते है, अतः उनमें विषाक्त तत्व पाया जाना तो सम्पूर्ण देश के जन स्वास्थ्य के लिए चिंताजनक बात है।

इस विषय पर काफी शोधपरक अध्ययन हो चुके है जिसके अन्तर्गत यह तथ्य उजागर हुआ है कि कीटनाशकों के द्वारा प्रदूषण की स्थिति अत्यंत भयावह है। अब तो मूल प्रश्न यह नही रह गया कि किस खाद्य या पेय पदार्थ में कितनी मात्रा में विषाक्ता है बल्कि इस तरह की विषाक्ता के प्रभावों से बचने का स्थायी उपाय क्या है? समस्या का स्थायी समाधान करने की दिशा में ठोस तथा कारगर पहल करने की चेष्टा अवश्य की जानी चाहिए। स्वाभाविक रूप से इस समस्या का प्राथमिक तौर पर यही समाधान है कि

कृषि क्षेत्र से ही रासायनिक कीटनाशकों का उपयोग न्यूनतम स्तर पर हो। वैसे यह भी वास्तविक तथ्य है कि किसी फसल पर छिड़की गई कीटनाशक दवा की थोड़ी-सी मात्रा ही कीटों पर प्रभाव डालने में सक्षम हो पाती है। शेष अधिकांश मात्रा हमारी वायुमण्डल पर प्रभाव डालती है तथा उसका परिणाम व्यापक तौर पर विनाशकारी होता है। इतना ही नही, कई कीटनाशक दवाएं तो मिट्टी में ही टिकी रहती है और दीर्घकालीन दुष्प्रभाव डालती है। बाद में यही रासायनिक पदार्थ जल स्रोतों तक पहुँच जाते है और उनके दुष्प्रभावों से जल संसाधनों को मुक्त करवाना आसान नही होता है।

इस तरह के रासयनिक कीटनाशकों में मानव तथा अन्य प्राणियों के शरीर में जमा होने की एक विशेष प्रवृत्ति भी होती है। जिसके परिणामस्वरूप कई प्रकार की दीर्घकालीन स्वास्थ्य समस्याएं उत्पन्न होती है। अतः यह अनिवार्य आवश्यकता बन चुकी है कि सामान्य स्वास्थ्य की रक्षा के लिए न केवल इन कीटनाशकों के उपयोग को न्यूनतम कर दिया जाए बल्कि इसी कसौटी पर इन पर पूर्णरूप से रोक लगाने की कानूनी प्रक्रिया प्रारंभ करने की दिशा में भी सकारात्मक कदम उठाए जाएं। परंतु इस तरह की पहल करने के अभाव में कीटनाशकों के उपयोग में कमी लाने के बजाए बढ़ावा ही मिला है। इसका एक तकनीकी पक्ष यह भी रहा है कि हमने जिस कृषि तकनीक क़ो अपनाया है उसके अंतर्गत इन रासायनिक कीटनाशकों के उपयोग को ही बल सर्वाधिक मिलता रहा है। इस तरह से स्पष्ट है कि कृषि पद्वति में मूलभूत परिवर्तन करना अत्यावश्यक है वरना कीटनाशकों के उपयोग को कम करना या उस पर रोक लगाना संभव नही है। इसके अलावा यदि ऐसे बीज बोए जा रहे हैं जिनके अंतर्गत एक विशेष प्रकार के कीड़ों के अत्यधिक प्रकोप होने की आशंका रहती है तो स्वाभाविक तौर पर उन कीड़ों को मारने वाले विशेष प्रकार के कीटनाशकों की भी व्यवस्था करनी पड़ेगी। जब इन बीजों को कृषि के विशाल क्षेत्रफल में बोया गया हो तो इस तरह की परिस्थिति अवश्य उत्पन्न होगी। अतः संपूर्ण रूप से रासायनिक कीटनाशकों के उपयोग को बंद करने में तभी सफलता मिल सकती है जब इस तरह प्रचलित कृषि तकनीकी में समग्र सुधार किया जाएगा। परिस्थिति की त्रासदी

यह भी है कि स्वास्थ्य के लिए हानिकारक रसायनों के उपयोग पर हम पूरी तरह से निर्भर हो चुके हैं और यही मजबूरी इन पर नियंत्रण प्राप्त करने की सबसे बड़ी बाधा भी है। निरंतर जनसंख्या वृद्धि के दबाव के कारण उनकी उदर पूर्ति की समस्या स्वभाविक रूप से उठ रही है जिसके लिए अधिक खाद्यान्न उत्पन्न करने के लिए कीटनाशकों, की सहायता लेनी पड़ती है जिसके परिणामस्वरूप कीटनाशक दवाओं, खरपतवार नाशकों, रासायनिक कीटनाशकों आदि के उपयोग करने की मजबूरी सामने आती है। इस तरह से एक ओर तो जन स्वास्थ्य के लिए संकट उत्पन्न हो रहा है। वहीं दूसरी ओर विशाल जनसाधारण की खाद्यान्न आपूर्ति के लिए इस तरह के हानिकारक रासायनिकों के उपयोग पर निर्भरता भी बढ़ती जा रही है।

इस सम्बन्ध में कुछ वैज्ञानिकों ने इस मजबूरी से बचने की बात भी की है। उनके मतानुसार रासायनिक दवाओं तथा उर्वरकों पर निर्भर रहे बिना भी बेहतर खाद्यान्न उत्पादन प्राप्त किया जा सकता है। दरअसल इस तरह की मजबूरी को चुनौती देते हुए उन्होंने इस तथ्य पर बल प्रदान किया है कि कृत्रिम उत्पादकता प्राप्त करने के साधन हमारे पास है। उल्लेखनीय है कि अमेरिका की कृषि व्यवस्था को ही रसायनों पर आधरित कृषि का आधारस्तंभ माना जाता है परंतु वर्ष 1989 में अमेरिकी कृषि वैज्ञानिकों ने ही एक अभूतपूर्व रिपोर्ट जारी की जिसने पूरे विश्व को ही चौंका दिया। इस रिपोर्ट में इस तथ्य को स्पष्टतः स्वीकार किया गया था कि कृत्रिम रसायनों की सहायता के बिना अर्थात जैव खेती के आधार पर की गई खेती भी उतनी ही उत्पादकता सिद्ध हो सकती है।

उपर्युक्त रिपोर्ट के आने के बाद जैव खेती के पक्ष में अपनी आवाज उठाने वालों की बात और भी प्रबल होकर सामने उभरकर आयी। रासायनिक खेती पर निर्भर हुए बिना, जैव खेतों की सहायता से बेहतर फसल प्राप्त करने में सफलता प्राप्त की जा सकती है, इस तथ्य को सिद्ध करने के लिए कई महत्वपूर्ण उपयोगों की जानकारी भी मिली। इन उपयोगों के अंतर्गत प्रारंभ से ही जैव खेती के माध्यम से यथायोग्य उत्पादन प्राप्त करने की चेष्टा की गई जिसमें पर्याप्त सफलता भी मिली। कृषि वैज्ञानिकों ने कृषि प्रयासों का

विस्तृतत अध्ययन किया जिसके अनुसार यह तथ्य भी उजागर हुआ कि इस साल लाख से भी अधिक किसान परिवारों ने रासायनिक उर्वरकों तथा कीटनाशकों की सहायता लिए बिना ही खाद्य उत्पादन तथा खाद्य सुरक्षा को बेहतर करने में सफलता प्राप्त की। यह भी विशेषरूप से ध्यान देने योग्य बात है कि ऐसे प्रयासों से न केवल पर्यावरणीय सुरक्षा सुनिश्चित हो सकती है बल्कि बेहतर खाद्यान्न उत्पादन के मुख्य उद्देश्य की कसौटी पर भी हम सफलता प्राप्त कर सकते है।

इस परिप्रेक्ष्य में एक प्रतिकूल पक्ष यह भी उभरकर आ रहा है कि जैव खेती की तमाम खूबियों के बावजूद यह भी मजबूरी सामने आती है कि जिस भूमि को रासायनिक खेती की आदत बन चुकी है उस पर बाद में जैव खेती करना संभव नहीं है। परंतु यह पक्ष भी पूरी तरह से सही नही हैं। इस मसले पर विचार करने के लिए कैलिफोर्निया विश्वविद्यालय के वैज्ञानिक **डा० मिगेल अततीयरी** ने एक महत्वपूर्ण प्रयास किया है। उन्होनें बताया कि इस समय पर्यावरण संरक्षण के तरीकों को अपनाते हुए विश्वस्तर पर लगभग 50 लाख हेक्टेयर भूमि को सुधारने का प्रयास 25लाख किसान परिवार कर रहे है।

ऐसा प्रायः देखा गया है कि कृत्रिम रसायनों का अत्यधिक उपयोग करने से जिस मिट्टी का प्राकृतिक उपजाऊपन कम हो चुका है उसमें यदि गोबर तथा कंपोस्ट का उपयोग किया जाए तो उसकी उर्वरकता अवश्य वापस आ सकती है। हालांकि यह भी सच है कि किसान अपनी कम उपजाऊ खेती की भूमि को इस प्रक्रिया से एक साथ उपजाऊ तो नहीं बना सकते, परन्तु एक निश्चित क्रम में यदि ऐसी प्रक्रिया अपनायी जाती है, तो मात्र चार-पॉच वर्ष की अवधि में ही उपजाऊ बन सकती है। विशेष तौर पर भारत के कृषि वैज्ञानिकों, संगठनों, और सामाजिक कार्यकर्ताओं ने जैव खेती की उपयोगिता पर न केवल जोर दिया है बल्कि इस तथ्य को प्रमाणित तथा प्रचारित करने के लिए भी चेष्टा की है। उदाहरण के तौर पर आंध्र प्रदेश में डेकन डेवलमंट सोसाइटी, उत्तर प्रदेश में बिजनौर, पश्चिम बंगाल में सेवा संस्था इत्यादि संस्थानों ने जैव खेती को प्रोत्साहित करने का मानो जनांदोलन की छेड़ दिया

है। उनकी चेष्टाओं से जैव खेती को बेहतर सिद्ध करने की दिशा में महत्वपूर्ण सफलता भी मिली है।

अंतर्राष्ट्रीय स्तर पर क्यूबा का उदाहरण महत्वपूर्ण है जहां जैव खेती के प्रयोगों से क्यूबा ने अपनी कृषि तथा खाद्य समस्या को हल करने में व्यापक सफलता प्राप्त की है। इससे पहले क्यूबा में भी रसायनों पर आधारित कृषि प्रचलित थी। जब से सोवियत संघ के विघटन के बाद क्यूबा को बाहरी सहायता मिलनी बंद हो गयी तबसे क्यूबा ने कृषि क्षेत्र में प्राकृतिक तौर पर आत्मनिर्भर रहने का निर्णय लिया और जैव खेती अपनाते हुए अपनी खाद्यान्न समस्या का समाधान करने की दिशा में सफलता प्राप्त की।

हालांकि जैव खेती के क्षेत्र में भी आधुनिक विज्ञान की आवश्यकता अवश्य पड़ती है। इस तरह के विज्ञान की विशेष भूमिका इस लिए अत्यावश्यक समझी जा रही है क्योंकि विभिन्न प्रक्रियाओं को सही ढंग से समझने के लिए तथा उसी के अनुसार कार्य करके अधिकतम लाभ प्राप्त करने के लिए आधुनिक विज्ञान की सहायता अवश्य ली जानी चाहिए। इस तरह की वैज्ञानिक सहायता के माध्यम से हर परंपरागत ज्ञान का अनुकूल लाभ प्राप्त करने में सफलता प्राप्त कर सकते है। यह न केवल आवश्यक है बल्कि अनिवार्य भी क्योंकि जैव खेती की पारम्परिक समझ चार हजार वर्ष या उससे भी पुरानी है जिसकी विज्ञान-सम्मत व्याख्या करके, उस के अनुरूप अपनाने का निर्णय किया जाता है। भूमि की उर्वरकता को प्राकृतिक बनाये रखने के लिए जैव खेती के अनुसार स्थानीय संसाधनों (जैसे- गोबर, पत्तियॉ, कम्पोसट आदि) का उपयोग किया जाता है। भारतीय कृषि परंपरा में व्यापक विविधता वाली फसलों की किस्में आसानी से उपलब्ध हो जाती है। वर्तमान युग की यही मांग है कि अंतराष्ट्रीय स्तर पर जैव विविधता बनायी रखी जाए। अतः कृषि कार्य के दौरान एक दूसरे से मेल रखने वाली और स्थानीय जलवायु के अनुकूल विधिवत प्रकार की फसलें उगानी चाहिए। साथ ही उन फसलों की कई तरह की किस्में अवश्य उगानी चाहिए इससे जैव विविधता की समृद्धि बनी रहती है।

स्पष्ट है कि यदि जैव विविधता बनी रहती है तब किसी भी कीड़े या रोग का प्रकोप फैलने की आशंका भी अपने आप कम हो जायेगी। वैसे यह भी सही है कि यदि इसके बावजूद किसी तरह की ऐसी समस्या होती भी है तो उसके समाधान के लिए स्थानीय वनस्पतियाँ जैसे नीम की सहायता से उपचार किया जा सकता है। इसके आलावा विषाक्त रसायनों का न्यूनतम उपयोग सुनिश्चित कार्यो से उन खेतों में ऐसे पक्षियों और जीवों की उपस्थिति होगी जो कीड़ों का नाश करने में सक्षम हैं। इससे हानिकारक कीड़ों पर प्राकृतिक नियंत्रण प्राप्त करने में भी महत्वपूर्ण सफलता मिल सकती है। इसका एक सकारात्मक पक्ष यह भी है कि इस तरह की कृषि प्रक्रिया लागत भी कम होती है। अतः खाद्य पदार्थों की विषाक्तता जैसी समस्या पर वाकई नियंत्रण प्राप्त करने की दिशा में सफलता पानी है तो प्राकृतिक जैव खेती को ही अपनाना है जिससे न केवल पर्यावरणीय सुधार की उपलब्धता मिलेगी बल्कि खाद्यान्न की मांग भी संभव होगी तथा किसानों पर भी कर्ज भार कम होगा और वे आर्थिक रूप से सम्पन्न होगें।

''गेहूँ वाहें, चना दलायें, धानविदाहें।
मक्की निराये, ऊरव कसायें।।''

घाघ

11

जैविक खेती से सम्बन्धित अन्य जानकारियां

11.1 पादप पोषण एवं भूमि की उर्वरकता हेतु अनुमोदित प्रतिबन्धित एवं निषेध उत्पाद

जैविक खेती में कार्बनिक पदार्थों का पुर्नचक्रीकरण, सूक्ष्म जीवाणुओं के माध्यम से भूमि की उर्वरता बढ़ाकर पौधों को पर्याप्त मात्रा में पोषण उपलब्ध कराया जा सकता है। उनमें बहुत से उत्पादों का उपयोग जैविक खेती में प्रतिबंधित है। नीचे दी गयी महत्त्वपूर्ण बातों में प्रतिबंधित का अर्थ स्थिति एवं उपयोग के तरीके के अनुरूप प्रमाणीकरण कार्यक्रम में उपयोग करना है। उपरोक्त के अलावा कुछ कारक जैसे प्रदूषण, असंतुलन एवं प्राकृतिक संसाधनों के ह्रास को भी ध्यान में रखना होगा।

11.1.1 (अ) जैविक खेती प्रक्षेत्रों पर उत्पादित सामग्री

11.1.1.1 अनुमोदित

- गोबर की खाद, पोल्ट्रीमैन्योर, स्लरी, मूत्र।
- फसल अवशेष एवं हरी खाद।
- भूसा एवं अन्य मल्च (पलवार)।

11.1.2 (ब) जैविक खेती प्रक्षेत्रों से बाहर उत्पादित सामग्री

11.1.2.1 प्रतिबंधित

- ब्लडमील, मीटमील, बोनमील, फैदरमील
- कार्बन आधारित अवशेषों से तैयार कम्पोस्ट
- बिना परिरक्षित मछली एवं मछली से तैयार खाद
- मछली से बनी खाद
- भौतिक रूप से समुद्रीय खरपतवारों से बनाये गये द्रव्य व अन्य उत्पाद
- भूसा व फसलों के अवशेष
- अनुपचारित लकड़ी की राख

11.1.2.2 निषेध

- मानव मलमूत्र
- कपड़ा उद्योग एवं खाद्य प्रसंस्करण उद्योग के गौण उत्पाद (जीवांश, सूक्ष्म जीवाणु) जो रासायनिक मिलावट से वंचित है।
- मिलावट रहित सिन्थेटिक पीट, मृदा में मिलाना
- लकड़ी का बुरादा, पेड़ की छाल, अनुपचारित लकड़ी
- मलमूत्र प्रदूषित शहरी कम्पोस्ट

11.1.3 खनिज

11.1.3.1 प्रतिबंधित

- बेसिक स्लेग
- केल्केरियस एवं मैग्नेशियम में संशोधन
- मिनरल पोटैशियम विद लो क्लोरीन कन्टेन्ट्स
- प्राकृतिक फास्फेट्स
- बारीक पिसा हुआ रॉक
- ट्रेस एलीमेन्ट्स (Fe, Mn, Mo, Zn, B)

11.1.3.2 अनुमोदित

- क्लासीफाईड सी विड्स
- कैल्शियम क्लोराइड
- लाइम स्टोन, जिप्सम व चाक
- मैग्नीशियम रॉक
- सोडियम क्लोराइड

11.1.4 अन्य

11.1.4.1 अनुमोदित

- बैक्टेरियल प्रिपरेशन्स (बायोफर्टिलाइजरस)
- प्लान्ट प्रिपेशन्स एण्ड बोटेनिकल एक्सट्रैक्सट्स
- बायोडाइनामिक उत्पाद

11.2 कीट रोग प्रबन्धन हेतु अनुमोदित एवं प्रतिबंधित उत्पाद

जैविक खेती में रोगों एवं कीटों की रोकथाम के लिए कुछ उत्पादों के उपयोग की अनुमति दी गयी है। इन उत्पादों को तभी उपयोग में लाया जाये जब उनकी नितान्त आवश्यकता हो एवं इनका चयन वातावरण के प्रभाव को देखते हुए किया जाये। बहुत से उत्पादों का उपयोग जैविक उत्पादन में प्रतिबंधित है। प्रमाणीकरण द्वारा निर्धारित मानकों के अनुरूप तथा उपयोग के तरीके एवं अवस्थाओं को ध्यान में रखकर प्रतिबंधित उत्पादों का उपयोग किया जायेगा।

11.2.1 (अ) खनिज

- कार्बनडाईआक्साइड क्लोराइड ऑफ लाइम/सोडा
- क्ले (बेन्टोनाउट, पेरलाइट, वर्मीकल्चर, जियालाइट)
- कॉपर साल्ट, डायटोनेसियम अर्थ
- जिलेटिन, लाइट मिनरल ऑयल

- पोटेशियम परमैग्नेट, सीलीकेट
- सोडियमबाई कार्बोनेट, साबुन की झाग
- सल्फर

11.2.2 (ब)पौधे एवं पशु (जीवांश) से तैयार उत्पाद

11.2.2.1 प्रतिबंधित

- नीम से बने उत्पाद
- अखरोट, टिमरू व तुन के पत्तों, छिल्कों एवं फसल के अवशेषों से तैयार उत्पाद
- गुलदाउदी, बिच्छुघास, तम्बाकू की चाय, मिर्च लहसुन से बने उत्पाद
- प्राकृतिक अम्ल (सिरका)

11.2.2.2 अनुमोदित

- केजन (सड़ा मट्ठा)
- गौमूत्र
- मशरूम (शितके मशरूम)
- डेरिस रूट (रोटेनोन)
- बायोडाइनामिक
- प्रोपॅलिस (छत्ता-गोंद)
- सूक्ष्म जीवाणु, फफूंदी आदि से तैयार

11.2.3 (स) ट्रेप

11.2.3.1 अनुमोदित

- मैकेनिकल ट्रेप
- फीरोमोन ट्रेप
- क्रोमेटिक ट्रेप

सारिणी 11.1 : पंजीकृत जैविक रोगनाशकों (बायोपेस्टीसाइड्स) की सूची

उत्पाद	सूक्ष्मजीव	नियंत्रित रोग/सूक्ष्मजीव
AQ10 बायोफंजीसाइड	एम्पेलोमाइसिस क्विसक्वेलिस-M-10	चूर्णिल आसिता
बायो-फनास	ट्राइकोडर्मा स्पिशीज	ग्रीव गलन, आर्द्र पतन
एस्पायर	कैन्डिडा ओल्यिोफिला I-182	कली सड़न एवं विगलन कारक रोग जनक फफूँद
बाइनैव T	ट्राइकोडर्मा हर्फिएनम ATCC-20476	विगलन कारक रोग
जनक फफूंद	ट्राइकोडर्मा पॉलीस्पोरम ATCC-20475	
बायोफाम्स C	फ्यूजेरियम ऑक्सीस्पोरम (अरोगजनक)	म्लानि रोग
बायोसेव 100	स्यूडोमोनास सिरिंजी ESC-10	कली सड़न एवं विगलन कारक रोग जनक फफूँद
बायोसेव 110	स्यूडोमोनास फ्लूओरेस्सेन्स A 506	पाला एवं दगधाग्र रोग रसेट-इन्ड्यूसिंग जीवाणु
कॉन्वचेर	स्यूडोमोनास फ्लूओरेस्सेन्स	स्यूडोमोनास टोलेसाई
कन्टान्स	कोनियओथाइरिम मिनिटैन्स	ग्रीव गलन एवं ग्रीव सड़न रोग
डेनी	बर्खोल्डेरिया केपासिया	ग्रीव गलन, म्लानि, आर्द्र पतन एवं
	स्यूडोमोनास केपासिया टाइप	सूत्रकृमि
एपिक	बैसिलस सबटिलिस	ग्रीव सड़न, पर्ण धब्बे
फ्यूजेक्लीन	फ्यूजेरियम आक्सीस्पोरम (अरोगजनक)	म्लानि रोग
गालट्रोल-A	एग्रोबैक्टीरियम रेडियोबैक्टर -84	कोशिकाओं में अतिवृद्धि
इन्टरसेप्ट	स्यूडोमोनास केपैसिया	ग्रीव गलन, म्लानि,

कोडिएक, कोडिएक HB	बैसिलस सबटिलिस	ग्रीव गलन, म्लानि एवं पर्ण धब्बे
कोनी	कोनिओथाइरियम मिनिटैन्स	ग्रीव गलन
माइकोस्टाप	स्ट्रेप्टोमाइसिन ग्रिसेवविरिडिस K61	म्लानि रोग
नोगाल, डाईगाल	एग्रोबैक्टीरियम रेडियोबैक्टर	कोशिकाओं में अतिवृद्धि
नारबैक 84 C	एग्रोबैक्टीरियम रेडियोबैक्टर K84	कोशिकाओं में अतिवृद्धि
पालीगैन्ड्रान	पिथियम ओलीगैन्ड्रम	आर्द्रपतन एवं ग्रीवगलन ग्रीव गलन एवं आर्द्र पतन
सॉल	स्यूडोमोनास सोलैनेसिएरम (अरोगजनक)	स्यूडोमोनास, सोलैनेसिएरम
राइजो-प्लस	बैसिलस सबटिलिस FZB 24 राइजो-प्लासकांज	ग्रीव गलन एवं आर्द्रपतन पर्ण धब्बे
रुटशील्ड	ट्राइकोडर्मा हार्जिएनम स्ट्रेन KRL-AG (T-22)	आर्द्र पतन एवं ग्रीव गलन म्लानि रोग
राटस्टॉप P.g. सस्पेन्सन	फ्लेबिया गिगैन्टी	हेटेरोबेसिडियम एनोसम
सेरेनेड	बैसिलस सबटिलिस	चूर्णिल आसिता, मृदुरोमिल आसिता, पर्ण धब्बे अगेती झुलसा, पछेती झुलसा भूरा सड़ एवं अंगमारी
स्वायल गार्ड	ग्लिओक्लैडियम वाइरेन्स GL-21	ग्रीव गलन एवं आर्द्रपतन
सूप्रेसिविट	ट्राइकोडर्मा हार्जिएनम	विविध फंफूद
सिस्टम-3	बैसिल्स सबटिलिस GB03 और रासायनिक पेस्टिसाइड	पौध रोगजनक
T-22 G	ट्रइकोडर्मा हार्जिएनम	ग्रीव गलन, आर्द्र पतन एवं म्लानि
T-22 प्लैन्टर बाक्स	स्ट्रेन KRL-AG2	म्लानि एवं ग्रीव गलन

ट्राइकोडेक्स	ट्राइकोडर्मा हार्जिएनम विटिकोला, स्यूडोपेरोनोस्पोरा क्यूबेन्सिस,	कली सड़न, पर्ण धब्बे तना सड़न,
ट्राइकोपेल	ट्राइकोडर्मा हार्जिएनम	आर्मिलेरिया, बोट्रायोस्फेरिया कान्ड्रोस्टर्नम
ट्राइकोजेक्ट	ट्राइकोडर्मा विर्डी	म्लानि, नेक्ट्रिया, पर्ण झुलसा
ट्राइकोडोवेल्स		आर्द्र पतन एवं ग्रीव गलन
ट्राइकोडर्मा 2000	ट्राइकोडर्मा स्पिशीज	ग्रीव गलन आर्द्र पतन एवं म्लानि रोग
विक्टस	स्यूडोमोनास फ्लुओरेस्सेन्स NCIB 12089	स्यूडोमोमास टोलेसाई
काला सेना	एस्पर्जिलस नाइगर	म्लानि रोग
ट्राई-कन्ट्रोल	ट्राइकोडर्मा स्पिशीज	म्लानि एवं ग्रीव गलन
इकोफिट	ट्राइकोडर्मा विर्डी	म्लानि एवं ग्रीव गलन
बायोडरमा	ट्राइकोडर्मा विर्डी	म्लानि एवं ग्रीव गलन

सारिणी 11.2 :

भारत सरकार तथा उ.प्र. सरकार द्वारा नीम आधारीय रसायनों की तदर्थ संस्तुतियां

क्र. स.	रसायन का नाम	व्यापारिक नाम	कम्पनी का नाम	फसल	नियंत्रित कीट का नाम	फार्मूलेटेड रसायन की प्रति हैक्टेयर संस्तुत मात्रा ५ ली.
1.	एजाडिरैक्टिन 0.03 प्रतिशत	बायोनीम	अजय बायोटेक लैबोट्रीज प्रा. लि. ए-12/5, कुबेरपार्क कन्छावाँ, पूना-411040	कपास	माहूँ, फुदका कपास की चित्तीदार सूड़ी, (स्पाटेड बालवर्म)	2.5 ली.

2. एजाडिरैक्टिन 0.15 प्रतिशत 1500 पी.पी. एम.	निम्बासोल	एग्रो. केमिकल्स डिवीजन, मे. निम्बा फूड्स एण्ड केमिकल्स प्रा.लि.	कपास	सफेद मक्खी निम्बा बालवर्म पत्ती लपेटक	15 ली.
3. नीम का तेल 63 ई.सी. (एजाडिरैक्टिन) 0.3 प्रतिशत 300 पी.पी.एम.	आर.डी.-6 रोपेलिन 63 ई.सी.	आई.टी.सी.लि. आई.बी.डी., 6-3-1110 अमरूथामाल, बेगमपेट, हैदराबाद-500016 पूसा रोड,	धान	हरा फुदका भूरा फुदका गालमिज पत्ती लपेटक तनाछेदक	5 से 75 ली.
			कपास	हेलिओथिस	उक्त
			तम्बाकू	तम्बाकू की सूड़ी	उक्त
			मूँगफली	माहूँ व फुदका	उक्त
			सूरजमुखी	हेलिओथिस	उक्त
			चना	हेलिओथिस	उक्त
4. एजाडिरैक्टिन 0.03 प्रतिशत सी.	निम्बेसिडाइन	मेसर्स टी. स्टेशन एण्डन कम्पनी एण्ड 8/23 24	धान	गालमिज	400 से 500 ली.
		रेमकार्य रोग कोशुष्क रोग		पेय फुदका	500 से 1000 मि.ली.
			कपास	माहू 500 मि.ली.	400 से
				पत्ती लपेटक	500 से 700 मि.ली.
5. एजाडिरेक्टिन 0.03 प्रतिशत डब्लू/डब्लू	मार्गोसाइड सी.के. 80 प्रतिशत ई.सी.	मे.मोनोफिक्स एग्रो. प्रोडक्ट्स लि.	कपास	फुंदके जैसिड हेलिओथिस	
		वी.जी. लिम्बि काई बिम्बिकाई	टमाटर	हेलिओथिस सफेद मक्खी	उक्त
		गोकुल रोड	पातगोभी	माहू	उक्त

			हुबली–500030 (कर्नाटक)			
6.	एजाडिरेक्टिन 0.15 प्रतिशत डब्लू/डब्लू	मार्गोसाइड सी.के. 20 प्रतिशत ई.सी.	उक्त	कपास	बालवर्म जैसिड	2.5 ली.
				टमाटर	फलबोधक	उक्त
				तम्बाकू	तम्बाकू की सूड़ी	उक्त
7.	एजाडिरेक्टिन 0.03 प्रतिशत	गोदरे अचूक प्रतिशत ई.सी.	बहार एग्रोकेम एण्ड फीड प्रा. लि. ई–24 एम. आई.	चना	फली बेधक हेलिओशिस	2.5 ली.
			डी.सी.लोट. परशुराम तालुका खेद, रत्नागिरी–	अरहर	फलीबोधक (मेलान्ग्रोमाइजा)	उक्त
			515722	कपास	माहू जैसिड सफेद मक्खी	उक्त
			कुबेरपार्क कन्छावाँ, पूना–411040		सूड़ी, (स्पाटेड बालवर्म)	
8.	एजाडिरैक्टिन 0.03 प्रतिशत	नीमार्क	वेस्ट कोस्ट हरवोकिम प्रा. लि. 185/बी. इण्डस्ट्रियल राजाजीनगर	कपास	माहूँ, फुदके थ्रिप्स सफेद मक्खी बालवर्म	2.5 से 3.75 ली.
			थर्मक्रास रोड बंगलौर	गन्ना	सफेद मक्खी	उक्त
9.	एजाडिरैक्टिन 5 प्रतिशत सान्द्र कन्सेन्ट्रेट	नीमाजोल एफ	ई.ओ.डी.पैरी (1) लि. फार्म	कपास	माहूँ फुदके सफेद मक्खी	
		434 एन.एस.	इनपुट डिवीजन सी.बोस रोड, मद्रास 600001	पातगोभी	पातगोभी की सूड़ी	उक्त

10. एजाडिरैक्टिन 0.15 प्रतिशत ई.सी. 1500 पी.पी.एम.	सुकरिना	कैनसटर केमिकल्स प्रा.लि. मद्रास	भिण्डी	माहूँ व फुदके	10 ली.
11. एजाडिरैक्टिन 0.15 प्रतिशत 1500 पी.पी. एम.	रक्षक	मुरकाम्बी मैन्युफैक्चरिंग 1438/2 कलमथ रोड, बेलगम-600015	कपास धान	थ्रिप्स माहूँ व फुदके भूरे फुदके	5 ली.
12. एजाडिरैक्टिन 0.15 प्रतिशत ई.सी.	नीमगोल्ड पेट्रोकेमिकल	बायो टैक्नोलॉजी एण्ड सीड डिवीजन साउदर्न इण्डस्ट्रीज, कं. लि.एग्रो एण्ड काम्पलेक्स मद्रास-600015	तम्बाकू काफी	तम्काबू की सूड़ी तना छेदक	 उक्त

सारिणी-11.3 : खल में पोषक तत्वों की मात्रा (प्रतिशत में)

खल का नाम	नाइट्रोजन	पोषक तत्व प्रतिशत फास्फोरस	पोटाश
१. खाद्य तेल की खलियाँ			
(1) सरसों की खली	5.1-5.2	1.8-1.9	1.1-1.2
(2) अलसी की खली	5.5-5.6	1.4-1.5	1.2-1.3
(3) तिल की खली	6.2-6.3	2.0-2.1	1.2-1.3
(4) नारियल की खली	3.0-3.2	1.9-2.0	1.7-1.8
(5) कुसुम की खली (छिलका रहित)	7.9	2.2	1.9
(6) कपास की खली (छिलका रहित)	6.4	2.9	2.2
(7) मूंगफली की खली	7.0	1.5	1.3

२. अखाद्य तेल की खलियाँ			
(1) अरेड़ी की खली	4.3	1.8	1.3
(2) कपास की खली (छिलका सहित)	3.9	1.8	1.6
(3) करंज की खली	3.9	0.9	1.2
(4) महुआ की खली	2.5	0.8	1.8
(5) नीम की खली	5.2	1.0	1.4
(6) कुसुम की खली (छिलका सहित)	4.9	1.4	1.2.

सारिणी-11.4 : कार्बनिक खादों में पोषक तत्वों की प्रतिशत मात्रा

खाद		नत्रजन	फास्फोरस	पोटाश
(अ) कार्बनिक खादें				
1.	गोबर की खाद	0.5	0.25	0.5
2.	कम्पोस्ट	0.5	1.5	2.3
3.	बायो गैस से तैयार कम्पोस्ट	1.5	1.2	1.0
4.	मानव विष्ठा	1.5	1.1	0.5
5.	मुर्गी की बीट	3.8	1.5	1.7
6.	हड्डी चूर्ण	3.5	2.0	–
7.	शीरा	3.0	3.5	–
8.	गन्ने के रस का सूखा मैल	1.25	4.5	2.7

सारिणी-11.5 : महत्वपूर्ण फसलों की सामान्य पोषक तत्व आवश्यकता

फसल		नाइट्रोजन	पोषक तत्व किग्रा./है. फास्फोरस	पोटाश
1.	धान	100–150	50–60	50–60
2.	गेहूँ	80–120	40–60	40
3.	मक्का	100–125	60	40
4.	जौ	60–80	40	30
5.	ज्वार	100–120	50	40

6.	बाजरा	100–120	40–60	30–40
7.	दलहनी फसलें	25	60	30
8.	मूंगफली	20–40	40–80	20–40
9.	सरसों	90	60	40
10.	तिल	25–30	20–30	20
11.	अलसी	50	40	20
12.	अरंडी	40	40	20
13.	सूर्यमुखी	60–80	60	40
14.	गन्ना	125–250	60	50
15.	कपास	100–120	60	60
16.	तम्बाकू	100	100	100

11.3 भारत में जैविक प्रमाण-पत्र प्रदान करने वाली संस्था

वाणिज्यिक और उद्योग मंत्रालय, भारत सरकार के अन्तर्गत वाणिज्यक विभाग के महानिदेशक, विदेशी व्यापार द्वारा 11 जून 2001 को जारी आदेशानुसार निम्न संस्थाओं को जैविक उत्पाद प्रमाणीकरण हेतु स्वीकृति प्रदान की गई है। किसी भी कृषि उत्पाद को जैविक उत्पाद के नाम से निर्यात करने के पूर्व इन संस्थाओं से जैविक प्रमाणपत्र लेना आवश्यक होगा। यह प्रक्रिया 1 जुलाई 2001 से मान्य हो गई है।

1. एग्रीकल्चर एण्ड प्रोसेस्ड फूड प्रोडक्ट्स एक्सपोर्ट डेवलपमेंट अथॉरिटी (एपीडा)

   एनसीयूआई बिल्डिंग, 3 सीरी इन्स्टीट्यूशनल एरिया, अगस्त क्रांति मार्ग, नई दिल्ली–1100016

   दूरभाष : 26513204, 36534183

   फैक्स : (011) 651167, ई-मेल : headq@apeda.com

> **"माघ न जिनके हल चले जेठ न चले कुदार।**
> **उनकी तिरिया यँ कहै मंगिवो रहा ऊधार॥"**
>
> **घाघ**

12

जैविक खेती और गुणवत्ता पूर्ण उत्पादन

भारत में कृषि की घटती जोत, संसाधनों की कमी, लगातार कम होती कार्यकुशलता और कृषि की बढ़ती लागत तथा साथ ही उर्वरक व कीटनाशकों का पर्यावरण पर बढ़ते कुप्रभाव को रोकने में निःसन्देह जैविक खेती एक वरदान साबित हो सकती हैं। जैविक खेती का सीधा सम्बन्ध जैविक खाद से है या यह कहें कि ये दोनों एक ही सिक्के के दो पहलू हैं इसलिए यहाँ पर जैविक खाद के परिप्रेक्ष्य में ही जैविक कृषि उत्पादन में मंदी के कारणों पर भी ध्यान केन्द्रित करना होगा और कृषि उत्पादन बढ़ाने हेतु जल प्रबन्ध, मिट्टी की गुणवत्ता बनाये रखने और फसल को बीमारी से बचाने पर जोर देना होगा। यह कहना गलत न होगा कि जैविक खेती से तीनों समस्याओं का प्रभावी ढंग से समाधान किया जा सकता है। इसलिए रसायनिक उर्वरकों के उपयोग को हतोत्साहित करते हुए जैविक खेती को प्रोत्साहन देना आज के समय की मांग है। यह तथ्य किसी से छिपा नही है कि 60 वें दशक की हरित क्रान्ति ने यद्यपि देश को खाद्यान्न की दिशा में आत्मनिर्भर बनाया लेकिन इसके दूसरे पहलू पर यदि गौर करें तो यह भी वास्तविकता है कि खेती में अंधाधुध उर्वरकों के उपयोग से जल स्तर में गिरावट के साथ मृदा की उर्वरता भी प्रभावित हुई है और एक समय बाद खाद्यान्न उत्पादन न केवल स्थिर हो गया बल्कि प्रदूषण में भी बढ़ोत्तरी हुई है और स्वास्थ्य के लिए गंभीर खतरा पैदा हुआ है जिससे सोना उगलने वाली धरती मरुस्थल का

रूप धारण करती नजर आ रही है। मिट्टी में सैकड़ों किस्म के जीव जन्तु, जीवाणु होते है जो खेती के लिए हानिकारक कीटों को खा जाते है। फलतः उत्पादन प्रभावित होता है। इसलिए आज समय की मांग है कि 60 के दशक की पहली क्रान्ति के अनुभवों से सबक लेते हुए हमें दूसरी हरित क्रान्ति में रसायनिक उर्वरकों के इस्तेमाल में सावधानी बरतते हुए जैविक खेती पर ध्यान देना चाहिए। जैविक खेती में हम कम्पोस्ट खाद के अलावा नाडेप, कम्पोस्ट खाद, केंचूआ खाद, नीम खली एवं फसल अवशेषों को शामिल करते है। जैविक खाद के उपयोग से न केवल मृदा की उर्वरता बढती है। बल्कि उसमें नमी की वजह से काफी हद तक सूखे की समस्या से भी निजात मिलती है। जैविक खाद के प्रयोग से भूजल धारण क्षमता बढ़ती है इसके साथ ही जैविक कीटनाशक से मित्र कीट भी संरक्षित होते है। इस प्रकार घटते भूजल स्तर के लिए जैविक खेती एक वरदान साबित होती है। एक अनुमान के अनुसार उत्पादित फसल का 25-40 प्रतिशत अर्थात 600 मिलियन कृषि अवशेष पैदा होता है, इसमें से अधिक अवशेषों को किसान अगली फसल हेतु खेत तैयार करने के लिए जला देते हैं। जबकि इसका प्रयोग जैविक खाद को तैयार करने के लिए आसानी से किया जा सकता है।

12.1 जैविक खाद का फसल उत्पादन पर महत्व

भारतीय अर्थव्यवस्था का एक बड़ा भाग कृषि उत्पादन पर निर्भर करता है। यह एक दुखद पहलू है कि हमारे यहॉ कुछ वर्षों से अधिकाधिक उत्पादन प्राप्त करने के लिए रासायनिक उर्वरकों का अनियंत्रित प्रयोग किया जा रहा है, जिससे मृदा स्वास्थ्य और मृदा में उपलब्ध लाभदायक जीवाणुओं की संख्या में भारी ह्रास हुआ है। इसके साथ ही इसके अन्य दुष्प्रभाव जैसे मृदा, जल तथा पर्यावरण प्रदूषण आदि भी सामने आने प्रारम्भ हो गये है, मृदा को स्वस्थ बनाये रखने, वांछित उत्पादन प्राप्त करने के लिए, उत्पादन लागत कम करने हेतु व पर्यावरण और स्वास्थ्य के दृष्टिकोण से यह आवश्यक है कि रासायनिक उर्वरकों जैसे कीमती निवेश के प्रयोग को कम करके जैविक खादों के प्रयोग को बढ़ावा दिया जाना चाहिए।

12.2 जैविक खादों का मृदा उर्वरता और फसल उत्पादन में महत्व

- ➢ जैविक खादों के प्रयोग से मृदा का जैविक स्तर बढ़ता है, जिससे लाभकारी जीवाणुओं की संख्या बढ़ जाती है और मृदा काफी उपजाऊ बनी रहती है।
- ➢ जैविक खादें पौधों की वृद्धि के लिए आवश्यक पोषक तत्व प्रदान कराती हैं।
- ➢ रासायनिक खादों के मुकाबले जैविक खादें सस्ते, टिकाऊ, बनाने में आसान होती हैं। इनके प्रयोग से मृदा में ह्यूमस की बढ़ोत्तरी होती है व मृदा की भौतिक दशा में सुधार होता है।
- ➢ पौध वृद्धि के लिए आवश्यक तत्वों जैसे नाइट्रोजन, फास्फोरस और पोटाश तथा काफी मात्र में गौण तत्वों की पूर्ति जैविक खादों के प्रयोग से हो जाती है।
- ➢ कीटों, बीमारियों तथा खरपतवारों का नियंत्रण काफी हद तक फसल चक्र, कीटों के प्राकृतिक शत्रुओं, प्रतिरोधी किस्मों और जैव उत्पादों द्वारा ही कर लिया जाता है।
- ➢ जैविक खादें सड़ने पर कार्बनिक अम्ल देती है और भूमि के अघुलनशील तत्वों को घुलनशील अवस्था में परिवर्तित कर देती है, जिससे मृदा का पी.एच. मान 7 से कम हो जाता है। अत: इससे सूक्ष्म पोषक तत्वों की उपलब्धता बढ़ जाती है।

12.3 जैविक खेती में नीम का महत्व

नीम के पूर्ण विकसित पौधे से 30–100 किलोग्राम तक फल प्राप्त होता है। इन फलों से प्राप्त बीज से 20 प्रतिशत तेल एवं 80 प्रतिशत नीम खली प्राप्त होती है। नीम के तेल में 100 से अधिक जैव सक्रिय यौगिक पाये जाते है, तथा इसके द्वारा प्राप्त यौगिकों से 200 से अधिक कीटों का नियंत्रण किया जा सकता है। नीम के तेल में पाये जाने वाला कड़वापन निम्नीडिन के

कारण होता है। नीम से निर्मित कीटनाशकों के प्रयोग से लक्षित कीटों में प्रतिरोधी क्षमता का विकास नहीं होता है।

सारणी-12.1 जैविक व हरी खादों में औसत पोषक तत्व (प्रतिशत में)

जैविक खाद	नाइट्रोजन	पोषक तत्व (प्रतिशत)	
		फास्फोरस	पोटाश
फार्मयार्ड खाद	0.80	0.41	0.74
कम्पोस्ट खाद	1.24	1.92	1.07
वर्मी कम्पोस्ट	1.60	2.20	0.67
धान पुआल की खाद	1.59	1.34	1.37
गेहूँ भूसा की खाद	2.90	2.05	0.90
प्रेसमड	2.73	1.81	1.31
जलकुम्भी	2.0	1.0	2.30
मुर्गी खाद	2.87	2.93	2.35
सनई	0.43	0.12	0.5
ढैंचा	0.5	0.10	0.50
बिनौला	3.9	1.8	1.6
महुवा केक	2.5	0.8	1.8
नीम केक	5.2	1.0	1.4
मूँगफली की खली	7.4	1.5	1.3
साफ्लावर	7.9	2.2	1.9
तिल केक	6.2	2.0	2.2

12.4 जैविक कीटनाशक

जिला गोरखपुर ब्लाक खोराबार ग्राम झंगड़ा के **श्री शिव वचन यादव** अपनी पूरी खेती जैविक विधि से करते है एवं अपने घर अथवा खेत में उपलब्ध संसाधनों (गौमूत्र, लहसून, सुर्ती, नीम आदि) द्वारा कीटनाशकों

का निर्माण व उनका नियमित प्रयोग अपने खेतों में करते है। जिससे फसल स्वस्थ रहे। **श्री शिव वचन यादव** अपने खेत में किसी भी तरह के रसायनिक कीटनाशक या रसायनिक खाद का प्रयोग बिल्कुल नही करते हैं। इनका कहना है कि यदि भूमि शोधन व बीज अथवा पौध शोधन की क्रिया जैविक विधि से की जाये तो कीट व रोग के लगने की संभावनाएं स्वयं ही कम हो जायेगी।

इनके साथ-साथ भूमि की उर्वरा शक्ति व खाद्य सुरक्षा हेतु फसल पद्धति व मिश्रित फसलों के उत्पादन के महत्व को अच्छी तरह से शिव वचन जी समझते है। इनका कहना है। कि किसानों को फसलों के साथ बागवानी व छोटे जानवरों को समन्वित करना होगा जिससे यह सभी तंत्र एक दूसरे पर निर्भर होकर उत्पादन में वृद्धि भी करते रहें और नुकसान की संभावनाएं भी कम होती जायें। आज की खेती में खतरे बहुत ज्यादा है जिसके कारण एकल नकदी फसल व उसमें लगने वाली बड़ी लागत है ऐसे खतरों से बचने का आसान रास्ता है, समन्वित खेती। प्राचीन समय में खेती के अधिकाधिक फायदेमंद होने की एक सबसे बड़ी वजह पालतू जानवर थे जो खेती का हिस्सा होते थे, खेती पूरी तरह उन पर निर्भर करती थी। आज उसके महत्व को समझना होगा। अपनी आर्थिक स्थिति व आवश्यकता के अनुसार किसान छोटे या बड़ें जानवर रखकर उस कमी को पूरा कर सकते है। आज मैं गोरखपुर एन्वाइरोन्मेंटल एक्शन ग्रुप द्वारा संचालित किसान स्कूल का संचालक एवं सरकार द्वारा चलाये जा रहे आत्मा प्रोग्रोम का चयनित किसान हूॅ। क्षेत्र में मेरी पहचान न केवल एक जैविक एवं प्रयोगधर्मी किसान की बनी, बल्कि मैं मास्टर ट्रेनर के रूप में जाना जाने लगा हूं। किसान स्कूल का संचालक बना और उसके बाद एक प्रशिक्षक के रूप में उभरकर सामने आया हूॅ। अपने जीवन की उपलब्धि को मैनें हमेशा बड़े सकारात्मक नजरिये से देखा और चाहा कि हमारे क्षेत्र के किसानों की आय बढें, उनकी खेती टिकाऊ हो, उनका उत्पाद टिकाऊ हो, और कुल मिलाकर किसानों का जीवन भी टिकाऊ हो।

12.4.1 नीम तेल कीटनाशक के रूप में

नीम के तेल का कीटनाशक के रूप में प्रयोग करने से कीटों के जीवन चक्र में व्यवधान आता है। नीम तेल में पाये जाने वाले सक्रिय तत्व कीटों में कार्यान्तवरण के लिए उत्तरदायी हार्मोन के स्राव को रोकता है। जिससे कीड़ों की अगली अवस्था नहीं आ पाती। फलतः उनका जीवन चक्र रुक जाता है, परिणामस्वरूप कीड़ों की संख्या में वृद्धि नहीं हो पाती है। नीम तेल में पाये जाने वाले एजैडिरेक्टिन, सेलेमिन एवं मेलेन्ड्रीयोल के कारण कीटों के आमाशय में एण्टीपेरीस्टिलिसिस तरंगे उत्पन्न होती हैं जिसके कारण कीटों में उल्टी (वमन) जैसी स्थिति का आभास होता है। अतः कीट पौधो को नहीं खाते, नीम के तेल का सबसे अधिक प्रभाव कुतरने, चबाने तथा चूसने वाले कीटों पर पड़ता है। परन्तु यू.एस.ई.पी.ए. के अध्ययन के अनुसार नीम तेल या नीम उत्पादों का पौधों, जन्तुओं, स्तनधारियों एवं पक्षियों आदि पर प्रतिकूल प्रभाव नहीं पड़ता।

12.4.2 कीटनाशक बनाने की विधि

5 ग्राम डिटरजेन्ट पाउडर को 1 लीटर पानी में अच्छी तरह घोल लें। इस 1 लीटर घोल में 50 मिली लीटर नीम तेल मिलाकर अच्छी तरह मथकर घोल बना लें। तैयार घोल को 9 लीटर पानी में मिला दें। इस प्रकार 10 लीटर कीटनाशक तैयार हो जायेगा। जिसको 8 घण्टे के अन्दर सुबह या शाम पौधों के सम्पूर्ण भाग कर स्प्रे कर दें। जाड़े में 10 दिन एवं गर्मी तथा वर्षा के समय 5 दिन के अन्तराल पर पुनः छिड़काव करें।

12.4.3 नीम खली

नीम की खली में एजडिरेक्टीन 600 पी.पी.एम, नाइट्रोजन 2-5 प्रतिशत, फास्फोरस 0.5, 0.1 प्रतिशत, पोटैशियम 1.6 प्रतिशत, कैल्शियम 0. 99 प्रतिशत तथा मैग्निशियम 0.75 प्रतिशत पाया जाता है। इस प्रकार इसके उपयोग से पौधों को उर्वरक तो प्राप्त होता ही है साथ-साथ एजिडिरेक्टीन पाये जाने के कारण मृदा में निमेटोड, सफेद चींटी, विषाणु हानिकारक फफूँद

आदि का भी नियंत्रण होता है। इसके प्रयोग से भूमि में नाइट्रोजन उपयोग की क्षमता भी है।

12.4.4 नीम की पत्ती का कीटनाशक के रूप में प्रयोग

नीम की पत्ती को भी कीटनाशक बनाने के लिए प्रयोग किया जा सकता है। इसे बनाने के लिए 10 किलोग्राम गो मूत्र को एक मिट्टी के बर्तन में लें तथा उसमें 2.5 किलोग्राम नीम की पत्ती डालें और इसे 15 दिनों तक सड़ने दें। 15 दिन बाद सूती कपड़ें से छानकर पत्ती को अलग कर लें तथा प्राप्त घोल को 50 लीटर पानी में मिलाकर सुबह या शाम पौधों का छिड़काव सम्पूर्ण पौधे पर 10-10 दिन के अन्तराल पर करें।

12.4.5 नीम गिरी का सत

नीम गिरी का सत नीम के बीज से बनाया जाता है। इसे बनाने के लिए सुखायें गये बीजों से छिलकों को पृथक कर लें। अब बीज को पीसकर पाउडर बना लें। 40-50 ग्राम पाउडर को सूती कपड़े की पोटली में बांधकर 500 से 700 ग्राम पानी में रातभर के लिए रखें। दूसरे दिन सुबह पोटली पानी में खूब हिलाकर उसके रस (सत) को पानी में मिल जाने दें। इस प्रकार प्राप्त सत को 1 ली. पानी में मिलायें अब इससे चिपकने वाले पाउडर जैसे इण्डोट्रान आदि को आधा चम्मच लेकर मिलायें। तैयार घोल का सुबह या शाम प्रभावित फसल पर छिड़काव करें।

12.4.6 प्रभाव

कीटों के इल्ली व अन्य अवस्थाओं पर नियंत्रण कीटों के प्रजनन, अण्ड़ों के विकास एवं अवस्था से दूसरी अवस्था के विकास (कायान्तरण) में बाधक/विकषर्ण प्रभाव।

प्रकृति में पाये जाने वाले जीव-जन्तुओं जैसे चिड़ियों, वन्य जीवों, मित्रकीटों, मकड़ी, तितली लेडी बग, मधुमक्खी, ततैया, परागवाहकों आदि पर कोई प्रतिकूल प्रभाव नही पड़ता। नीम की पत्तियों एवं खली से शोधित

मिट्टी में स्थित केंचुओं की वृद्धि एवं उनकी मृत्यु दर पर कोई नकारात्मक प्रभाव नही पड़ता है।

"सनके डंठल खेत छौड़ावै।
तिन से लाभ चौगुने पावै॥"
घाघ

13

गन्ने कचरे से जैविक खाद

देश के 18 राज्यों मे गन्ने की खेती प्रमुखता के साथ की जाती है। फिलहाल देश की 44 लाख हैक्टर कृषि भूमि में प्रति वर्ष 3000 लाख मैट्रिक टन गन्ने का उत्पादन होता है। अनुमानतः 1000 लाख टन गन्ने की खोई की उपलब्धता बनी रहती है। इसमें एक बड़ा हिस्सा कागज, गत्ता और बोर्ड आदि बनाने के काम आता है, शेष जैविक खाद बनाने में इस्तेमाल किया जा सकता है।

रासायनिक उर्वरकों के प्रयोग से कृषि उत्पादन में वृद्धि हुई है, लेकिन इन उर्वरको के अविवेकपूर्ण इस्तेमाल से हमारी कृषि भूमि पर बुरा असर भी पड़ रहा है। मिट्टी बीमार हो रही है। उसकी सेहत को ठीक करने के लिए यह जरूरी है कि जैविक खादों के प्रयोग पर अब पूरा जोर दिया जाए। जड़ों से फूंगल तक काम आने वाले गन्ने का कचरा भी इस मामले में बहुत उपयोगी साबित हुआ है। गन्ने की खोई अर्थात् बगास तथा गन्ने की मैली अर्थात् प्रेस-मड का इस्तेमाल जैव उर्वरक बनाने में किया जा रहा है। गन्ने के रस से गुड़ या चीनी बनाने के बाद जो अपशिष्ट बचता है, वह अभी तक ईंधन के रूप में काम आता था लेकिन अब उसका उपयोग जैविक खाद बनाने में किया जा रहा है।

13.1 रस के मैल में भी खाद

इसी प्रकार कोल्हू क्रेशर्स और चीनी मिलों में गन्ने के पके हुए रस को छानने के बाद जो मैली बचती है यदि उसे वैज्ञानिक तरीके से विघटित करके खाद के रूप में प्रयोग किया जाए तो मिट्टी की उपजाऊ शक्ति बढ़ती है। साथ ही भू-प्रदूषण में भी कमी आती है। अभी तक मैली के विघटन का यह काम बहुत देर तक हुआ करता था जिसमें काफी वक्त लगता था। उत्तर प्रदेश गन्ना शोध परिषद, शाहजहांपुर के वैज्ञानिकों ने इसका भी तोड़ निकाल दिया है उन्होनें एक खास किस्म का कल्चर विकसित किया है जिसकी मदद से सिर्फ 90-120 दिनों में ही गन्ने की मैली को विघटित करके बढ़िया खाद की मैली में बदला जा सकता है।

13.2 कचरे से जैविक खाद

कचरे से जैविक खाद बनाने के लिये एक गडढ़ा तैयार किया जाता है इसके लिये पहले 1 मीटर गहरा, 2 मीटर चौड़ा और करीब 10-12 मीटर लम्बा गड्ढा खोदकर लम्बाई में 30 सेन्टीमीटर जगह हवा के लिए छोड़ दें। उसमें कूड़े करकट की 15 सें.मी. मोटी तरह लगाएं, फिर 500 लीटर, पानी में 100 कि.ग्रा. गोबर तथा 1 कि.ग्रा. जीवाणु कल्चर घोल कर उसे प्रति टन गन्ने की मैली के हिसाब से छिड़क दें। इसके वाद 15 से.मी. मोटी मैली की तरह लगायें। उसके ऊपर 8 कि.ग्रा. सिंगल सुपर फास्फेट प्रति टन की दर से बिखेरें। जब गड्ढा भर जाए तो गोबर, मिट्टी मैली को मिलाकर उसे ढक दें। 15-15 दिन के अंतर पर दो बार और फिर माह के बाद तीसरी बार पलटें। 2-3 माह में बढ़िया काम्पोस्ट खाद तैयार हो जाती है।

13.3 केंचुआ पालन में उपयोगी मैली

गन्ने की मैली से वर्मी कम्पोस्ट भी तैयार की जा सकती है। इसके लिए गड्ढा ऊपर बताये गये तरीके की तरह खोदा जाता है। कूड़े की तह लगाकर 50 दिन बाद केंचूआ से मैली विघटित कराई जाती है। गड्ढे के ऊपर टीनशेड तथा नीचे पक्का प्लेटफार्म बनाया जाता है। प्रति टन 1

कि.ग्रा. की दर से केंचुए उस अधसडे ढेर में छोड़ दिये जाते हैं। इसमें नमी को 60 प्रतिशत तथा तापक्रम को 30 सैल्सियस रखना चाहिए। केंचुएं 145 दिनों में खाद को तैयार कर देते है। वर्मी कम्पोस्ट जब तैयार हो जाए तो छानकर केंचूएें अलग कर लिए जाते है ताकि उन्हें पुनः प्रयोग किया जा सके। इस प्रकार से गन्ने के अपशिष्ट पदार्थों से बढ़िया गुणवत्ता की जैविक खाद तैयार की जा सकती है। उत्तर प्रदेश के प्रगतिशील गन्ना उत्पादक तथा चीनी मिलें बडें पैमाने पर यह खाद बनाकर उपयोग कर रहे है।

13.4 गन्ने के उत्पाद

गन्ने की खेती हमारे देश में सदियों से की जाती रही है। अनेक प्राचीन ग्रन्थों में इक्षु शर्करा का उल्लेख मिलता है। मुगलों के जमाने में भारत में बनी सफेद शक्कर दूसरे देशों में भेजी जाती थी। इसलिए गन्ने की खेती लगातार बढ़ती ही गई और यह बढ़त आज तक जारी है। मिश्री, गुड़, राब, शक्कर, चीनी और अब तक की लम्बी श्रृंखला में गन्ने के इन मुख्य उत्पादों के अतिरिक्त अब हमारे देश में अनेक सह उत्पाद बनाए जाने लगे हैं। इससे गन्ना उत्पादकों उद्योग जगत को भी लाभ हुआ है साथ ही इससे रोजगार के अवसर भी बढ़े हैं।

गन्ने का अगोला यानि ऊपरी हरी पत्तियाँ पशु-चारे में, सुखाकर खाद तथा छप्पर बनाने में काम आती है। गन्ने के रस से गुड़ चीनी, राब और खंडसारी बनती है। अवशेष से मीथेन, प्रोडयूसर गैस, बिजली तथा कोयले की टिकली, लुग्दी, कागज, गत्ता परफ्यूराल अल्फा सेल्यूलोज, जिलीटाल प्लास्टिक, मुर्गी बिछावन, पशु आहार बनता है। इसी प्रकार छनित मैली अर्थात् प्रेसमड से खाद, तथा मोम बनाया जाता है। चीनी उद्योग में गन्ने का एक सह उत्पादन शीरा अर्थात् मोलेसिस भी प्राप्त होता है। इससे, इथनाल, अल्कोहल, स्प्रिट, सिरका, एसिड एसीटोन, ब्यूटेनाल, ग्लिसरीन, यीस्ट, खमीर, ग्लाइकोल, मोनोसीडियम ग्लमआमेंट डेक्सट्रानजेंथम लाइसीन, जेथन गोंद तथा इटोकोनिक अम्ल प्राप्त होता है। इस प्रकार से गन्ना एक बहुउपयोगी फसल साबित हुआ है।

14

जैविक विधि से फसल संरक्षण

जैव प्रौद्योगिकी युग में सदाबहार जैविक खेती या पूर्ण जैविक खेती अपनाने से भी भरपूर उत्पादन प्राप्त करना संभव हो गया है। जैसा कि रासायनिक खेती से प्राप्त होता है। जैविक खेती हेतु जैव खाद, जीवाणु कल्चर के साथ में बायोटेक्नोलोजी आधारित औद्योगिक किण्वन (फरमेन्टेशन) प्रक्रिया द्वारा मुख्य पौषक तत्व जैसे पोटाश (पलाश) व द्वितीय श्रेणी के अल्प पोषक तत्व जिंक (जस्ता) मैग्नेशियम व कैल्शियम को ग्लूकोनेट के रूप में व स्फूर (फॉसफरस) के प्रोटीन हाइड्रोलायसेट के यौगिक (कम्पाउण्ड) बनाये गये है जो पूर्ण रूपेण अवशोषणीय हैं। ये उत्पाद न तो भूमि की प्राकृतिक क्रिया को बाधित करते है, न ही कोई विषाक्तता उत्पन्न करते है। इस श्रृंखला में बायो-पोटाश, बायोजिंक, मेगाकॉल, बायोफॉस पुष्कल, एश्वर्या इत्यादि जैविक रूप में पोषक तत्व उपलब्ध है, जिनका उत्पादन व विपणन प्रतिष्ठा इंडस्ट्रीज लि0 सिकन्दराबाद द्वारा किया जा रहा है।

14.1 जैविक खेती क्या है ?

जैविक खेती, कृषि की वह पद्वति है जिसमें पर्यावरण को स्वच्छ व प्राकृतिक (पर्यावरणीय) संतुलन, भूमि की सजीवता, जल की गुणवत्ता, जैव विविधाता आदि को कायम रखते है व पयार्वरण एवं वायु को प्रदूषित किए बिना, दीर्घकालीन व स्थिर किए बिना, दीर्घकालीन व स्थिर उत्पादन प्राप्त

किया जाता है। जैविक खेती जिसका विवरण दिया जा रहा है। उसे पूरे देश में अपनाने से रासायनिक आदान पर निर्भरता कम से कम करना संभव है ऐसा कृषक व अनुसंधानकर्ताओं का अनुभव पिछले 15 वर्षो का है।

14.2 फसल उत्पादन हेतु पोषक तत्वों की आवश्यकता

जैविक खेती अपनाने पर यह ज्ञात होना चाहिए कि प्रतिटन उत्पादन हेतु मुख्य व अल्प पोषक तत्वों की कितनी मात्रा पौधों द्वारा अवशोषित होती है। प्रमुख फसलों के उदाहरण सारिणी-14.1 के अनुसार है।

उक्त पोषक तत्वों के मुख्य स्रोत है जैविक खाद, भूमि-मिट्टी के कणों पर स्थिर पोषक तत्व जैसे स्फुर, जीवाणु, कल्चर द्वारा स्थिर पोषक तत्व-खनिज को घुलनशील अवस्था में परिवर्तित करने वाले स्फुर-खनिज धौलक (पी.एस.बी., पी.एस.एम., पोटोरिच), माइकोराइजा इत्यादि। वातावरण में उपलब्धा नत्रजन (छ) दलहनों की जड़ ग्रंथियों में स्थित राइजोबियम सहजीवी (सिम्बायोटिक) जीवाणु (बैक्टीरिया) या भूमि में स्थित बेक्टिरिया जैसे एजेटोबेक्टर, एजोरपाइरिलम, शैवाल (ब्ल्यूग्रिन अल्गी) इत्यादि उपलब्ध कराते है।

14.3 रासायनिक खेती का पर्यावरण पर कुप्रभाव

सघन खेती अपनाने पर अतिरिक्त पौधा पोषण की आवश्यकता रहती है। वह रासायनिक उर्वरक से की जाती है। रासायनिक उर्वरकों के लगातार उपयोग करने से मिट्टी में पोषक तत्वों का अंसतुलन बढ़ता है, जिससे मिट्टी मे अम्लीयता/क्षारीयता नकारात्मक रूप से प्रभावित होकर उर्वरा शक्ति का ह्रास कर धीरे-धीरे उत्पादन कम होने लगता है। अत्यधिक रसायनों (उर्वरक, खरपतवारनाशक, कीट व फफूंद नाशक इत्यादि) के उपयोग ने भूमि, जल, वायु व आकाश को प्रदूषित किया हैं। जैविक खेती या सदाबहार जैविक खेती अपनाने पर पर्यावरण पर होने वाले कुप्रभाव को सीमित करते हुए भौज्य पदार्थ विषरहित व स्वास्थ्य-वर्धक होंगें।

14.4 जैविक कार्बन व पौधों के पोषक तत्वों का सहसंबंध

जैविक खेती में पौधा समन्वित अर्थत मिले जुले तरीके से उपलब्ध कराए जाते हैं। जैव कार्बन ह्यूमस का पौधा पोषण से सीधा संबंध है। भारत उष्ण कटिबन्धीय क्षेत्र है। जैव कार्बन (ऑर्गेनिक कार्बन) की मात्र ऊंचे तापमान, रासायनिक उर्वरक वापरने से जल की अधिक आवश्यकता पड़ती है। वह साथ में सूखा/अवर्षा के कारण जैव कार्बन का प्रतिशत 0.20 से कम होने पर जैव क्रिया में गिरावट के साथ में मुख्य पोषक तत्वों की उपलब्धता कम हो जाती है। भारतीय जलवायु को देखेते हुए जैव कार्बन का स्तर 0.6 से 0.8 के मध्य रखना होगा क्योंकि इसका सीधा संबंध पौधा पोषण से है इसका विवरण सारिणी 14.2 में दिया है।

14.5 कचरा-बायोमास का संवर्धन

पहले चरण में कचरा-गोबर का संवर्धन, उससे कम्पोस्ट बनाऐं। देश में प्रति हैक्टेयर के लिए 4-5 टन कचरा फार्म वेस्ट, गोबर इत्यादि उपलब्ध है जिसमें ऊर्जा एवं जल संवर्धित रहता हैं। खेत में, गॉव में व शहर में, कचरा जलाएं नही, इससे भूमि निर्जीव हो जाती है। उसके साथ में कचरा जलाने से पर्यावरण में उष्णता बढ़ती है, जिसे 'ग्रीन हाउस' प्रभाव कहते है।

घर-आंगन बाड़ी में, घरों के पिछवाडों में खेत के आस पास कुण्डियों में कम्पोस्ट बनाएं। इंदौर विधि, नाडेप, भूनाडेप, बायोडायनामिक कम्पोस्ट या गो सिंग खाद बनाएं।

सारिणी-14.1 प्रमुख फसलों द्वारा प्रति टन उत्पादन हेतु अवषोषित मुख्य पोषक तत्वों की मात्रा

क. सं.	फसल का नाम	अवशोषित तत्वों की औसत मात्रा (कि.ग्रा.)					
		नत्रजन N	स्फुर P	पोटाश K	कैल्शियम Ca	मैग्नीशियम Mg	गंधक S
1.	धान	28.0	4.6	30.0	7.1	3.1	3.1
2.	गेहूँ	41.6	4.8	30.6	5.3	4.6	4.6

3.	मक्का	34.0	7.0	35.0	5.4	7.8	3.8
4.	ज्वार	26.0	4.0	19.2	6.4	4.8	2.8
5.	सोयाबीन	50.0	17.2	40.4	14.0	7.6	8.8
6.	अरहर	70.8	6.6	13.3	19.1	12.5	7.5
7.	मूंगफली	85.6	15.0	55.0	19.5	10.0	7.5
8.	सूरजमुखी	63.3	8.3	105.0	68.3	26.6	10.0
9.	सरसों	55.3	11.3	47.3	42.0	8.6	17.3
10.	चना	60.6	4.0	32.6	18.3	7.3	8.6
11.	गन्ना	2.0	0.3	3.1	1.5	–	0.3
12.	प्याज	3.5	0.5	4.7	0.4	0.5	0.9
13.	टमाटर	2.0	0.5	4.5	0.7	0.2	0.7
14.	कॉफी	126.5	9.5	11.6	71.5	16.5	13.5

14.6 कम्पोस्ट की गुणवत्ता में सुधार-फोर्टिफिकेशन

कम्पोस्ट की गुणवत्ता में वृद्धि हो, उसे हेतु प्राकृतिक स्रोत के खनिज जैसे रॉक फास्फेट पाउडर (100 मेश), जिप्सम, राम्क पोटाश, पाईराईट, चट्टान-बेसाल्ट रॉक से मिट्टी बनाने के स्थान से उपलब्ध पाउडर-बुरादा व उसके साथ बायोडायनोमिक कि नुस्खे 502 से 507 तक उपयोग करें, जिससे अल्प पोषक तत्वों की पूर्ति करना संभव हो जाय।

कम्पोस्ट पूर्ण पकने के कुछ समय पूर्व नत्रजन की वृद्धि हेतु एजेटोबेक्टर 250 ग्राम का घोल खनिज-स्फुर घोलक पीएसबी/पीएसएम का 250 ग्राम का घोल बनाकर सब्बल या लोहे के सरिये से कंपोस्ट गड्ढे में छेद करके डाल दें व बंद कर दें। इस प्रकार से दलहन के राइजोबिया भी उस फसल के 1000 बीजों को कम्पोस्ट डालें। पौधे तीन पैंतीस दिन के होने पर उन्हें उखाड कर जड़ ग्रंन्थियों इकट्ठी कर मसल कर कम्पोस्ट खाद मिलाकर खेत में बिखेर दें।

अल्प पोषण क्री पूर्ति जैव खाद देने से संभव हो जाती हैं यदि किसी अल्प पोषण तत्व की कमी के लक्षण या मृदा में कमी पाई जाए तो लवण देना लाभकारी होता है।

14.7 कम्पोस्ट देने का समय

कम्पोस्ट सजीव खाद हैं, क्योंकि उसमें असंख्य सुक्ष्माणु (एक ग्राम में 20 से 30 खरब) होते है। गर्मी के दिनों मे कम्पोस्ट जैव खाद-गोबर की खाद खेत में नही फैलाऐं अन्यथा सूखकर सूक्ष्म मर जाते है, नष्ट हो जाते है। गर्मी में कपोस्ट खेत की मेढ़ पर पेड़ की छाया में रखें व उस पर पानी छिड़क कर ढंक दें। वर्षा के पूर्व, जब बादल छाये रहते है तब कम्पोस्ट खाद को फैलाकर बखर से खेत में मिला दें।

14.8 केचुंआ खाद

वर्मी कम्पोस्ट खाद कंचुओं द्वारा 40-50 दिन में तैयार हो जाती है। हर कृषक को वर्मी कम्पोस्ट खाद बनाना चाहिए, जिससे उर्वरक व जैव खाद को बाहर से खरीदने से बचा जा सकता है, जिससे उत्पादन खर्च

सारिणी-14.2 जैविक कार्बन व पौध पोषण का सहसंबंध

रेटिंग/वरियता क्रम	जैव कार्बन (किग्रा/है)	उपलब्ध स्फुर (किग्रा/है)	उपलब्ध पोटाश
बहुत अधिक	1.00 से अधिक	50.00 से अधिक	300.00 से अधिक
अधिक	0.81 से 1.00	41.00 से 50.00	251.00 से 250.00
मध्यम	0.61 से 0.80	31.00 से 40.00	201.00 से 250.00
मध्यम कम	0.41 से 0.60	21.00 से 30.00	151.00 से 200.00
कम	0.21 से 0.40	11.00 से 20.00	101.00 से 150.00
बहुत कम	0.20 कम	10.00 तक	100.00 तक

सारिणी-14.3 जैविक खादों से उपलब्ध पोषक तत्व

क्र.सं.	खाद	N नत्रजनः	P_2O_2 LQqrः	K_2O पोटाशः
1	गोबर खाद	0.5-1.5	0.4-0.8	0.5-1.9
2	फार्म कम्पोस्ट नाडेप	0.4-0.8	0.3-0.6	0.7-1.7

3	फास्फो कम्पोस्ट 12.5: रॉक फास्फेट)	1.2	4.7	–
4	शहरी कम्पोस्ट	10.–2.0	1.0	1.5
5	हरी खाद	0.5–0.7	0.2	0.8–1.6
6	विभिन्न प्रकार की खलियां	2.5–7.2 (4–8)	0.8–2.0 (1.44)	1.2–1.8 (1.3)
7	हरी खाद	4.0–10.0	3.0–9.0	0.3–1.5
8	केचुआ खाद	2.0–2.5	2.5–2.9	1.2–14
9	बायोगैस स्लरी	0.9–1.3	0.7	–

कम करना संभव होगा। उपरोक्त जैविक खाद में मुख्य पोषक तत्वों के अलावा अल्प सूक्ष्म पोषक तत्व भी मिल जाते है व पौधों में कीट व्यधि के प्रति निरोधकता बढ़ने से अत्यधिक प्रकोप से बच जाते है।

14.9 फसल चक्र/अन्तर्वतीय फसल/मिश्रित फसल, पंच धान्य

फसलों को अनुभव व वैज्ञानिकों तरीके से अदल-बदल कर बोने को फसल चक्र कहते है। दलहन-अनाज, दलहन-तिलहन अन्तर्वतीय फसल व मिश्रित फसल के अनेक लाभ है। मिश्रित फसल मक्का या ज्वार या बाजरा को चौला या मूंग या उड़द, सोयाबीन या मूंगफली या अरहर में मक्का मिश्रित अन्तर्वतीय फसल के रूप में, गेहूँ में बरसीम या लुसर्न लगाने से नत्रजन की बचत करना सम्भव होता है।

सर्वप्रथम भूमि की सजीवता, अर्थात भूमि में आश्रय पाने वाले उपयोगी जीवाणु सम्वर्द्धित रहते हैं व ऐसे रोगाणु, जो एक ही फसल लगाने से फसल को नुकसान पहुंचाते है, की संख्या की वृद्धि होने से भूमि की जैविक क्रिया जो पौधा पोषण में सहायक होती है, प्रभावित होती हैं। फसल चक्र अपनाने से उर्वरकों पर निर्भरता कम हो जाती है, कीट व्याधि का प्रकोप सीमित रहता है, उच्च स्तरीय संतुलित उत्पादन प्राप्त करने की संभावना

बढ़ती है, श्रम विभाजन व कम जोखिम कारक होने से आर्थिक लाभ भी अधिक होता है।

14.10 विभिन्न फसलों के अनुपात

विभिन्न फसलें जो बोई जाती है वह क्षेत्र के लिए उपयुक्त होनी चाहिए। अनाज, दलहन, तिलहन व नगदी फसलों में एक निश्चित अनुपात रहना चाहिए। प्रायः पूरे क्षेत्र में एक ही फसल जैसे सिर्फ सोयाबीन या कपास या धान बोने से बचना चाहिए। अपेक्षाकृत कम जल की आवश्यकता वाली फसलें जैसे ज्वार, मक्का, बाजरा, दलहन, ग्वार, रामतील को भी कम वर्षा वाले क्षेत्रें में विशेष स्थान देना चाहिए।

कपास या सोयाबीन या धान के अंतर्गत क्षेत्र विशेष में 50-60 प्रतिशत से अधिक नहीं रहना चाहिए। विभिन्न फसलों में संतुलित अनुपात रखने से कीट व्याधियों के प्रकोप को सीमित रखते हुए फसलों की साज संभाल भी व्यवस्थित तरीके से करना संभव हो जाता है व फसल बिगड़ने का जोखिम कम हो जाता है।

14.11 बीज उपचार

स्वस्थ बीज का ग्रेडिंग करके कृषक स्वयं घरेलू तकनीक से अंकुरण की जांच कर लें। आवश्यकतानुसार फफूंद नाशक, रसचूसक कीट हेतु इमिडाक्लोप्रिड, थाईमेथेक्सोम अंकुरण को उत्प्रेरित करने वाले रसायन जैसे 'जीनि' से उपचार करें। बुवाई पूर्व उपयुक्त कल्चर जैसे राइजोबियम/एजेटोबेक्टर या एजोस्पाइरिलम व स्फुर घोलक 10 ग्राम मात्र से एक किलोग्राम बीज उपचारित करें।

14.12 जड़ तना से बचाव

अंकुरण अवस्था में पानी की कमी, ऊँचे तापमान से जड़ सड़ना, तना कॉलर रोग से पौधों सूख जाते है। इससे बचने हेतु ट्रायकोडर्मा व्हीरिडी कल्चर 5 ग्राम, प्रति किलो बीज को उपचारित करें।

14.13 जैविक उत्पाद 'पुष' से

14.13.1 बीजोपचार

जैव तकनिकी आधारित अत्याधुनिक उत्पाद पुष से बीजोपचार के लिए प्रति किलो बीज में 1-1.5 मिली पुष से उपचार करने पर फफूंद व अन्य बीमारियों से रोकथाम के साथ-साथ अच्छे अंकुरण के साथ में पौधों का स्वस्थ विकास होता हैं। उपरोक्त कम लागत के उपचार से पूर्णक पौधा संख्या व स्वस्थ पौधों की तेज बढ़वार से अधिक उत्पादन को आधार देता है।

14.13.2 पीली व तांबट, लाल पत्ती

कपास, मक्का, सोयाबीन, मिर्च, मसाले वाली फसलें, गन्ना इत्यादि में पीली, नशों के मध्य कम हरापन, तांबट, लाल पत्ती से उत्पादन व उसकी गुणवत्ता प्रभावित होती है। विशेषकर अधिक उत्पादन देने वाली संकर किस्मों में, बी0टी0 कपास में लाल पत्ती विशेष समस्या है, जिसके कारण उत्पादन तो कम मिलता है साथ में रेशे की क्वालिटी मजबूती कम रहने से कम भाव मिलता है। सारिणी-14.4 में बताए गये बायोफास, बायो पोटेश, बायोजिक-मेगाकॉल, पुष्कल कॉटन, स्पेशल का उपयोग करें।

14.13.3 बुवाई के समय व खड़ी फसल में पोषक तत्व

मिट्टी परीक्षण खेत में दिया गया जैव खाद-कम्पोस्ट, बोई जाने वाली फसल के अनुसार उर्वरक या जैविक रूप में उपलब्ध प्रमुख पौषक तत्वों की मात्रा का निर्धारण किया जाता है। सारिणी में उत्पादित पोषक तत्वों का संक्षिप्त विवरण व उसे कैसे दें, उसकी जानकारी दी गई हैं जैव खाद, कम्पोस्ट प्रति एकड़ 2 से 3 टन देने पर उर्वरक या जैव पोषक तत्वों की मात्रा आधी से तीन चौथाई दी जाये।

14.13.4 कॉलम विधि

खड़ी, फसल, विशेषकर नगद फसलों में 60 से 90 दिन की अवस्था में उर्वरक या जैव खाद को गोबर की खाद/एश्वर्या खाद/ गोबर गैस

स्लरी/वर्मीकम्पोस्ट, 50 किग्रा. दें। दिये जाने वाले उर्वरक या जैव उत्पाद के अलग-अलग ढेर बनायें, इस हेतु 50 किग्रा. जैविक खाद को 3-4 ढेरियों में विभाजित करके, एक ढेरी में एक पोषक तत्व मिलाऐं। इस प्रकार 3-4 ढेरियां अलग-अलग पोषक तत्वों के दाने की बन जाएगी। एक एक ढेरी में मिलाया गया जैव खाद को अच्छे से मिला लें। इसके बाद सब ढेरियों को आपस में मिलाकर फसलों (कपास, गन्ना, केला, मिर्च, कंद, मसालेदार फसल, पान इत्यादि) को एक कॉलम, लोहे की 5-6 फूट नुकीली छड़, पोन इंच मोटी (12-15 मिमी0) साइज से पौधो ने जितना घेरा लिया है उस स्थान पर पांच छः इंच गहरा होल बनाए। इस होल में पोषक तत्वों के मिश्रण की एक मुट्‌ठी भरकर पैर से होल दबाकर बंद कर दें।

कालम विधि से खड़ी फसल में पोषक तत्व देने से उर्वरक व जैव खाद उर्वरकों की उपयोग क्षमता दो गुना तक बढ़ जाती है क्योंकि पोषक तत्व 'रूटहेयर' की पहुंच में रहती है।

14.14 आधुनिक जैव खाद का महत्व

जैव खाद, बायो-खाद तुरंत अवशोषित होने से पौधों की बढवार फूल फलन, कंद इत्यादि बनने व बड़ा आकार लेने से पैदावार सवा से डेढ़ गुनी प्राप्त होने की संभावना भी अधिक रहती है। संतुलित व समय पर उपयुक्त पोषक तत्वों की उपलब्धता, सामयिक फसल व जल प्रबंधन से फसलों की गुणवत्ता, स्वाद, खुशबू, रेशे वाली फसलों में रेशा की मजबूती, साग, सब्जियों का स्वाद व गन्ने में शर्करा में वृद्धि व उसके साथ अन्य अनेक लाभ सहसा प्राप्त होते है।

14.14.1 अमृत संजीवनी

200 लीटर क्षमता की कोठी में 60 किग्रा गोबर (गोवंश का) भरें। गोबर पर तीन कि. ग्रा. यूरिया, तीन किग्रा. सिंगल सुपर फास्टफेट या बायो-फॉस व एक किग्रा म्यूरेट ऑफ पोटाश या बायों-पोटाश तथा दो किग्रा. मूगफली की खली डालकर मिला दें। कोठी में पानी भरें, उपर से 5-7.5

सेन्टीमीटर खाली रखें। ढक्कन बंद कर 48 घंटे अर्थात दो दिनों तक रखें। उसके पश्चात् फसलों की कतार के मध्य उपरोक्त घोल को छानकर उसे 'स्प्रे' करें। दलहन, अनाज, सब्जी में 3 से 4 वक्त स्प्रे करें, मिर्च कपास में 5-6 वक्त स्प्रे की आवश्यकता होगी। गन्ना, केले में 15-20 खुराक की आवश्यकता रहती है।

14.14.2 दानेदार जीवाणु कल्चर बुआई के समय व खड़ी फसल में देने की इंदौर विधि

बुवाई व खड़ी फसल में जीवाणु कल्चर देने की इंदौर विधि इस प्रकार है।

सौर ऊर्जा उपचारित 50 से 100 किग्रा. कम्पोस्ट, एश्वर्या खाद, गोबर गैस स्लरी को दो तीन भाग में विभाजित करें। प्रत्येक भाग में अलग-अलग फसल में सारिणी-14.5 में दर्शायें अनुसार कल्चर मिलाकर अलग-अलग मिश्रण बनाएें व उसे आपस में मिलाऐं। मिश्रित जीवाणु कल्चर के दाने बीज के साथ मिलाकर व खड़ी फसल एंव साग सब्जियों में बुरक कर दें या उसे खुरपी या डोरा/कोल्प चलाकर मिटी में मिला दें। बागवानी व वानिकी फसलों में देशी हल से कूंड निकाल कर या पेड़ों की कतार के बाजू में सीधे या वृत्ताकार नाल बनाकर दानेदार जीवाणु कल्चर देकर मिट्‌टी से ढंक दें। तीसरी देने की विधि है महाकाल दुफन/तिफन या देशी हल पर सरता बांध कर पौधों की कतार के मध्यम 8-10 सेमी. गहराई पर कल्चर को औरा जाए। इस प्रकार कल्चर देने पर कतारों के मध्य गुड़ाई हो जाने से जल संवर्धन तथा वायु संचार सुधारने से कल्चर की सक्रियता बढ़ जाती है। जीवाणु कल्चर, विशेषकर राइजोबिया, स्फुरघोलक, ट्रायकोडर्मा विरिडी 15-25 दिन की फसल अवस्था में ऊर्जा का स्रोत, जैव कार्बन, उपयुक्त भूमि का तापमान (27.00 सेल्सीयस+2), जहरीले बीज उपचार रसायन के संपर्क में न आने से दलहन में जड़ ग्रन्थियों के बनने का क्रम अविरल रूप से चलने के कारण सोयाबीन, अरहर, चना, मूंगफली इत्यादि का 2 से 3 टन उत्पादन प्रति हैक्टेयर प्राप्त करना संभव हो जाता है, वह भी कम से कम

सारिणी-14.4 आधुनिक जैव प्रोद्योगिकी मुख्य पोषक तत्वों के उत्पादों का संक्षिप्त विवरण व देने की विधि

जैविक उत्पाद	पोषक तत्व की मात्रा	दानेदार मात्रा प्रति एकड़ बुवाई के समय	तरल/घोल मात्रा प्रति ली० पानी में	दानेदार पोषक तत्व का टॉयड्रेसिंग कपास, गन्ना, केला, कंदो में, फलों में, प्रति एकड़ कॉलम विधि
एकल दानेदार	हाइड्रोलाइस्ड प्रोटीनस के साथ अमिनो नत्रजन व सूक्ष्म पोषक	6 कि0ग्रा0	5 मि0ली0	फसल अनुसार 6 से 18 किलोग्राम
बायो-फॉस	फॉस्फोरस 20: प्रोटीन, प्रोटीन हाइड्रोलायसेट्स के रूप में व पूर्ण अवशोषणीय अवस्था में	10 कि0ग्रा0	5मिली0	10 किलोग्राम
बायो-पोटाश	पोटेशियम 14% ग्लूकोनेट के रूप में पूर्ण अवशोषणीय	10 कि0ग्रा0	5मिली0	10 किलोग्राम
बायो-जिंक	जिंक 12% ग्लुकोनेट के रूप में पूर्ण अवशोषणीय	5 कि0ग्रा0	5मिली0	5मिली0
मेगाकॉल तरल	जैविक मैग्नेशियम 6%कैल्शियम 20 % व जैविक सूक्ष्म पोषक तत्व 8%	-	2 से 5 मिली0	छिड़काव 5 मिली0 25-30 दिन व फसल पकने के पूर्व
मेगाकॅल पाउडर	जैविक मैग्नेशियम 7%, कैल्शियम 21%, जिंक 10 % पोटेशियम 11% अन्य 9.0%	पाउडर 25 किग्रा	-	पाउडर 25 किग्रा0
पुष्कल कॉटन स्पेशल कपास के लिए	मैग्नेशियम ग्लूकोनेट (16%) प्रोटीन हायड्रोलायसेट्स (84%) जैविक नत्रजन कपास की लाल पत्ती से निजात पाने के उपयोगी हैं।	-	5मि0ली0	द्वितीय बहा लेने पर 5 मिली0

(आधा) बायो-खाद या उर्वरक का उपयोग करने पर । स्फुर घोलक भी इस प्रकार से देने पर स्फुर खाद की बचत करना संभव हो जाता है, क्योंकि भूमि में स्थिर स्फुर, घुलनशील अवस्था में आ जाता है।

दो-तीन प्रकार के जीवाणु कल्चर को एक साथ मिलाकर देने पर उनकी उपयोग क्षमता में वृद्धि संभव हो जाती है। जीवाणु कल्चर के उपयोग से पौधों में रोगों की प्रतिरोधकता बढ़ती है व साथ में पौधे तेज रफ्तार से बढ़ते हैं।

14.14.3 सौर ऊर्जा उपचार

गोबर की खाद में कई प्रकार के हानिकारक व उपयोगी जीवाणु होते हैं। अप्रैल-मई या सितम्बर-अक्टूबर की गर्मी में गोबर खाद, गोबर गैस स्लरी को पॉलिथीन की मोटे गेज की थैली या उर्वरक की खाली प्लास्टिक की बैग में खाद भरकर थोड़ा पानी डालें। थैली के मूंह को रस्सी से टाइट बांध दें। थैलियों को सूर्य ऊर्जा उपचार के लिए टीन की छत पर या पक्के फर्श पर आठ-दस दिन रखें। इससे गोबर खाद में उपस्थित विभिन्न प्रकार के बैक्टीरिया व जीवाणु नष्ट होकर पशु जैविक कार्बोनिक पदार्थ रह जाता है। इसमें विभिन्न प्रकार के लाभदायक बैक्टीरिया जैसे-राइजोबियम, पीएसएम आदि मिलाए जाने पर उन्हें हानिकारक जीवाणुओं से प्रतिस्पर्धा नहीं करनी पड़ती है। सामान्य विधि से निर्मित जैव कल्चर खादों में हानिकारक जीवाणुओं जो प्राकृतिक रूप से जमीन में पाये जाते हैं से प्रतिस्पर्धा के कारण ही अपेक्षित परिणाम नहीं मिल पाते है।

सारिणी-14.5 जीवाणु कल्चर प्रति हैक्टेयर मात्रा किग्रा में

क्र.सं.	फसल के लिए जीवाणु	बीज उपचार	खड़ी फसल में ५० किग्रा. गोबर की खाद में मिलाने हेतु
1.	दलहन		
	राइजोबियम	0.50	1.50
	एजेटोबेक्टर	0.20	0.50
	पीएसएम व पोटोरिच	0.50	3.00
	ट्राइकोडर्मा विरिडी	0.50	0.50
2.	अनाज		
	एजेटोबेक्टर/एजोस्पाइरिलम	0.20	2.00

	पीएसएम व पोटोरिच	0.50	3.00
	ट्रायकोडर्मा विरिडी (प्रोटेक्ट)	0.50	0.50
3.	**तिलहन**		
	एजेटोबेक्टर	0.50	2.00
	पीएसएस व पोटोरिच	0.50	3.00
	ट्रायकोडर्मा विरिडी (प्रोटेक्ट)	0.50	0.50
4.	**नकदी फसल कपास**		
	एजेटोबेक्टर	0.50	3.00
	पीएसएम व पोटोरिच	0.10	5.00
	ट्रायकोडर्मा विरिडी (प्रोटेक्ट)	0.50	0.50
5.	**साग सब्जियां**		
	एजेटोबेक्टर	0.05	5.00
	पीएसएम व पोटोरिच	0.05	7.00
	ट्रायकोडर्मा विरिडी (प्रोटेक्ट)	0.50	0.50
6.	**बागवानी (गन्ना, केला, पपीता/वानिकी/फसले)**		
	एजेटोबेक्टर	0.10	5.00
	पीएसएम व पोटोरिच	0.50	10.00
	ट्रायकोडर्मा विरिडी (प्रोटेक्ट)	0.50	1.00

सौर ऊर्जा उपचारित खाद में जीवाणु कल्चर मिलाकर उसे बीज के साथ मिलाकर या खड़ी फसल में देने के लिए उपयोग क्षमता बढ़ जाती है।

14.14.4 **नोट**:- साधारणत: जीवाणु कल्चर 5 से 10 ग्रा. प्रति किलो बीज की आवश्यकता होती है। जैव स्रोत पौधो में पोषण का सशक्त माध्यम है। थोड़े से जैव प्रोद्योगिकी ज्ञान के उपयोग व प्रयास से दलहन-तिलहन फसलें पूर्ण रूप से जैविक विधि से लेना संभव है। फसल प्रणाली, जीवाणु कल्चर, बायों-खाद, कम्पोस्ट का फोर्टिकेशन तथा वर्मी कम्पोस्ट के उपयोग से प्राय: सब ही फसलें जैविक विधि से लेना संभव है। गोवंश-कम्पोस्ट आधरित कृषि, भूमि की संजीवता बनाए रखने में सक्षम हैं।

14.15 **सदाबहार जैविक खेती**:- कुछ विशेष फसलों और विशेष परिस्थिति में ही रासायनिक उर्वरक को (सप्लीमेंट) सहायक के रूप में, वह भी मात्र 20-25 प्रतिशत की आवश्यकता पड़ सकती है। उर्वरक की उपयोग

क्षमता बढ़े इस हेतु उर्वरकों को थोड़े जैव खाद-कम्पोस्ट के साथ मिलाकर बीज की कतार के नीचे, खड़ी फसल में, पास में खुरपी/गेती/लोहे की लंबी छड़ से गडढ़ा बनाकर दें।

14.16 **यूरिया**- नत्रजन चंचल उर्वरक है। इसे नम मिट्टी या कम्पोस्ट में मिलाकर दो दिन छाया में रखें। यूरिया का 'अमोनिया दो दिन में 'नाइट्रेट में परिवर्तित हो जाता है जिसे पौधे आसानी से अवशोषित करते है। इस प्रकार यूरिया की उपयोग क्षमता बढ़ जाती है।

14.17 **उपसंहार**:- जैव प्रोद्योगिक युग में जैविक खेती से पौध पोषण देने के मार्ग को प्रशस्त किया है। नवीन बायो खाद-पोटाश, बायो-जिंक, मेगाकॅल, इत्यादि के उपयोग से पूर्ण जैविक खेती अपनाने पर यदि कुछ पोषक तत्वों की कमी रहती है, तो उसे पूरा करना संभव है। नत्रजन की कमी 'अमृत संजीवनी' से पूरा करके सामान्य से अधिक उत्पादन या सामान्य से अधिक उत्पादन प्राप्त किया जा सकता है। जैविक खेती/सदाबाहर जैविक खेती में जोखम कम है । स्थानीय रूप से उपलब्ध आदान (खाद) के पूरे उपयोग से खर्च कम बैठता है। कृत्रि उत्पादों में विषाक्तता प्राय: नहीं रहने से वे स्थास्थ्य-वर्धक भी होते है।

अंतर्राष्ट्रीय बाजार में जैविक खेती से उत्पादित पदार्थ, शक्कर साग सब्जी, फल, पेय पदार्थ, काफी चाय, मसाले इत्यादि का मांग बढ़ रही है। कृषक जैविक खाद्य पदार्थ उत्पादित करके अधिक आय अर्जित कर सकते है। जैविक, सदाबहार खेती भारत की प्राचीन कृषि पद्वति है। कृषक जैविक खाद्य पदार्थ उत्पादित करके अधिक आय अर्जित कर सकते हैं। जैविक, सदाबहार खेती भारत की प्राचीन कृषि पद्धति है। बायो कल्चर व बायो-खाद के उपयोग से भरपूर उत्पादन संभव है, जो भारत की बढ़ती जनसंख्या को भरपेट व सात्विक भोजन उपलब्ध कराने मे समर्थ है ऐसे स्पष्ट अनुसंधान आधारित निष्कर्ष लेखक के हैं।

खाद प्रसंस्करण व पेय पदार्थ की बढ़ती मांग को देखेत हुए भारत शासन ने एक महति योजना 'विजन 2015' में निवेशकों को कई प्रकार की

वित्तीय प्रोत्साहन देने का निर्णय लिया है। खाद पदार्थ प्रसंस्करण श्रम आधारित उद्योग है, जो ग्रामीण अर्थव्यवस्था को सुदृढ़ करेगी व जैविक उत्पादों के उत्पादन से उसे प्रिमियम दाम पर विक्रय करना भी संभव होगा जो कृषि आधारित उद्योग से आय में बढ़ोत्तरी करेगी।

आइए जैव प्रौद्योगिक युग में जैविक खेती पद्धति अपनाएं, भरपूर उत्पादन पाएं। गोवंश आधारित कृषि से जमीन रहेगी सजीव, इकोतंत्र रहेगा संतुलित, तो खाद्य पदार्थ आधारित विषाक्तता व उर्वरक, कीटनाशक आधारित बीमारियां जैसे कैंसर, स्वास लेने में तकलीफ, विकलांगता, इत्यादि को सीमित रखना संभव होगा। भावी पीढ़ी स्वस्थ होगी तो देश सशक्त होगा व जीवन की गुणवत्ता में सुधार से मन की शांति के साथ में डॉक्टरी से मन की शांति के साथ में डॉक्टरी खर्च कम होगा।

14.18 **आशंका**- 5 क्या जैविक खेती के आदानों यानि खाद, कीट नियंत्रक आदि को ग्राम स्तर पर बनाकर विक्रय किया जा सकता है?

मिट्टी की उर्वरता एवं उत्पादकता को लम्बे समय तक बनाये रखने के लिए जैविक खादों जैसे गोबर, कम्पोस्ट, हरी खाद, जीवाणु आदि का योगदान महत्वपूर्ण है। हमारे देश में करोड़ों टन कृषि अपशिष्ट (भूसा, कड़वी, पत्तियों आदि) उपलब्ध है, इनमें से अधिकतर मात्रा में कृषक इन अपशिष्ट जैविक पदार्थों को जला देते हैं जबकि इन्हीं अपशिष्ट जैविक पदार्थों को कंचूऐं उत्तम किस्म की खाद (वर्मी कम्पोस्ट) में परिवर्तित कर देते हैं। जिससे करोड़ों टन पोषक तत्व प्राप्त हो सकता हैं। केचूओं द्वारा इन कृषि अपशिष्टों का रूपान्तरण वर्मी कल्चर के रूपों में जाना जाता है।

14.19 केचूओं की प्रजातियां

विश्व में केचूओं की लगभग 7000 प्रजातियां पायी जाती है, जिनमें से केवल 40 प्रजातियां ही भारत में पायी जाती हैं। इनमें से कुछ प्रजातियां वर्मीकल्चर हेतु प्रयुक्त की जाती हे। ऐपीजोईक केंचुए (आइसी।निया फीटिडा) प्रजाति उपयुक्त पाई जाती है।

सारिणी 14.6 वर्मीकम्पोस्ट के पोषक तत्वों को गोबर से तुलनात्मक विवरण-

पोषक तत्व	वर्मीकम्पोस्ट	गोबर
नत्रजन %	2.0-3.0	0.5-093
फास्फोरस %	1.5-2.0	0.4-0.8
पोटैशियम %	15-2.0	0.8-1.2
पी.एच.मान	7.0-7.5	7.2-7.2

14.20 वर्मीकम्पोस्ट के लाभ-

गोबर की खाद की तुलना में वर्मी कम्पोस्ट में एक्टिनामाइसिटिस (सूक्ष्म जीवाणु) की मात्रा कई गुणा अधिक होती है, जिससे इस खाद से तैयार फसलों में बीमारियों से प्रतिरोधी क्षमता बढ़ जाती है। वर्मीकम्पोस्ट के प्रयोग से मृदा की जल शोषण', धारण क्षमता में वृद्धि होती है, जिससे भूमि का कटाव रुकता है, एवं पौधों में जल उपलब्धता की वृद्धि होती है। इस खाद के उपयोग से जल वाष्पिकरण की कमी होती है, अतः फसलों में कम सिचाई की आवश्यकता होती है साथ ही खेतों मे ह्यूमस वृद्धि के कारण वर्षा की बूदों का आघात सहने की क्षमता साधारण मृदा की तुलना में कई गुणा होती है, अतः मृदा का क्षरण कम होता है।

सन्तुलित मात्रा में पोषक तत्व प्राप्त होते है, साथ ही सूक्ष्म जीवाणुओं की क्रियाशीलता बढ़ती है, जो भूमि में रहने वाले सूक्ष्म जीवाणुओं के लिए लाभदायक हैं एवं उनको सक्रिय बनाता है।

14.21 वर्मीकम्पोस्ट तैयार करने की विधिः -

- वर्मी खाद तैयार करने के लिए छायादार स्थान की आवश्यकता हाती है, जहाँ पानी का भराव न होता हो, शेड हो एवं पानी के स्रोत के पास हो जिससे पानी देने में आसानी रहे।
- छायादार स्थान का आकार उपलब्ध कार्बनिक ठोस अपशिष्ट की मात्रा पर निर्भर करता है।

- इस छायादार स्थान में एक से अधिक क्यारियां बनाई जा सकती है।
- गोबर खाद की उपलब्धतानुसार क्यारियां निश्चिय करें इनकी लम्बाई की मात्रानुसार रखें, चौड़ाई 90 सेन्टीमीटर रखें अन्यथा अपशिष्ट गलने पर निकालने में असुविधा रहेगी।
- सबसे पहले क्यारी में नीम की पत्तियों की एक पतली परत बिछा दें, इस पर 4-5 दिनों का ठण्डा किया हुआ गोबर डाल दें और थोड़ा पानी डालकर नम कर लें, इस परत पर 2.5 से.मी. मोटी वर्मीकल्चर की परत जिसे केंचुएं मिले हुए हों बिछा दें केचुएं नीचे की ओर चले जाऐंगे।
- क्यारी को ढक्कन के लिए ऊपर से घास, फूस, सूखी पत्तियां बिछा दें अब इनको बोरी या टाट से अच्छी तरह ढक दे एवं पानी छिड़कर गीला करते रहें।
- लगभग 2 माह के अन्दर यह गोबर (मिश्रण) केचुओं द्वारा वर्मीकम्पोस्ट में बदल जाता है, केचुऐं कार्बनिक पदार्थों को खाते रहते हैं तथा अपनी कॉस्टिंग (विष्ठा) ढेर के ऊपर छोड़तें जाते है।

14.21.1 वर्मीकम्पोस्ट प्रयोग विधि-

14.21.1.1 **मौसमी फसलेः** भूमि में नमी उपलब्ध होने की अवस्था में प्रति हेक्टेयर 2.5-3.0 टन वर्मीकम्पोस्ट खेत मे डालकर बुवाई करें।

सब्जियों के लिए- प्रति हैक्टेयर 5.0 टन वर्मी कम्पोस्ट डालकर बीज की बुवाई करें।

14.21.1.2 **औषधीय पौधों में-** प्रति हैक्टेयर 5 टन डालकर रोपाई करें।

फलों का बगीचा- फलों में 3.5 किलो प्रति थावले में डालकर गुड़ाई करें।

14.21.1.3 **गृहवाटिका-** गृहवाटिका मे 5 किलो प्रति वर्गमीटर डालकर बुवाई करें।

एक व्यापारी की अनुमानित लागतः-

(10×3 ×1) 1/2'

ईटें = लगभग @1.0 = 40

केचुएं = 10 किलो / 100/- प्र/कि.

1000/-

टाट 4 10 रू प्रति टाट 40/-

गोबर, अपशिष्ट व छप्पर स्वंय का

एक क्यारी की कुल लागत 1080/-

14.21.2 वर्मीकम्पोस्ट उद्योग लाभकारी कैसे-

1. इस व्यवसाय को कृषक किसी भी छायादार स्थान में प्रारम्भ कर सकता है।
2. इस व्यवसाय को कृषक/ कृषक महिलाएं घर के कार्यो के साथ असानी से कर सकते हैं।
3. इसमें कृषि अपशिष्टों का बेहतर उपयोग होता है।
4. वर्मीकम्पोस्ट के साथ केंचुओं को बेचने का कार्य आसानी से किया जा सकता है। आमतौर पर वर्मी कम्पोस्ट थोक में दो से तीन रुपये किलो तथा केचुएं 150 से 200 रूपये किलों बिकते हैं।
5. वर्मीकम्पोस्ट बनाने की तकनीक आसान होने के कारण सीखने में समय नहीं लगता हैं।

14.21.3 कुछ ध्यान रखने योग्य बातें-

1. क्यारियों को सीधी धूप व बारिश से बचाऐं अन्यथा केंचुऐ मर जाएंगें।
2. गर्मी में दो बार व बरसात में आवश्यकतानुसार पानी का छिड़काव करें।
3. खाद निर्माण प्रक्रिया के दौरान बार बार उथल पुथल नहीं करें। इससे केचुऐं नष्ट होते है।

4. खाद प्रक्रिया के दौरान केचुएं सुरक्षित रहना चाहिऐ।
5. खाद प्रक्रिया के पूर्ण होने का समय केचुओं की संख्या एवं देखभाल पर निर्भर करता है।
6. केचुओं द्वारा गोबर का खाद में परिवर्तन होने के तुरन्त बाद ही ठण्डे गोबर की क्यारी तैयार रखें एवं उसमें छोड़ दें ताकि भूख से केचुऐं मर ना पाएं।

इस प्रकार उपरोक्त तथ्यों को देखते हुए कहा जा सकता है कि आधुनिक युग में जहाँ किसी भी उद्योग को चलाने में कठिनाईयों का सामना करना पड़ रहा है। वहीं आज कृषि के क्षेत्र में वर्मीकम्पोस्ट लघु उद्योग ने कृषकों को नई दिशा प्रदान की है। कम खर्च में ज्यादा मुनाफा तथा भूमि की उर्वरा शक्ति को बनाए रखने में वर्मीकम्पोस्ट लघु उद्योग का महत्वपूर्ण योगदान है। इस लघु उद्योग को प्रारम्भ कर कृषक व कृषक महिलाएं स्वयं के एवं देश के आर्थिक स्तर पर को ऊँचा उठाने में सहयोग प्रदान कर सकती हैं।

''गोवर मैला नीम की खली।
इससे खेती दूनी फली।।''
घाघ

15

जैविक खेती समय की माँग

भारतीय किसान परम्परागत रूप से खेती में स्थानीय तकनीकि व संसाधनों का उपयोग करते थे, जिसमें वे स्थानीय बीज, वर्ष आधारित खेती व जैविक खाद थे। जोकि सड़े-गले पत्ते व घासो का उपयोग कर बनाने में भारतीय किसान माहिर थे। पारंम्परिक खाद के प्रयोग से फसल अधिक गुणवत्ता वाली होती थी। साथ ही आस-पास का वातावरण साफ व स्वच्छ रहता था। एक दो दशक पहले तक आम काश्तकार खेती से इतना उत्पादन कर लेता था कि परिवार का गुजर-बसर हो जाता था और अपनी आर्थिक जरूरतें भी पूरी कर लेता था लेकिन आधुनिकता व बाजारवाद की ऑधी ने किसानों का रुख जैविक खाद से रासायनिक खादों की तरफ मोड़ दिया। रासायनिक खाद, बीज व कीटनाशकों के प्रयोग से उत्पादन में वृद्धि हुई लेकिन एक सीमा के बाद आर्थिक दबाव पड़ने लगा। किंतु इसकी माँग में कमी नही आई।

आजकल जैविक खेती जिसे आर्गेनिक एग्रीकल्चर भी कहते हैं आधुनिक कृषि पद्धति के रूप में प्रचलित करने का प्रयास अन्तर्राष्ट्रीय स्तर पर किया जा रहा है परन्तु यह हमारे देश की प्राचीन कृषि पद्धति रही है जिसे वैदिक कृषि भी कहा गया है। कृषक प्राकृतिक नियमों का पालन करते हुए वैज्ञानिक तथ्य को पूर्ण रूपेण समझते हुए कृषि कार्य में संलग्न थे और इन्हें इच्छित सुफलदायी परिणाम प्राप्त होता था। मिट्टी की गुणवत्ता बनाये

रखते हुए मानव कल्याण के साथ पर्यावरण संतुलन स्थापित रहता था। यह खेत, खलिहान, श्रमिक एव उपभोक्ताओं के लिए किसी भी प्रकार से हानिकारक प्रभाव से रहित था। बढ़ती हुई आबादी, दोषपूर्ण कृषि नीति, अनावृष्टि के कारण हमें खाद्यान्य संकट से गुजरना पड़ा। पी-एल 480 के अन्तर्गत पश्चिमी देशों से घटिया किस्म के गेहूँ को आयात करना पड़ा। तात्कालिक खाद्यान्न संकट निवारण हेतु अधिक अन्न उपजाओं आन्दोलन को प्रोत्साहित किया गया। 1960 के दशक में हरित क्रान्ति का शुभारम्भ हुआ। **डा. नारमन, ई. बोरलाग** तथा **डा. एम.एस. स्वामीनाथन** इसके जनक माने गये। **डॉ. बोरलाग** का मत था कि जैविक खेती के जरियें बढती आबादी को खाद्यपदार्थ मुहैया नही कराया जा सकता। संकर बीज किस्मों, रासायनिक उर्वरकों जैसे यूरिया, डी.ए.पी. कीटनाशक तथा खरपतवार नाशक दवा का अत्यधिक उपयोग करने से मिटटी की स्वाभाविक उर्वरा शक्ति में कमी हुई तथा बड़ी मात्रा में कृषि भूमि बंजर हो गई जिसके परिणाम स्वरुप जैविक खेती को अपनाने का प्रचलन आरम्भ हुआ और आज अधिकांश देश इसके अनुयायी बन गये हैं।

हमारें परम्परागत बीज लुप्त हो गये तथा संकर बीजों पर निर्भरता बढ़ गई। उपज तो अच्छी प्राप्त हुयी लेकिन रासायनों का दुष्प्रभाव मनुष्यों और जानवरों पर जब देखा गया तो किसानों एवं कृषि वैज्ञनिकों का विचार पुनः बदला और पुराने पथ पर जाने को मजबूर किया। खाद्य पदार्थों में कैडमियम तथा शीशा एवं अन्य अवांक्षित तत्वों की मात्रा अनुपात से अधिक पाई गई जिसे रोगों का मुख्य कारक मना गया। संचित जल में भी हानिकारक तत्वों की मात्रा अधिक पाई गई। गावों, कस्बों के जलाशय इन रसायनों के द्वारा प्रदूषित हुए जो पालतू जानवरों के साथ जलीय पौधों एवं मछलियों को प्रभावित करते हुये फूडचैन के माध्यम से मनुष्यों तक पहुँचकर अनेक व्याधियों को जन्म दिया।

आज रासायनिक प्रदूषण से उबरकर देश या विदेश के वैज्ञानिक जैविक खेती करने को प्रोत्साहित कर रहे है। इस पद्धति वे बारे में पुनः नये सिरे से कृषकों में जागृति तथा विश्वास बढ़ रहा है। जैविक खेती ने उत्पाद

की गुणवत्ता ही नहीं बल्कि खेत खलिहान तथा उपभोक्ताओं में सामन्जस्य स्थापित हुआ है। हम भारत के किसान एवं कृषि वैज्ञानिकों के प्रति कृतज्ञ हैं जिन्होनें त्याग, तपस्या तथा अथक परिश्रम करके हमारे स्वास्थ्य एवं समृद्धि हेतु उन्नत उत्पाद अनमोल उपहार के रूप में प्रस्तुत किये है। आज जैविक खेती का परिचालन 130 देशों में कुल लगभग 35 मिलियन हेक्टेयर में हो रहा है। जैविक खेती के तीन मुख्य आधार है। पहला-मिश्रितफसल, दूसरा-फसल चक्र और तीसरा-जैव उर्वरक का उपयोग। मिश्रित फसल लेने में कम क्षेत्रफल में हम अधिक उपज प्राप्त कर लेते है। मिट्टी में मौजूद विभिन्न तत्वों का अनुपातिक उपयोग विभिन्न फसलों में करते है। फलतः मिट्टी की प्राकृतिक गुणवत्ता बरकरार रहती है। पौधे जितनी मात्र में कार्बनिक या अकार्बनिक तत्व ग्रहण करते है उसे बायोजियोकेमिकल्स चक्र के अन्तर्गत लौटा देते हैं। खरपतवारों को उगने का मौका नहीं मिल पाता। मगध प्रक्षेत्र में धान के खेत के मेंड़ पर अरहर उपजाने की परंपरा रही है। पुनः अरहर के खेत में पंक्तिबद्ध मूंगफली, मूंग, उरद, सोयाबीन या लोबिया लगाना सुविधाजनक होता है। इस प्रकार सहफसली खेतों में उचित प्रजाति का चुनाव एवं सिंचाई प्रबन्धन पर ध्यान देना आवश्यक है। जैविक खेती का दूसरा आधार फसल चक्र है। एक ही फसल लगातार उगाने से मिट्टी में मौजूद लवणों का संतुलन बिगड़ जाता है। अतः फसल का अनुपालन करने से पौधों को भी उचित पोषण प्राप्त होता है। साथ ही मिट्टी की उर्वरकता बनी रहती है। खरपतवार भी न्यूनतम उग पाते है। पादप रोगों को भी फैलाव का मौका नही मिलता। कीटों की संख्या में ह्रास देखा गया है। खेती से प्राप्त अतिरिक्त उत्पाद को पुनः सड़ाकर उसी मिट्टी में मिला देने से किसानों की उर्वरक, कीटनाशक तथा खरपतवार नाशक रसायन पर व्यय राशि के साथ-साथ श्रमशक्ति की भी बचत होती है। रसायनिक उर्वरकों का आयात करने में विदेशी मुद्रा की खपत कम होती है।

हम कृषि उत्पाद के अवशिष्ट पदार्थ (जैसे-पुआल, भूसी) बायोगैस संयत्र का अवशिष्ट एवं केंचूआ खाद आदि का उपयोग करके मिट्टी में मौजूद विभिन्न तत्वों की आनुपतिक मात्रा सामान्य बनाये रख सकते हैं। खेत

खालिहानों के उत्पाद को ही उर्वरक कीटाणुनाशक या खरपतवार नाशक या फफूंदीनाशक के रूप में इस्तेमाल करके आर्थिक बोझ को कम करते हुये प्राकृतिक संतुलन स्थापित कर सकते हैं। विभिन्न प्रकार के रसायनों के अत्यधिक इस्तेमाल से आन्त्रशोध, एलर्जी, हेपेटाइटिस, हृदय रोग एवं कैंसर होने की संभावना बढ़ी है। विश्व स्वास्थ्य संगठन के सर्वे के अनुसार 20000-25000 व्यक्ति प्रतिवर्ष इन रसायनों के प्रभाव से अकाल मृत्यु को प्राप्त करते हैं। नीम का पौधा, प्राचीन समय से हमारे जीवन से जुड़ा है। इसमें मौजूद निम्बीन, एवं बिम्मडीन के कारण विभिन्न फसलों, अंगूर तथा गेहूँ इत्यादि पौधों पर रोग निरोधक के रूप में प्रयोग करना उपयोगी है। इसका प्रयोग बायोकन्ट्रोल के निर्माण के लिए किया गया है। जिसमें नीम, फफूंद, जीवाणु, विषाणु तथा जन्तुओं की सहायता से बायोपेस्टीसाइड का निर्माण किया जा रहा है जो काफी उपयोगी है। इस प्रकार जैविक खेती मूलतः फसल-चक्र, मिश्रित फसल, खेत खलिहान के अवशिष्ट पदार्थ का सदुपयोग गोबर-खाद, केंचूआ तथा जैविक कीट नियंत्रण के इस्तेमाल पर आधारित है। इससे अवशिष्ट पदार्थो का सदुपयोग भी हो जाता हैं तथा वातावरण प्रदूषण मुक्त भी रहता है।

15.1 आधुनिक कृषि से जैविक खेती-एक सफर

औद्योगिक क्रांति के साथ ही पश्चिमी जगत में आधुनिक खेती की शुरूआत हो गई थी। इसके तहत कृषि की पैदावार में इजाफा करने के लिए रासायनिक उर्वरकों का उपयोग होने लगा। बाद में कीटनाशक और खरपतवारनाशी का भी इस्तेमाल किया जाने लगा। लेकिन इसके बावजूद 18वीं और 19वीं सदी तक औद्योगिकरण के दौरान संपूर्ण यूरोप कम पैदावार की समस्या से पूरी तरह निजात नहीं पा सका। यूरोपीय देश गेहूँ सहित अन्य कृषि उत्पादकों का आयात भारत जैसे अपने उपनिवेशों से करने लगे। औद्योगिकरण को विकास का पर्याय माना जाने लगा और कथित आधुनिक खेतों का मॉडल उपयुक्त माना जाने लगा। वर्तमान में भारत जैसे विकासशील देश भी इसी दिशा में आगे बढ़ रहे है। ये देश इस तथ्य को नकार रहे हैं कि लाखों-करोड़ों छोटे किसानों की आजीविका कृषि पर ही निर्भर हैं। भारत

विकासशील देशों की स्थिति विकसित देशों जैसे नहीं है, जहाँ औद्योगिक आधार काफी मजबूत हैं और वहाॅ लोगों को रोजगार उद्योगों में दिया जा सकता है।

भारत में आधुनिक खेती का मॉडल 1960 हरित क्रांति की शुरूआत के साथ अपनाया गया। आज देश में कृषि उत्पादकता थम चुकी है। बहुत धीमी है और कृषि उत्पादन विकास दो फीसदी की सालाना दर से बढ़ रही जनसंख्या की मांग के मुकाबले कम है। ऐसे में भारत सरकार कम उत्पदाकता की समस्या से निजात पाने के लिए दूसरी हरित क्रांति को लाने पर विचार कर रही ।

15.2 जैविक खेती में कीट प्रबंधन

हालांकि खेती-बाड़ी में कीट प्रबंधन के लिये रासायनिक कीटनाशक सर्वाधिक प्रभावशाली होते हैं, लेकिन साथ ही साथ इनके दुष्प्रभाव भी कम नहीं होते हैं। बार-बार इन हानिकारक दवाओं के प्रयोग से कीड़ों में इनके विरुद्ध प्रतिरोधक क्षमता बढ़ती जाती है जिसके फलस्वरूप हर छिड़काव में दवाओं की मात्रा बड़ाते रहने से न तो ये दवाएं प्रभावशाली रह पाती है और इनके अवशिष्ट से हम अपने वातावरण को भी प्रदूषित करते हैं। यही नहीं इसके अलावा प्राकृतिक रूप से कीटों का नियंत्रण रखने वाले मित्र-जीवों के महत्वपूर्ण योगदान से अनभिज्ञ हम इन्हें भी नष्ट कर देते हैं। इस तरह रासायनिक कीट नाशकों के अनेक अवगुणें के साथ-साथ हम ज्यादा-लागत लगातें है। जैविक खेती ऐसी खेती हैं जहाॅ हानिकारक रसायन पूर्णरूप से वर्जित होती हैं। इसके अंतर्गत कीट-प्रबन्धन के ऐसे माध्यमों का प्रयोग किया जाता है, जो कि वातावरण मैत्री एवं प्रभावशाली ही नहीं बल्कि आर्थिक रूप से भी सटीक होते हैं।

15.3 पारंपरिक कीट प्रबंधन

खेती-बारी में प्रायः किए जाने वाले तौर-तरीकों में थोड़ी सी तब्दीली करने पर, बगैर अतिरिक्त लागत के कीटों का प्रभावशाली प्रबंधन किया जा सकता है। मुख्य रूप से, खेती की साफ-सफाई पर ध्यान देना है।

बीज-रोपण में पौधों के सही घनत्व का ध्यान रखना, बुवाई उपयुक्त समय पर ही करना, नाइट्रोजन उर्वरकों की उपयुक्त मात्रा का ही प्रयोग करना, जल एवं पोषण प्रबंधन, कीटों का आश्रय देने वाले अनावश्यक खरपतवार का नियंत्रण, गर्मियों में बुवाई के पहले जमीन की अच्छी व गहरी जुताई करना इत्यादि। गहरी जुताई से जमीन की सतह के नीचे पनपने वाले अपरिपक्व कीड़े ऊपर आ जाते है, जो कि धूप की गर्मी को सहन नहीं कर पाते है, या तो पक्षियों के भोजन का शिकार हो जाते हैं या उनकी मृत्यु हो जाती है। इससे उनकी संख्या में काफी हद तक कमी आ जाती हैं

कटाई उपरांत हमें खेती की सफाई का भी ध्यान रखना चाहिए। कीट-क्षतिग्रस्त पौधों को खुले में नही छोडें, बल्कि उन्हें एक गड्ढें में डालकर बंद कर दें। इससे पौधों के अन्दर पनप रहे कीट परिपक्व होने के पश्चात न ही वातावरण में बढ़ पायेंगे और न ही अगले मौसम में लगाए जाने वाले नई फसलों पर आक्रमण करेगें।

अधिक धनत्व में रोपे गये पौधे कई प्रकार के कीटों के लिये अनुकूल होते है। आसानी से आकृर्षित होकर फलते-फूलते है तथा आगे पहुॅचाते हैं। अतः बीज रोपण के समय पौधों की उपयुक्त दूरियों का ख्याल रखना चाहिये, जो कि कीड़ों के लिये प्रतिकूल वातावरण पैदा करें। बुवाई कतारों में उपयुक्त दूरी रखने के साथ-साथ बुवाई का सही समय भी कीट प्रबन्धन में काफी योगदान देता है। उपयुक्त समय से पहले या फिर देर से बुवाई करने पर अनेक प्रकार की समस्यायें हो सकती हैं। उदाहरण के तौर पर सरसों की बुआई अगर मध्य अक्टूबर में कर दी जाए तो जनवरी-फरवरी में आने वाले चेपकों की अत्यधिक संख्या से बच जाएगें। इसके विपरीत मध्य अक्टूबर के बाद की गई बुवाई वाली सरसों चेपक के भारी चपेट में आ जाती है। आवश्यकता से ज्यादा नत्रजन उर्वरक पौधों को ज्यादा हरे व रसीले बना देते है। दूसरी ओर पोटाश पौधों में कीटों के विरुद्ध प्रतिरोधक क्षमता पैदा करती है। अतः उर्वरकों के सहफसल के प्रयोग से न केवल कीटों का प्रबंधन कर सकते हैं बल्कि मिट्टी की बिगड़ती स्वास्थ्य एवं लागत पर भी काबू पा सकते हैं।

इसके लिए कुछ अधिकारियों के बयानों से पता चलता है कि उन्हें जमीनी हकीकत मालूम ही नहीं है। नेताओं के पास भी ग्रामीण भारत की परिस्थितियों के अनुरूप नवीन योजना और विचारों की भी कमी है। संक्षिप्त में कहा जाए तो कृषि क्षेत्र की निरंतर विकास गति में रुकावट क्या है, सबसे बड़ा सवाल यही है। यह कोई आम आदमी भी समझ सकता है कि लगातार रसायनिक कीटनाशक और सिंथेटिक उर्वरकों के इस्तेमाल से हमारे खेतों की मिट्टी से पौष्टिकता गायब हो चुकी है, उर्वरकों के अत्यधिक और असंतुलित प्रयोग से हमारा प्राकृतिक आधार ही नष्ट हो चुका है। सब्सिडी की सरकारी नीति के कारण नाइट्रोजन उर्वरक का उपयोग काफी बढ़ा हैं। इस वजह से मिट्टी की पोषकता और पर्यावरण को लंबे समय तक नुकसान होने की आशंका हैं। मिट्टी के क्षरण के चलते न केवल इसमें अम्लीयता एवं लवणता बढ़ी है, बल्कि भौतिक गुण जैसे पानी सोखने की क्षमता, मिट्टी की संरचना को भी नुकसान हुआ है। भारतीय कृषि अनुसंधान परिषद् (आईसीएआर) के अध्ययन के अनुसार कृत्रिम नाइट्रोजन खाद यानी यूरिया के अकेले लगातार इस्तेमाल के कारण उत्पादकता घटी हैं। इसमें कोई संदेह नहीं है कि भारत में खादों की औसत खपत (113.26 किलोग्राम प्रति हैक्टेयर) कम है। जबकि चीन में यह आंकड़ा 290 किलोग्राम प्रति हैक्टेयर है। लेकिन हरित क्रांति के बाद से इसकी खपत काफी बढ़ी है। देश में उर्वरकों की कुल खपत काफी बढ़ी है। देश में उर्वरकों की कुल खपत 1950-51 के 7,0000 टन के मुकाबले 2008-09 में 2.3 करोड़ टन हो गई है, गेहूँ, चावल, कपास, गन्ना, तिल सरसों और आलू में सबसे अधिक कुल खाद की दो-तिहाई खपत होती है। इस तरह देश के कुल कृषि क्षेत्र के 40 फीसदी सिंचित क्षेत्र में 60 फीसदी खाद का उपयोग हर साल होता है। सब्सिडी के मौजूदा प्रारूप (एन-पी-के) के असंतुलित और अधिकतापूर्ण मिश्रण के चलते मूल्य अनुपात नाइट्रोजन खाद के पक्ष में है। वर्ष 1980-81 से 1990-91 के दौरान एन.पी.के. खादों के दाम एक समान बढे। लेकिन इसके बाद सरकारी सब्सिडी के चलते यूरिया (नाइट्रोजन) सस्ता होने के कारण दाम इसके पक्ष में चले गए। इस वजह से फर्टिलाइजर इंडस्ट्री इसी का सबसे अधिक

उत्पादन करता है। वर्ष 2001-2002 से अब तक खाद सब्सिडी 12,000 करोड़ रुपये से बढ़कर एक लाख करोड़ रुपये सालाना हो गई है। पिछले छह-सात वर्षो के दौरान कृषि उत्पादन की वार्षिक दर 1.3 फीसदी रही हैं। उर्वरक सब्सिडी किसानों को सस्ती खाद मुहैया कराने के मकसद से दी जा रही है लेकिन इसका सबसे अधिक लाभ उद्योग को मिल रहा है। कृषि को लाभकारी बनाने ओर मिट्टी की पोषकता नष्ट होने से बचाने के लिए जैविक खाद और जैविक खेती पर बल देने की आवश्यकता है। ग्रीनपीस की रिपोर्ट ने कृषि की पारिस्थितिकी विधि अपनाने का सुझाव दिया है। इसे जैविक खेती के नाम से जाना जाता है। जो कम लागत वाला विकल्प है।

इस संबंध में वर्मीकम्पोस्ट खाद का प्रयोग कृत्रिम नाइट्रोजन खाद का विकल्प हो सकता है। यदि भारत सरकार कृत्रिम खाद सब्सिडी को हटाने के लिए पांच साल की योजना बनाती है तो निश्चित तौर पर 12,000 अरब रुपये सब्सिडी की बचत करना संभव है। इसका 40 फीसदी यानि 4900 अरब रुपयो का निवेश वर्मीकम्पोस्ट यूनिट बनाने पर किया जा सकता है। इससे कृत्रिम नाइट्रोजन खाद के स्थान पर जैविक नाइट्रोजन का इस्तेमाल होने लगेगा। लेकिन बड़ा सवाल यही है कि आज के मौजूदा राजनीतिक परिदृश्य में कथित आधुनिक खेती की जगह पर पारंपरिक जैविक खेती पर ध्यान देने का फैसला लिया जा सकेगा। जलवायु संतुलन के लिए जैविक खेती ही उपयुक्त विकल्प है। लेकिन देश के तमाम राज्य आधुनिक खेती की जमकर वकालत कर रहे है। उत्पादकता बढ़ाने के लिए जैनेटिकली मॉडीफाइड (जीएम) फसलों की बात हो रही है इससे बहुराष्ट्रीय कंपनियों को एकाधिकारीवादी बाजार मुहैया कराया जा रहा है। लेकिन असली सवाल यह है कि इन हालातों में कृषि को लाभकारी कैसे बनाया जाए। इस सवाल का जवाब क्यूबा में अपनाया गया जैविक खेती का सफल मॉडल है।

15.4 जैविक-कीट प्रबंधन

परभक्षी, परजीवी एवं रोगाणुओं का प्रयोग ही जैविक कीट प्रबंधन का मूल है, जो हमारे मित्र साबित हुए है। आमतौर पर ये मित्र जीव अच्छे एवं

स्वस्थ वातावरण में उपयुक्त स्तर पर शामिल रहते है, और तो प्राकृतिक रूप से शत्रु कीटों पर काफी हद तक नियंत्रण रखते है, रासायनिक दवाओं के प्रयोग से मित्र तथा शत्रु जीवों की संख्या असंतुलित हो जाती है, जो कि एक बड़ी समस्या है। इन मित्र जीवों को प्रयोगशाला में बड़ी मात्रा में पैदा कर खेतों में कीट-प्रबंधन के लिये छोड़ा जा सकता है। ट्राइकोडर्मा कई शत्रु-कीटों का अंड परजीवी, जोकि अनेक फसलों के कीट प्रबंधन में कारगर सिद्ध हुआ। एनपीवी, सीपीवी एवं जीवी विषाणु खास कीटों के लिए उपलब्ध हैं। यानि ये दूसरे कीटों या मित्र कीटों को कोई हानि नहीं पहुंचाते। खाद कीड़ों के लिये ही घातक होने से इसकी मांग एवं उपलब्धता कम तो होती है, मगर काफी असरदार होते है। इसके अलावा कई फसलों में कवकीय कीटनाशकों का प्रयोग भी काफी प्रभावशाली रहा है। रोगाणुओं में बैसिलस थूरिनजिएन्सिस नामक जीवाणु काफी प्रचलित है। जिनके जीन की सहायता से जीन-परिवर्तित, कीट प्रतिरोधी कपास (बी टी कपास) निर्मित किया गया है, जोकि आम कपास की तुलना में अधिक कारगार एवं लाभकारी है।

15.4.1 पौधों की प्रतिरोधी किस्मों का प्रयोग

जैविक कीट-प्रबन्धन में कीट-प्रतिरोधी किस्मों का चयन करना पहला एवं महत्वपूर्ण कदम है। स्थानीय परिस्थिति एवं वहॉ के कीट समस्या को नजर में रखते हुए उपयुक्त किस्मों का चयन करना चाहिए एवं समय-समय पर नए किस्मों का भी प्रयोग करना चाहिए।

15.4.2 ट्रैप फसलों का इस्तेमाल

ट्रैप फसलें कीड़ों को अंडा देने व उन पर खाने के लिये अपनी ओर ज्यादा आकर्षित करते है, जिससे मुख्य फसल बच जाती है। उदाहरण के तौर पर टमाटर की चौदह कतारें के बाद गैंदा का कतार लागने से फल भेदक टमाटर की बजाय गैंदा पर आकर्षित हो जाता है, जिससे टमाटर की क्षति में काफी हद तक कमी आ जाती है। इसके अलावा हर मौसम में फसलें बदलते रहने से भी कीटों का फसलों का निरंतर आश्रय भंग हो जाता है।

15.4.3 पादपीय एवं अन्य कीटनाशकों का प्रयोग

कई प्रकार के पौधों में कीटनाशी प्रभाव पाये गये हैं, जिसमें नीम का प्रयोग बेहद कारगर साबित हुआ है। नीम का पेड़ हर जगह पाया जाता है तथा इससे कीटनाशक दवा बनाना बहुत ही आसान एवं घरेलू होता हैं। नीम निर्मित कीटनाशक बाजार में उपलब्ध है, तथा नीम सीड कर्नल एक्स्ट्रेक्ट (एन एस वाई) 5 प्रतिशत, नीम तेल 2 प्रतिशत एवं नीम केक 250 किग्रा है। लेड़र फसलों जोकि कतारों में लगी होती है, बहुत ही लाभकारी सिद्ध हुए है। इसके अलावा पंचगव्य, जो कि गौ मूत्र, गोबर, दूध, घी एवं दही से बनता है, दक्षिण भारत में तमिलनाडू एवं केरल मे काफी प्रचलित है।

15.4.4 फिरोमोन ट्रैप एवं डेल्टा ट्रैप का प्रयोग

फिरोमोन, मादा कीटों से निकलने वाला एक जैविक रसायन है जो कि अपने नर पक्ष के प्रजनन के लिए आकर्षित करता है। इन फिरोमोन अथवा इसके रसायन अनुरूप का प्रयोग खेतों में कीटों की उपस्थिति का आंकलन करने में तथा उनके प्रजनन को भंग करने में किया जा सकता है। उदाहरण के तौर पर आम को नर फल मक्खियों को आकर्षित करने के लिए मिथाईल यूजिनॉल का प्रयोग किया जाता है। चेपक, सफेद मक्खियाँ इत्यादि कीट पीले रंग का डेल्टा ट्रैप इस्तेमाल किया जाता है, जिससे आकर्षित होकर कीड़ें ट्रैप के भीतरी चिपचिपे सतहों पर चिपक जाते है।

15.5 जैविक खेती जरूरत एक क्रांतिकारी बदलाव की

तेजी से बढ़ती आबादी का पेट भरने के लिए ज्यादा अन्न उगाने की चिंता में वैज्ञानिकों ने जब रासायनिक उर्वरकों और कीटनाशकों का आविष्कार किया होगा तब उन्होनें शायद यह अनुमान नहीं लगाया होगा कि इससे एक समस्या (अन्न की कमी) तो दूर हो जाएगी लेकिन दूसरी समस्या खड़ी हो जाएगी। दूसरी समस्या यह खड़ी हो गई कि हमारे खेतों की उर्वरता घटने लगी। अनाज में जहरीले तत्व मिलने लगे। यही नहीं उर्वरकों और कीटनाशकों के भारी उपयोग के चलते हमारा समूचा पर्यावरणीय चक्र अस्तित्व ही खतरे

में पड़ता दिखाई दे रहा है। विश्व स्वास्थ्य संगठन (डब्लूएचओ) के अध्ययन के अनुसार तीसरी दुनिया में हर साल करीब 14 हजार लोगों की कीटनाशकों के जहर से मौत हो जाती है। ऐसे एक नहीं बल्कि अनेक अध्ययनों में यह बात साफ हुई है कि कीटनाशकों और उर्वरकों के इस्तेमाल के कारण खाद्य वस्तुओं की पौष्टकता प्रभावित हो रही है। इस भोजन से करोड़ों-अरबों लोगों की पौष्टिकता मिलने के बजाय धीमा जहर मिल रहा हैं। कीटनाशकों का सिर्फ यही दुष्परिणाम नहीं है बल्कि इससे खेतों की मिट्टी की उर्वरकता भी प्रभावित हो रही है। उर्वरता घटने का तथ्य इस आकंड़े से स्पष्ट होता है कि हमारे देश में ही खेतों में खाद्यान्न की पैदावार की विकास दर घट रही है। 1980-1981 से 1989-90 के दौरान यह विकास दर 2.56 फीसदी रही थी जबकि 1990-91 से 1999-2000 के बीच विकास दर घटकर 1.31 फीसदी रह गई।

अब वैज्ञानिकों की चिंता का विषय यह है कि खेतों को रसायनों के कुप्रभाव से कैसे सुरक्षित रखा जाए। यह चिंता समूची दुनिया में दिखाई दे रही है। यही वजह है कि तमाम देश जैविक खेती को बढ़ावा देने में लगे है। अमेरिका ने अभी हाल में कई कार्यक्रम शुरू किये हैं जिसमें जैविक खेती करने वाले छोटे व मझोले किसानों को वित्तीय मदद की जाएगी। ये किसान अपने खेतों को जैविक खेती के लिए पंजीकृत करा सकते है। अमेरिका में चलाए जा रहे इस कार्यक्रम के अनुसार किसानों को हर साल अधिकतम 20 हजार डॉलर प्रति फार्म की सहायता दी जाएगी। उन्हें यह सहायता छह सालों तक मिलेगी। कार्यक्रम के तहत उन्हें प्रति फार्म अधिकतम 80 हजार डॉलर की सहायता देने का प्रावधान है। अमेरिकी कृषि विवरण द्वारा चलाए जा रहे इस कार्यक्रम के तहत मिलियन डॉलर की व्यवस्था की गई है।

अमेरिका की चिंता लाजिमी है क्योंकि वहाँ जैविक खेती की स्थिति कोई बहुत अच्छी नहीं है। एक अनुमान के अनुसार वहां कुल खेती योग्य जमीन में से सिर्फ 0.23 फीसदी जमीन पर जैविक खेती हो रही है। यह

आंकड़ा एक चौथाई फीसदी से भी कम है। इस मोर्चे पर भारत की स्थिति और भी खराब है। सेमिनारों और कार्यक्रम में जैविक खेती पर भाषण तो खूब दिए जा रहे है लेकिन वास्तव में काम बहुत ही कम हो रहा है। भारत में कुल खेती योग्य जमीन में से सिर्फ 0.03 फीसदी खेतों में जैविक खेती हो रही है। दूसरे शब्दों में हम सकते है कि दस हजार हैक्टेयर खेती में से सिर्फ तीन हैक्टेयर में ही जैविक खेती हो रही है। दरअसल जैविक खेती करने की समूह व्यवस्थित विधि है जिसमें खेत को जैविक खेती के लिए विशेष तरीके से तैयार करने के अलावा खेती भी उसी विधि से की जाती है। रासायनिक तत्वों से मुक्त उपज सुनिश्चित करने के लिए जैविक खेती का प्रमाणन अपने में बड़ा मुद्दा है। हालांकि जैविक खाद्य पदार्थो का बाजार तेजी से बढ़ रहा है।

इससे जैविक विधि से उगाई फसलों का बेहतर मूल्य मिलना कोई मुश्किल नहीं है लेकिन इसलिए किसानों को प्रेरित करना और प्रशिक्षित करना बड़ा काम है। सामान्य खेती में भी किसानों के अनिश्चितता के दौर से गुजरने की आंशका बनी रहती है। ऐसे में किसानों को जैविक खेती नियमित आय सुनिश्चित करने की सख्त जरूरत है। इसके लिए किसानों को समुचित प्रशिक्षण देने के अलावा सुनिश्चित बाजार सुलभ कराना समय की मांग है। अगर सरकार किसानों व जैविक खेती के लिए प्रेरित करने में सफल रही तो जहरीले भोजन से मुक्ति की दिशा में हमारा यह ठोस कदम होगा। हालांकि विशाल भारत में बड़ी शुरूआत भी आंशिक ही कहलाएगी।

15.6 खेती का व्यवसायीकरण और भारतीय किसान

खेती भारत का सबसे पुराना और सबसे अधिक लोगों के पेट भरने का साधन है और यदि कृषि को भारतीय समाज या अर्थव्यवस्था की रीढ कहा जाय तो कोई अतिश्योक्ति नहीं होनी चाहिये लेकिन इसे राजनीति का कुचक्र कहें या भारतीय किसानों कि बदकिस्मती कि विकसित और आधुनिकता की दौड़ में मानों हमने खेती और उससे जुड़े किसानों का तिरस्कार कर दिया है। इसे देश की त्रासदी ही कहा जायेगा कि आज जब देश की अर्थव्यवस्था

और विकाश दर नये रिकार्ड कायम कर रही है वहीं तस्वीर का दूसरा पहलू यह है कि भारतीय किसान आत्महत्या करने पर मजबूर है। देश के कुछ हिस्सों को छोड़कर लगभग पूरे देश में औसतन शायद ही ऐसा कोई दिन हो जब कोई किसान कर्ज, सूखा या बाढ़ की विभीषिका के तले दबकर आत्महत्या करने पर मजबूर नहीं होता है। किसान की मौत भले ही किसान के परिवार के लिये त्रासदी है लेकिन राजनैतिक पार्टियां इसे चुनावी एजेंडे के रूप में ले रही हैं लेकिन किसान और सरकार से भी ऊपर बैठा कारपोरेट समूह सरकार के माध्यम से नये-नये तरीकों का इस्तेमाल करके किसानों के शोषण करने में जुटा है और समय-समय पर नई योजनाओं को माध्यम बनाकर सरकार और किसान की आखों में धूल झोंककर अपने हित साधने में लगा हुआ है। इस कड़ी में नया नाम है जैविक खेती का बड़े-बड़ें शहरों में शीशे के घरों में बैठकर कारोबार करने वाली कम्पानियों और हस्तिया इस खेल की प्रमुख खिलाड़ी है। दरअसल जिस तरह विकास की दौड़ परिश्रम से शुरू होती है ठीक उसी तरह पश्चिम यानी अमेरिका और यूरोपीय देश रासायनिक खेती के द्वारा अपने यहॉ के पर्यावरण, जल एवं वायु को पूरी तरह बिगाड़ चुके हैं। इन देशों मे जब जमीन और दूषित खाद्य पदार्थो की चिंता शुरू हुई, कंपनियों का रुख भारत और भारतीय तरीके की और गया और हरित क्रांति के नाम पर रासायनों से भारतीय खेतों में पैदावार बढ़ाने के तरीके कंपनियों के द्वारा इजाद किये गये। लगभग साठ के दशक में शुरू हुई इस विनाशकारी अभियान का ही परिणाम है कि आज पंजाब जैसे अत्यंत उपजाऊ राज्यों की भूमि न केवल अनुत्पादक होती जा रही है बल्कि आम आदमी के स्वास्थ्य का स्तर भी गिरता जा रहा है। दिनों दिन फसल की पैदावार कम होने से किसानों को भलें ही अपनी गलती का अहसास हो गया और एक बार फिर किसानों ने जैविक खेती की ओर कदम बढ़ाना शुरू कर दिया, लेकिन देश की सरकार और विशेषज्ञ अभी भी एक राय नही हो पाये है कि जैविक खेती और रासायनिक खेती में श्रेष्ठ क्या है। जैविक खेती का यह खेल काफी महीन और पेचीदा है। कहने के लिए तो एक बार फिर किसानों के हित और लाभ की ही बातें कही जा रही हैं, परंतु हकीकत यह

है कि जैविक खेती के इस खेल में बस पीछे वही खड़ा हैं। यह लगभग सभी जानते और मानते है कि भारतीय किसान परंम्पराओं से जैविक खेती ही करता रहा है। आज भी जहां हरित क्रांति की छाया नही पहुॅची है और जहाँ के किसानों की क्षमता सीमित है, वहाँ अभी भी किसान परंपरागत यानी जैविक तरीके से ही खेती कर रहे हैं, परंतु यह एक विडंबना ही है कि जैविक के परिक्षेत्र में में उन्हें नहीं रखा जा सकता, क्योंकि जैविक का प्रमाण पत्र हासिल करने के लिए आवश्यक कागजी कार्रवाई और पैसा खर्च कर पाने में वे असमर्थ हैं हालांकि जैविक व्यापारियों ने इसका भी रास्ता ढूंढ निकाला है, और यह रास्ता है समूह प्रमाणीकरण का परंतु समूह प्रमाणीकरण में भी किसान जैविक खेती करने के आर्थिक फायदों से वंचित ही रहता है।

जैविक प्रमाणित वस्तुओं का बाजार मूल्य सामान्य वस्तुओं की तुलना में काफी अधिक होता है, लेकिन इसका लाभ किसान को नहीं मिल पाता। प्रामाणीकरण में हुए खर्चे और प्रमाणीकरण व जैविक मार्केटिंग करवाने वाली बिचौलिया संस्थाएं इसका लाभ उठाती हैं। प्रमाणीकरण के सारे मापदंड यूरोप और अमेरिका में बने हुए हैं या फिर उनके अनुसार ही बनाए गए हैं। इसके पीछे का तर्क यह दिया जाता है, कि यदि जैविक उत्पाद का निर्यात करना है, तो वहाँ के मापदंडों को स्वीकार करना ही होगा और यदि निर्यात की संभावना को छोड़ दें तो किसानों को जैविक खेती का कोई फायदा नहीं मिल पाएगा। वास्तव में गौर से देखें तो यह सारा मामला मार्केटिंग और पैसे का ही दिखता है। इसमें कहीं भी भूमि और किसानों व उपभोक्ताओं के हितों के संरक्षण की बात नही है। किसानों के बीच शून्य लागत खेती का प्रचार करने वाले कई कृषि विशेषज्ञों का मानना है कि बातें केवल दिखावे की है। यह खेती का व्यवसायीकरण करने का एक षडयंत्र मात्र है। किसानों को जितना खतरा वैश्विकरण से है, उतना ही जैविक खेती रूपी व्यवसायीकरण से भी है। यह बात राजधानी दिल्ली में आयोजित इंडिया ओर्गेनिक ट्रेड फेयर 2010 में भी सामने आई। मेले में आए किसानों की आंखें जैविक प्रमाणित वस्तुओं का मूल्य देखकर कही जा रही है। तो इसमें उनका हिस्सा कहाँ जा रहे है? कुछ एक किसान विभिन्न स्टोलों पर यह भी पूछते देखे गए कि जैविक खेती करने से उन्हें क्या लाभ है? जैविक उत्पादों की मार्केटिंग करने

वालों के पास उनके सवालों का गोल-मोल उत्तर ही था। एक अत्यंत प्रतिष्ठित प्रमाणीकरण संस्था के जांचकर्ता ने स्वीकार किया कि जैविक खेती को भारत में स्वीकृत मापंदड भारत की परिस्थितियों के अनुकूल नही है और इसलिए भारत का गरीब किसान जैविक खेती करने के बाद भी स्वयं को जैविक प्रमाणित नहीं कर सकता। इसलिए एक बार फिर खेती बेची जा रही है। लेकिन उसका लाभ खेती करने वाले किसानों को नहीं मिल रहा। जैविक खेती के क्षेत्र में कई स्वयंसेवी संगठन भी काम कर रहे है। हालांकि इनमें भी अधिकांश का उद्देश्य व्यवसाय ही है, लेकिन कई संगठन काफी निष्ठापूर्वक और ईमानदारी से जैविक के प्रचार में जुटे है। ऐसे संगठनों का स्पष्ट मानना है कि किसानों तक जैविक खेती के आर्थिक लाभ पहुँचाने के लिए जैविक खेती को गाय से जोड़ना अनिवार्य है। ऐसी ही गैर सरकारी संस्था के एक कार्यकर्ता के अनुसार, बिना गाय के जैविक खेती की कल्पना ही नहीं की जा सकती। किसानों को जैविक खेती से तभी लाभ हो सकता हैं जब वे गौ आधारित कृषि को अपनाएं। वैज्ञानिकों ने यह सिद्ध कर दिया है कि गोबर और गौ मूत्र मिट्टी के लिए जरूरी नाइट्रोजन और कार्बन के सबसे अच्छे स्रोत हैं। साथ ही गाय को जैविक खेती का आधार बनाने से खेती में किसान की लागत भी शून्य हो जाती है और उसे अच्छी फसल भी मिलती है। रही बात प्रमाणीकरण में आने वाले खर्च की तो जैविक खेती से जुड़े एक सामाजिक कार्यकर्ता का कहना हैं कि प्रमाणीकरण मार्केटिंग के लिए जरूरी है, मिट्टी और खेती के संरक्षण के लिए नहीं। यदि किसान यह बात समझ लें तो जैविक खेती से केवल वही लाभ कमाएगा, बिचौलिए नहीं। कुल मिलाकर सार यही है कि आज किसान और सरकार दोनों को सावधानीपूर्वक योजनाए बनाने और अम्ल में लाने की आवश्यकता है। तभी हम जैविक खेती के अभियान में सफल हो सकेगें।

15.7 भोजन के नाम पर जहर खाने पर मजबूर एक आम भारतीय

सुनने और पढ़ने में भले ही यह बात आपको कुछ अजीब लगे लेकिन हकीकत यह है कि देश का एक आम आदमी सुबह उठने से लेकर रात को

सोने तक न जाने कितनी बार कीटनाशक युक्त भोजन का सेवन करता है, और शायद आम भारतीय की तरह आपके मन से ऐसी बात को लेकर तरह-तरह के प्रश्न आना लाजमी होगें और आप असंमजस की स्थिति में होगें रह रहकर प्रश्न आपके मन मे होगा कि आखिर किस तरह हम कीटनाशक युक्त भोजन का सेवन करते है। इस प्रश्न का उत्तर देने के लिये हम अपने रोजाना के खान पान से स्पष्ट रूप से समझ सकते है। सुबह की दिनचर्या से जब सुबह उठने के साथ आपकी पहली जरूरत चाय होती है और आपके अनुसार चाय तो हम सील पैक डिब्बे से निकालते है लेकिन सील पैक होने से पहले चाय उन बागानों में होती है जिन्हें कभी टेलीविजन अखबार या तस्वीर के रूप में देखा होगा। देखने में सुंदर दिखने वाले बागानों की हकीकत कुछ और होती है, बागानों में कीटनाशक का उपयोग किया जाता है क्योंकि लम्बे समय तक एक ही तरह की फसल लेने और कीटनाशक के लगातार प्रयोग से कीड़े मजबूत अनुकूलन क्षमता वाले हो जाते है और उन्हें मारने के लिये काफी शक्तिशाली कीटनाशकों का उपयोग किया जाता है। इन्ही कीटनाशकों के अवशेष आपकी गरमा गरम चाय में भी होतें है जिसे हम दिन में दों या तीन वार पीतें है। गौर करनें वाली एक और यह है कि चाय में जो शक्कर मिठास लाती है वह भी कीटनाशक के स्रोत के रुप में हमारें शरीर में जाती हैं क्योकि शक्कर गन्ने से बनी होती है गन्ने की फसल को कीटों से बचानें के लिए कीटनाशक का उपयोग किया जाता है। प्रायः देखा गया है कि अब व्यसतता के कारण बच्चों को कार्नफलेक्स या नूड़ल्स दिये जाते है, वे भी गेहूँ और मक्का की रासायनिक खेती से उत्पादित होते हैं। इसी तरह नाश्ते में उपयोग होने वाला पोहा या हलवा भी कीटनाशकों से नही बच पाया है क्योंकि धान खेती भी कीटनाशकों के उपयोग से होती है।

जहाँ तक प्रश्न सब्जियों का आता है तो महिलायें सब्जियों को धोकर चिंतामुक्त हो जाती है कि अब यह कीटनाशकों से मुक्त है पर हकीकत ग्रहणियों की सोच से शायद कोसो दूर है क्योंकि आज प्रयोग में लाये जा रहे अधिकतर कीटनाशी ऐसे है जो पौधों के अन्दर है और पानी से साफ नही

होते है। इन्ही खतरों के मद्देनजर विशेषज्ञ से स्पष्ट है कि कीटनाशक के प्रयोग के नियामन एवं निश्चित समयान्तराल के बाद ही सब्जियों को बेचें? पर शायद भारतीय बाजार में फिलहाल ऐसा संभव नही है इसलिये कुछ ही दिनों के पश्चात सब्जियॉ बाजार में आ जाती हैं। अब शायद आपको यकीन हो कि आपकी थाली का भोजन अर्थात रोटी और चावल भी कीटनाशको से बच नही पा रहे हैं। सवाल और यकीन मानियेगा भोजन के बाद अगर आप सोंफ, लोंग या इलाइंची खाते तो वह भी कीटनाशी युक्त है। जहॉ तक पानी का है तो आप पानी को फिल्टर कर ले लेकिन देश के अधिकांश हिस्सों में पानी के रूप में भूमिगत जल उपयोग किया जाता है। जहॉ पर खेत में डाले जाने वाला कीटनाशक भूमि जल ही उपयोग किया जाता है जहाँ पर खेत में डाले जाने वाला कीटनाशक भूमि से होता हुआ जल में मिल जाता है और जाने अनजाने में हमारे शरीर में पहुॅच जाता है। पर साफ करने वाले फिल्टर भी कीटनाशक को नही छानपाते क्योंकि इसमें उर्वरक कीटनाशक, खरपतवार नाशक होता है और अगर आप यह सोचकर खुश रहे है कि आप दूध पीकर चुस्त होते है तो शायद यह भी आपकी भूल है क्योंकि दूध का उत्पादन बढ़ाने के लिये पशुओं को रसायनों के इंजेक्शन दिये जाते है। इन इंजेक्शनों का रसायन बहुत खतरनाक होता है कि पशुओं की मौत के समय यह रसायन जानवरों के शरीर में रह जाता है और जानवरों को खाने वाले गिद्धों के शरीर में पहुॅच उन्हें भी असमय मौत का शिकार बना लेता है, विशेषज्ञों की माने तो इन रसायनों से गिद्धों की किडनी खराब हो जाती है। अब आप स्वयं ही अंदाजा लगा सकते है जो रसायन गिद्धों की मौत का कारण बन जाता है वह आपके शरीर पर क्या प्रभाव डालता होगा।

आज मुश्किल यह नहीं की हम रोज किस रासायनिक पदार्थ का सेवन कर रहे हैं, मुश्किल यह कि सब कुछ जान लेने के बावजूद भी हम इस गंभीर विषय को जानबूझ नजरअंदाज कर देते है। मानता हूँ कि डराना बहुत आसान है कि उपाय सुझाने बड़ा मुश्किल। मेरा यह प्रश्न है कि जब इतने पैमाने पर खुल्लमखुल्ला कीटनाशक हमारे शरीर में जा रहे हैं तो इसे रोकने के लिये हम सब एक स्वर में आवाज क्यों नही उठाते ? क्यों कभी

यह चुनावों का मुख्य मुद्दा नही बनता है? यह तो सड़क और ब्रिज से पहले की समस्या है। यह लापरवाही पूरी पीढ़ी को विनाश के कगार पर ले जा रही है। जिसके लिये हम सभी लोग जिम्मेवार है। समय रहते यदि हम लोग नहीं चेते तो तरह–तरह की बीमारियों की चपेट में आते चले जायेगें।

> ''खेते पांसा जो न कियना।
> वहिके घर दरिद्र समाना।।''
>
> घाघ

16

सुरक्षित कृषि पारम्परिक नुस्खें

भारत में ही नही पूरे विश्व में पारम्परिक कृषि ज्ञान जोकि पूर्ण रूप से जैविक कृषि तकनीक पर आधारित था, कई सौ सालों एवं लाखों किसानों के अनुभवों से उत्पन्न हुआ था और वातावरण एवं मिट्टी के साथ पूर्ण सामंजस्य रखते हुए उत्तरोत्तर विकसित हुआ था। पीढ़ी दर पीढ़ी इस ज्ञान भंडार में अभिवृद्धि होती रही। हमारे देश में आज भी अनेक ऐसे परिवार हैं जो इस पारम्परिक ज्ञान की ज्योति को प्रज्वलित किये हुए हैं और देश की इस अमूल्य धरोहर को निंरतर समृद्ध कर रहे हैं। आर्थिक दृष्टि से भी यह जैविक प्रबंधन काफी लाभकारी था। सभी उत्पादन जैसे बीज, खाद, इत्यादि किसान के स्वयं अपने उत्पाद होने के कारण उन पर अलग से कोई खर्च नहीं आता था। इस सारी प्रक्रिया में प्रमुख खर्च था, श्रम का व्ययस्थापन परंतु यह भी फसल उत्पाद के एक निश्चित भाग के ही रूप में देय होता था। समाज की समृद्धशीलता खुशहाली एवं पर्यावरण मैत्री जीवनशैली का रास्ता जैविक खेती से होकर गुजरता है। इसके तहत पारंपरिक ज्ञान की धरोहर में से किसानों द्वारा युग-युगान्तर से अजमाये जा रहे किसानी नुस्खे खेती को न केवल सस्ता एवं उर्वर बनाते है बल्कि खेती को सामाजिक आधार प्रदान करते हुए स्थानीय संसाधनों के प्रयोग द्वारा सफल प्रयोजी एवं सतत् उत्पादकता धारण करने के साथ मानव संस्कृति एवं सम्पूर्ण जीवन तंत्र की स्वास्थ्य रक्षा में सहायक हैं। वर्तमान में देश के जागरूक किसानों द्वारा

अपनाये गये इन पारंपरिक नुस्खों को अपनाकर जैविक खेती के तहत् सफल उत्पादन प्राप्त किया है। अत: पारंपारिक नुस्खों के कुछ अंश किसानों के प्रयोग हेतु दिये जा रहे है।

16.1 बीज उपचार

जैविक प्रबंधन में केवल समस्याग्रत क्षेत्रों/अवस्था में बचाव के उपाय किये जाते है। रोग रहित बीज तथा प्रतिरोधी प्रजातियों का प्रयोग सबसे अच्छा विकल्प है। यद्यपि अभी कोई भी मानक सूत्र उपचार विधि उपलब्ध नहीं है परंतु कृषक विभिन्न विधियों का प्रयोग करते हैं। कुछ अग्रणी किसानों द्वारा विकसित किये गये बीज उपचार सूत्र निम्न प्रकार हैं:-

- 50^0 सैल्सियस तापक्रम पर 20-30 मिनट तक गरम जल उपचार।
- गोमूत्र अथवा गौ-मूत्र दीमक टीला मृदा पेस्ट।
- बीजामृत (40 ग्रा0 गोबर, 40 मि0ली0 गौ-मूत्र, 50मि0ली0 गाय का दूध, 2-3 ग्रा0 चूना एक ली. पानी में मिलाकर पूरी रात रखते है) से बीज उपचार काफी लोकप्रिय है।
- हींग (Phoetidsa) 250ग्रा./10 कि.ग्रा. बीज की दर से।
- हल्दी पाउडर गौ-मूत्र में मिला कर भी बीज उपचार हेतु प्रयोग किया जा सकता है।
- पंचगव्य सत
- दणपर्णी सत
- ट्राईकोडर्मा विरीडी (04 ग्रा./कि. बीज) या स्यूडोमोनास (100ग्रा/1कि. बीज)
- जैव उर्वरक (राईजोबियम/एजोटोबैक्टर, पी.एस.बी.)

16.2 तरल खाद निर्माण

विभिन्न राज्यों के किसानों द्वारा अनेक प्रकार के तरल खाद प्रयोग किये जा रहे है। कुछ महत्वपूर्ण वृहत् रूप से प्रयोग किये जाने वाले सूत्रों का विवरण नीचे दिया जा रहा है:-

16.3 संजीवक

100 कि.ग्रा. गाय का गोबर, 100 ली. गौ-मूत्र तथा 500 ग्राम गुड़ को (500 ली. क्षमता वाले मुँह बन्द ड्रम में) 300 ली. जल में मिलाकर 20 दिन हेतु सड़ने दें। 20 गुना पानी मिलाकर एक एकड़ क्षेत्र में मृदा पर स्प्रे करें अथवा सिंचाई जल के साथ ही प्रयोग करें।

16.4 जीवामृत

10 कि.ग्रा. गाय का गोबर, 10 ली. गौ-मूत्र, 2 कि.ग्रा. गुड़, 2 कि. ग्रा. किसी दाल का आटा, 1 कि.ग्रा. जीवंत मृदा को 200 ली. जल में मिलाकर 5-7 दिनों हेतु सड़ने दें। नियमित रूप से दिन में 3 बार मिश्रण को हिलाते रहें। एक एकड़ क्षेत्र में सिंचाई जल के साथ प्रयोग करें।

16.5 अमृत पानी

यह भी एक प्रकार का द्रवीय जैविक खाद जिसे बिना सड़ाये तुरंत बनाया जा सकता है। अमृत पानी भी देश के किसानों द्वारा उन्नत एवं विकसित किया गया है।

- ➢ एक एकड़ के लिये 20 किलो ताजा गाय के गोबर में 500 ग्राम शहद मिलाकर अच्छी तरह मथें।
- ➢ अब इसमें 240 ग्राम गाय का घी मिलाकर फिर से तब तक मथें जब तक कि यह अच्छी तरह न मिल जाये।
- ➢ इस मिश्रण को 200 लीटर पानी में घोलकर बुवाई से तुरंत पहले एक एकड़ क्षेत्र में छिड़कर बुवाई करें।
- ➢ एक माह पश्चात इसी प्रकार ताजा घोल बनाकर फसल से नीचे फिर से छिड़के या सिंचाई के साथ उपयोग करें।

16.6 पंचगव्य

गाय गोबर घोल 4 कि.ग्रा., गाय गोबर 1 कि.ग्रा. गौ-मूत्र 3 ली, गाय दूध 3 ली, छाछ 2 ली, गाय घी 1 कि.ग्रा. को मिलाकर 7 दिन तक सड़ने

(किण्वन) दें। प्रतिदिन 2 बार हिलायें। 3 ली. पंचगव्य को 100 ली. पानी में घोलकर मृदा पर छिड़काव करें। 20 ली. पंचगव्य सिंचाई जल के साथ एक एकड़ मृदा हेतु उपयुक्त है।

16.7 समृद्ध पंचगव्य

1 कि.ग्रा. ताजा गाय का गोबर, 3 ली गौ-मूत्र, 2 ली. गाय का दूध, 2 ली. छाछ, 1 ली. गाय का घी, गन्ना रस, 3 ली. नारियल पानी 12 पके केलों की लुगदी मिलाकर 7 दिन तक सड़ने दें। प्रयोग विधि पंचगव्य की भांति है। गोबर की खाद गाय, बैल, भैंस व अन्य पालतू पशुओं के गोबर, मूत्र एवं बेकार हुए चारे इत्यादि के सड़ने से बनायी जाती है। पोषण क्षमता के हिसाब से इनमें 0.5 प्रतिशत नत्रजन, 0.2 प्रतिशत फास्फोरस एवं 0.2 प्रतिशत पोटाश होता है। गोबर का उपयोग गैस उत्पादन हेतु गोबर संयंत्रों में भी किया जाता है। गोबर गैस संयंत्र से प्राप्त खाद भी एक अच्छी किस्म की गोबर खाद है।

16.8 कम्पोस्ट

विभिन्न प्रकार के कृषि अवशेष जैसे फसल अवशिष्ट, खरपतवार, जल कुंभी, लकड़ी का बुरादा गन्ने की पत्तियां, नारियल का भूसा एवं बुरादा, गांव व शहरों का कचरा इत्यादि का गोबर व मल के साथ नियंत्रित अवस्था में सड़न कराने से कम्पोस्ट प्राप्त होती है। एक आदर्श कम्पोस्ट में 0.5 प्रतिशत नत्रजन, 0.10 प्रतिशत फास्फोरस एवं 0.5 प्रतिशत पोटाश होता है।

16.9 वर्मीकम्पोस्ट

वर्मीकम्पोस्ट अनेक प्रकार के ताजा एवं सूखे फसल अवशिष्ट व गोबर इत्यादि से केंचुओं की मदद से प्राप्त होती है। वर्मीकम्पोस्ट में साधारण कम्पोस्ट के मुकाबले दो गुना अधिक पोषक तत्व होते है।

16.10 मछली खाद

मछली खाद, मछली बाजार के अवशिष्ट, छोटी मछलियों के मृत शरीर एवं मछली का तेल निकालने के बाद बचे अवशिष्ट से बनती है। इसमें औसतन 9.5 प्रतिशत नत्रजन, 5.2 प्रतिशत फास्फोरस एवं 9.3 प्रतिशत पोटाश होता है।

16.11 **पशु अवशेष खादः-** कसाईखानों में मांस निकालने के पश्चात बचे पशु अवशेषों से यह खाद बनाई जाती है। यह खाद भी पोषक तत्वों से भरपूर होती है और इससे औसतन 10–12 प्रतिशत नत्रजन, 1 से 1.5 प्रतिशत फास्फोरस व 0.6 से 0.8 प्रतिशत पोटाश की प्राप्ति होती है।

16.12 **हड्डी खादः-** इस खाद में मृत पशुओं की हड्डियों को पहले भाप में पकाकर नर्म किया जाता है कि फिर सुखाकर पीस दिया जाता है। हड्डी खाद में कैल्शियम व फास्फोरस तत्व बहुतायत में होते है।

16.13 **खली खादः-** अखाद्य तेलों की खली जैसे नीम, अरंडी इत्यादि की खली को चूरा कर सीधे ही खाद के रूप में प्रयोग किया जा सकता है।

16.14 **मुर्गी खादः-** मुर्गियों की सूखी बीट को पीसकर पाउडर रूप से सीधे खाद के रूप में प्रयोग किया जा सकता है।

16.15 **द्रवीय खादः-** पिछले कुछ वर्षो में किसानों द्वारा अनेक प्रकार के द्रवीय खाद विकसित किये गए हैं जो कि गोबर, गोमूत्र, छाछ, दही, घी इत्यादि के मिश्रण को सड़ाकर बनाये जाते है। इन खादों में पोषक तत्व तो बहुत अधिक मात्रा में नही होते है परंतु उनके प्रयोग से भूमि की उर्वरा शक्ति तेजी से बढ़ती है और सूक्ष्म जीवों का भरपूर विकास होता है।

16.16 **सान्द्र जैविक खादः-** सान्द्र जैविक खाद धान का बुरादा, मछली खाद इत्यादि को नियंत्रित अवस्थाओं में सड़ाकर तैयार किया जाता है। इस खाद को कैल्शियम व फास्फोरस खनिज के साथ मिलाकर और समृद्ध किया जा सकता है। सूखी मुर्गीखाद, खली, राख एवं रॉक फास्फेट मिलाकर भी सान्द्र जैविक खाद तैयार किया जा सकता है।

16.17 द्रवीय जैविक खाद

अनेक किसानों ने अपने अनुभवों एवं परीक्षणों से बहुत कम समय में तैयार होने वाली द्रवीय खाद बनाई है जोकि देश के अनेक भागों में काफी लोकप्रिय है और किसानों द्वारा बड़े पैमाने पर प्रयोग की जा रही है। आधे एकड़ के लिये 500 लीटर के ड्रम या हौदी की आवश्यकता होगी। छोटे के लिये अनुपात में छोटे ड्रम या मटके प्रयोग किये सकते है।

इस हौदी में 100 किलो गाय का गोबर, 200 लीटर गोमूत्र लगभग 200 लीटर पानी में मिलाकर लगभग 500 ग्राम गुड़ अच्छी तरह से मिला दें। होदी को अच्छी तरह ढक कर बंद कर दें। लगभग 10 दिन तक सड़ने दें। 10 दिन के पश्चात इस घोल को 20 गुना पानी मिलाकर एक एकड़ भूमि में फैला दें। इस को सिंचाई के साथ भी दिया जा सकता है। फल बागानों में यह घोल 5 लीटर प्रति वृक्ष हिसाब से जड़ों के आस-पास डालकर मिट्टी ढक दें।

16.18 ई.एम. तकनीक खाद

ई.एम. का मतलब है इफेक्टिव माइक्रोओरगेनिज्मस् या प्रभावी सूक्ष्मज ई.एम. खाद में उपलब्ध अनेक प्रकार के प्रभारी मित्र सूक्ष्मजीवों का मिश्रण है। इन सूक्ष्म में प्रमुख है नत्रजन स्थिरीकारक, फास्फेट घामलक, प्रकाश संश्लेषण जीवाणु लेक्टिक एसिंडजीवाणु, यीस्ट, पौध बढ़वार उत्प्रेरक जीवाणु तथा अन्य कई प्रकार के फफूँद एक्टिनोमाइसिटीज। इस मिश्रण में हर जीवाणु का अपना एक विशिष्ट स्थान है। जो विभिन्न तत्वों चक्रों को सुचारु रुप से चलानें, मृदा उर्वरकें सुधार मृदा स्वास्थ्य में सुधार तथा पौध संरचना में सहायता करतें है।

16.19 नाशी जीव प्रबंधन

जैविक खेती प्रबंधन में रासायनिक कीटनाशक का प्रयोग वर्जित है। अत:नाशी जीव प्रबन्धन निम्न विधियों द्वारा किया जाता है। 1. जुताई व्यवस्था 2. यांत्रिक 3. जैविक स्वीकार योग्य वैकल्पिक जैव रसायन या अर्क

16.19.1 जुताई विकल्प

रोग रहित बीज तथा प्रतिरोधी जातियां जैविक जीव नाशी प्रबंन्ध में अच्छी बचाव विधि है। जैव विविधता का रख रखाव प्रभाव फसल चक्र, बहुफसल कीटों प्राकृतिक वास में बदलाव तथा ट्रैप फसल प्रयोग प्रभावी विधि है। जिससें नाणी जीवों की जनसंख्या पर नियंत्रण रखा जा सकता है।

16.19.2 यान्त्रिक विकल्प

रोग प्रभावित पौधे तथा ग्रस्त भाग को अलग हटाना। अंडा तथा ले समूहों को इकट्ठा करके नष्ट करना, चिड़ियों के बैठने के स्थान की स्थापना, प्रकाश पिजरा, स्पहीज चिपचिपी रंगीन पट्टी तथा फैरामेन ट्रेप्स आदि नाशी जीव नियंत्रण की सबसे अधिक प्रभावशाली विधियां है।

16.20 कुछ प्राकृतिक कीटनाशी पदार्थ

16.20.1 गोमूत्र

एक लीटर गोमूत्र को 20 लीटर पानी में मिलाकर स्प्रे करने से अनेक प्रकार की फफूंद व जीवाणु व्याधियों एवं कीट प्रकोप को नियंत्रित करने में मदद मिलती है। गोमूत्र का स्प्रे एक प्रभावी बढ़वार वृद्धिकारक भी है और फसलों के अच्छे उत्पादन के लिये लाभकारक है।

16.20.2 खट्टी छाछ

देश के अनेक भागों में किसानों द्वारा खट्टी छाछ का भी कीटनाशक के रूप में सफलता पूर्वक प्रयोग किया जा रहा है। एक मिट्टी के बर्तन (जैसे मटका) को छाछ से पूरा भरकर मिट्टी से लीपकर सील कर दिया जाता है और इसी अवस्था में 20 दिन तक सड़ने दिया जाता है। 20 दिन बाद इसे पानी में मिलाकर स्प्रे करने में अनेक प्रकार के कीट जैसे सफेद मक्खी, जैसिड तथा एफिड इत्यादि के प्रकोप को नियंत्रित किया जा सकता है।

सारिणी: 16.1 कुछ प्रमुख वनस्पतिजन्य कीटनाशी गुण पौधे, कीटनाशी उत्पाद बनाने की विधियां एवं जिन कीटों का नियंत्रण संभव है उनका विवरण।

पौधे का नाम	उपयोगिता
गुलदाउदी	एफिड, सफेद, मक्खी, मीली बग दीमक एवं जानवरों पर चिपकने वाले कीड़े
बेल पत्र	बेलपत्र के पत्ती फल अर्क के प्रयोग से अनेक प्रकार के पत्ती खाने वाले।
सरसों व राई	राई के ताजा पत्तों का अर्क जूट में तना गलन रोग के रोकथाम में प्रभावी है। सरसों की पत्तियों के अर्क के धान के बर्न स्पाट रोग की रोकथाम होती है।
अरंड	अरंडी का तेल मक्का व अन्य फसलों में वीवील, एफिड तथा इल्लियों के लिये होता है।
चैलमूगरा	तेल के प्रयोग से जूट, आलू तथा नींबू में तना व फल गलन रोग की रोकथाम खली से अनेक प्रकार के मृदा जनित कीटों को दूर रखा जा सकता है।
चम्पा	फूलों का अर्क अनेक कीटों के लिये प्रतिकर्षो का काम करता है।
चाय	उपयोग पश्चात् बची सूखी चाय की पत्तियाँ, गुलाब के लिये एक अच्छी खाद हैं।
सीताफल	बीज पत्तियों के अर्क से स्प्रे के धान।
धतूरा	पत्तियों का अर्क फफूंदी की रोकथाम में प्रभावी है।
सैजना	जड़ एवं पत्ती अर्क एक प्रभावी जीवाणु नाशक है तथा सब्जी वाली फसलों
प्याज	प्याज की गांठ का सूखा पाउडर अनेक प्रकार की फफूंदी अन्य रोगों की रोकथाम के लिये लाभदायक है।
सौंफ	सौंफ की पत्तियों का अर्क एक प्रभावी कीटनाशक है।
मेथी	ताजा पत्तियों का अर्क अनेक प्रकार के कीटों के रोकथाम में प्रभावी है।
कलमीसाग	ताजा पत्तियों का अर्क सूखी पत्तियों की धूल धान, गेहूँ व कपास के लिये।

रतनजोत	सम्पूर्ण पौधों से प्राप्त अर्क अनेक प्रकार के कीटों के विरूद्ध प्रभावी है।
चैलाई	पत्ती धुल व पत्ती अर्क धान एवं गेहूँ की रोली की रोकथाम में प्रभावी है।
लेन्टाना	पत्ती अर्क, बैंगन, टमाटर, मिर्च प्याज व सरसों परिवार के पौधों पर लाभकारी है।
महुआ	महुऐं के तेल से जूट, मूंगफली व टमाटर की फसल में काफी लाभ होता है।
गेंदा	गेंदा एक प्रभावी सूत्रऔमि प्रतिकर्षी है। जड़ अर्क से गेहूँ, धान व फूलवाले पौधों के लिये लाभदाय है।
करंज	करंज का तेल एक प्रभावी कीटनाशक एवं जीवाणु नाशक हैं।
तुलसी	तुलसी आदिकाल से मच्छरों, कीटों व सांपों के प्रतिकर्षी के रूप में प्रख्यात है।
तम्बाकू	पत्तियों का अर्क व तेल एक उम्दा कीट प्रतिकर्षी है।
हल्दी	हल्दी चूर्ण एक औष भंडारण कीटनाशी है तथा गेहूँ, धान व अन्य फसलों की कीट से बचाने के लिये काफी लाभदायक है।

16.21 नुस्खा

➢ किसी तांबे के बर्तन में 3 किलो कुचली हुई नीम की पत्तियां, एक किलो निम्बोली चूर्ण लगभग 20 लीटर गोमूत्र में मिलायें और रख दें।

➢ 20 दिन पश्चात, इस घोल को तब तक उबाले जब तक कि यह आधा न रह जाये।

➢ इस दूसरे बर्तन में 500 ग्राम तीखी हरी मिर्च को एक लीटर पानी में कुचलें और रात भर के लिये छोड़ दें।

➢ एक तीसरे बर्तन में 250 ग्राम लहसुन को एक लीटर पानी में कुचलें और रात भर के लिये छोड दें।

➢ अगले दिन तीनों घोलों को मिलाकर (उबला गोमूत्र, घोल, मिर्च घोल व लहसुन घोल) छान लें।

- अच्छा कीटनाशी तैयार है। इसका प्रयोग लगभग सभी प्रकार की फसलों में अनेक प्रकार के कीटों को नियमित करने में किया जा सकता है।

16.22 नुस्खाः-२

- एक 200 लीटर के ड्रम में 5 किलो निम्बोली चूर्ण, 1 किलो करंज बीज चूर्ण, 5 किलो बरसीम की पत्तियों तथा 5 किलो नीम की पत्तियों को कुछ पानी में कुचलें।
- इसमें 10-12 लीटर गोमूत्र मिलायें और ड्रम को ऊपर तक पानी से भर दें।
- ड्रम को ढक्कन लगाकर बंद कर दें और 8-10 दिन तक सड़ने दें।
- यह आसवित द्रव न केवल अच्छा कीटनाशी है वरन् इसके उपयोगी से पौधों की बढ़वार भी अच्छी होती है। एक ड्रम से प्राप्त आसवित द्रव एक एकड़ के लिये पर्याप्त है। इसे 300-400 लीटर पानी में मिलाकर एक एकड़ में स्प्रे करें।
- इस कीटनाशी को कुछ महीनों तक भंडारित किया जा सकता है।

> **"वही किसानी में है पूरा।**
> **जो डारै हड्डी का चूरा॥"**
> **घाघ**

17

जैव उर्वरक एवं वानिकी

भारत में नत्रजन एवं फास्फेट उर्वरक का उत्पादन देश में उपयोग होने वाली मात्रा से काफी कम है। यह कमी आयात करके पूरी की जाती है। नत्रजन एवं फास्फोरस उर्वरक उत्पादन में जीवांश्म ईंधन (फासिल फुएल) की उपलब्धता पर निर्भरशील है और दिन प्रतिदिन ऊर्जा संकट बढ़ा है, जिससे रासयिनक उर्वरक का मूल्य बढ़ गया है। निर्धन कृषक इसे क्रय करने में असमर्थ है। सही मात्रा में उर्वरक प्रयोग न करने के कारण फसल के उत्पादन में कमी आना स्वभाविक है।

17.1 मृदा की पोषकता

मृदा एक प्राकृतिक माध्यम है जिसमें वृक्ष जीवित रहता है, फूलता व फलता है, फसल उगती है, वृक्षावली भरकर मृदा में विलीन हो जाती है। यह एक अनवरत जीव-द्रव्य (ओर्गोनिक द्रव्य) का स्रोत बन जाता है। इसी से वृक्षों को पोषक तत्व मिलते है। मृदा वृक्षों की जड़ों को जकड़कर भौतिक सहयोग देती है। यह पौधों के लिए नत्रजन, पोषक, द्रव्य, जल आदि की पूर्ति कर पौधों की वृद्धि में सहायक है।

17.2 नत्रजन का उपयोग

वानिकी में नत्रजन का उपयोग अति चाव से किया जाता है, क्योंकि इसके प्रयोग से वृक्ष शीघ्रता से बढ़ने लगता है। लेकिन पहले मौसम में पौधे

सिर्फ 10 प्रतिशत नत्रजन ही उपयोग में लाते है। बाकी नत्रजन लिचिंग, डिनाईट्रिफिकेशन, आदि द्वारा नष्ट हो जाता है। यह वातावरण को प्रदूषित करता है। इस तरह मृदा में नाइट्रेट की मात्रा बढ़ जाती है। इससे पृथ्वी का जल स्तर गिर जाता है एवं मृदा संतुलन बिगड़ जाता है।

17.3 जैव उर्वरक

इसलिये वनीकरण में उपयोग होने वाले रासायनिक उर्वरकों का कोई विकल्प आवश्यक है और वे हैं जैव उर्वरक। जैव उर्वरक वृक्षों की वृद्धि में सहायक हैं और वन उत्पादन को बढ़ाते हैं। यह वृक्षों में रोग प्रतिरोधक क्षमता को बढ़ाते हैं, और प्रतिकूल परिस्थितियों में भी वृक्षों को सुरक्षित रखने में सहायक हैं। इनमें से कुछ सहजीवी के रूप में पौधों की वृद्धि में सहायता करते हैं।

वृक्ष स्वयं का भोजन स्वंय ही बना सकते हैं। प्रकाश संश्लेषण के द्वारा, वायुमण्डल के कार्बन-डाई-आक्साइड को कार्बोनेट एवं कार्बनिक (आर्गोनिक) एसिडऋअम्ल में परिवर्तित कर सकता है। लेकिन वृक्षों में नत्रजन को वायुमण्डल से लेकर अपने उपयोग में लेने का कोई कलाविन्यास नहीं है, फिर भी कुछ ऐसे फल वृक्ष है जो कुछ निम्न वर्ग के पौधों के साथ सहजीवी के रूप में नत्रजन को उपयोग में लाने में समर्थ है। इसमें कवक एवं कुछ नील हरित शैवाल प्रमुख हैं।

अधिकांश वन मृदा में नत्रजन एवं फास्फोरस कम मात्रा में उपलब्ध हैं, और जो हैं भी उसे पौधा चयापयय कर अपनी वृद्धि के लिए उपयोग में लाने में असमर्थ है। सन् 1855 में एक जर्मन वनस्पति शास्त्र फ्रांक ने यह शोध किया था कि वृक्ष की जड़ के साथ कवक सहजीवी के रूप में रहकर एक दूसरे को सहायता प्रदान करते हैं। इसे कवकीय मूल कहते हैं। एजोटोबैक्टर और एजोस्पिरीलाम जैसे शाकाणव वृक्ष के मूलद भागों में वृक्षों से अलग रहकर वायुमण्डलीय नत्रजन को घुलनशील नाईट्रेट में परिवर्तित करता है और पौधों की वृद्धि में सहायक होता है। कृत्रिम प्रक्रिया से तैयार किये गये सहजीवी द्वारा प्राकृतिक रूप से उर्वरक बनाना अति आवश्यक हो

गया है। वन मृदा की ऊपरी परत बहुत महत्व की है और यह सहजीवी द्वारा ही लागुड़ि (लिगानिन) कोशाधु (सेलुलोज) एंव अन्य वस्तुओं को चयापचय कर मृदा को उर्वरक बनाते हैं। रोग फैलाने वाले अणुजीव भी इन मूलद भागों में अपना प्रभाव अधिक मात्रा में फैलाते हैं। जीव उर्वरक वृक्षों में रोग प्रतिरोधक क्षमता बढ़ाते हैं। दूसरे प्रकार का जीव उर्वरक है जो परवर्ती फसलों के लिये पृथ्वी में नत्रजन की स्थिरीकृत करता है। इसे हरी खाद फसल के नाम से जाना जाता है। इसमें सेसबानिया की प्रजातियॉ प्रमुख हैं। यह सहजीवी का एक घटक है। यह वृक्षों में मूल ग्रन्थी तैयार करते हैं। जो कि वृक्षों को लाभ पहुॅचाने के लिये जिम्मेदार है। सेसबानिया एकुलियेटा, साधारणतः जो धान की खेती में उपयोग में लाते है। 40 से 60 किलोग्राम नत्रजन प्रति हेक्टयर में स्थिरीकृत करता है।

17.4 **शाकाणव**

कुछ महत्वपूर्ण शाकाणव मूलजीवी प्रजाति रायजोबियम (वैक्टिरिया) एवं अजीवातीय (एजोस्पिरियम) समूह के अंतर्गत है जो मृदा में नत्रजन की मात्रा बढ़ाते है, मृदा की उर्वरकता बनाये रखते है। मूलजीव प्रजाति एवं अजीवतीय ये दोनों शाकाणव मृदा में उच्च वर्गीय वृक्षों के मूल के साथ सम्पर्क स्थापित करके सहजीवी के रूप में जीवित रहते है। मूलजीव प्रजाति वृक्ष के मूल से निकली हुई उत्सारण के साथ मिलाकर मूल ग्रन्थी (रूट नोडूल) तैयार करता है। यह मूल ग्रन्थी पृथक-पृथक वृक्षों में पृथक-पृथक आकार एवं रंग की होती हैं। मूल ग्रन्थी के भीतर बहुत से शाकाणव होते हैं। ये प्राकृतिक नाइट्रोजन को नाइट्रेट के रूप में वृक्षों को उपलब्ध कराते हैं। इस तरह ये एक अनवरत एवं स्वयं सम्पन्न नत्रजन कारखाना के रूप में कार्य करता है और वातावरण को किसी भी प्रकार से प्रदूषित नहीं करता। अलबिजिया, अकेशिया, सुबबुल, रेनद्री, शिशु, पलाश की प्रजातियॉ करंज, सेसबनिया की प्रजातियॉ एवं कंचन की प्रजातियों में मूल ग्रन्थी उनके मूल में अधिक बनाते हैं। ग्रन्थी, शाकाणव मूल ग्रन्थी से शुद्ध वर्धन (पिवर कल्चर) में आसानी से अलग किया जा सकता है। कुछ फलदार वृक्ष हैं जो मूल ग्रन्थी तैयार नही होते है जैसे सिजैलापिनिडी की प्रजाति जैसे गुलमोहर

की प्रजातियॉ। सभी मूल ग्रन्थी पैदा करने वाले वृक्ष अपनी नत्रजन की मितव्ययिता बनाये रखते हैं। नत्रजन की कमी व अधिक मात्रा में मूल ग्रन्थी की वृद्धि में प्रभाव पढ़ता हैं।

अविजातीय प्रजातियॉ शाकाणव का दूसरा समूह हैं, जो मूलद भागों में रहते है और यह मूल ग्रन्थी (रूट नोडल) नही बनाते हैं, लेकिन नत्रजन अधिक मात्रा में मृदा में स्थिरीकृत करते हैं। किरणकवकानि (एक्टीनोमाईसेटीज) में प्रक्रिया सबसे प्रभावशाली मूल ग्रन्थी सृजनक है, जो सरू (जो फलदायक वृक्ष नही है) की विभिन्न प्रजातियों में मूल ग्रन्थी पैदा करते है। सरू वृक्ष रेतीले मरुस्थली टीले को स्थिरीकरण के लिये उपयोगी है। फ्रैंकिया की प्रजातियॉ नत्रजन को मृदा में अभ्यस्त हैं और साथ-साथ सरू के साथ सहजीवी जीवन जीता है। यह सरू वृक्ष को आर्द्रता की कमी से भी सुरक्षित रखता है। फ्रैंकिया को आसानी से मिट्टी एवं मूल ग्रन्थी से पृथक किया जा सकता है। अधिकतर समुद्रतटीय अंचल में सरू के पौधों द्वारा वानिकी करते है और फ्रैंकिया सरू के साथ सहजीवी का जीवन जीते हैं।

17.5 कवक (फंगी)

वृक्ष एवं कृषिजात पौधों 80: सहजीविकी दिखाई पड़ते है। दरअसल प्राय: सभी वृक्षों के भूमिगत भाग केवल साधारणत: मूल से नही बने है, बल्कि वेसिकुलर आरवासकुलर इन्डोमा-इकोराईजा (भयाम) के साथ सहजीवी के रूप मे पाये जाते है। इस सहजीविका पर वानिकी काफी हद तक विभिन्न परिस्थितियों में निर्भर है। मृदा को कीटाणु या रोग रहित करने के लिये जिन दवाइयों को उपयोग में लाते हैं, उनसे मृदा की उर्वरकता पर बुरा असर पड़ता है, लेकिन श्याम को प्रयोग में लाकर इस समस्या का सामधान किया जा सकता है। भयास के प्रयोग से मृदा में फास्फेट स्थिरीकरण क्षमता बढ़ जाती है और अधिक मात्रा में वृक्षों को उपलब्ध होती है। वानिकी परिस्थिति में कवकी बहुत प्रतिष्ठित है। उच्च सहजीवी वृक्ष को निम्न सहजीवी की सहायता की जरूरत पड़ती है, क्योंकि उनके पोषक, द्रव्य, नत्रजन, फास्फेट, आदि की मितव्ययिता का कार्य निम्न सहजीवी करते हैं। निम्न सहजीवी उच्च सहजीवी का कार्यकलाप व उत्पादिता को नियंत्रित करता है। इस

प्रक्रिया में कवक व वृक्षों के मूल के बीच जो सम्बंध स्थापित होते हैं। इससे दोनों लाभान्वित होते है। इस तरह के लाभदायक संबंध को सहजीवी संबंध कहते हैं मूल सहजीवी कवक मातृ-पादप के प्रदूषण तल को अधिक सक्रिय बनाते है। मूल सहजीवी कवक कुछ रोग प्रतिरोधक तत्व तैयार कर मातृपादप को रोग से बचाते हैं। प्राकृतिक वनों में मूल सहजीवी, स्थापित होना स्थानिक अवस्था पर निर्भर करता है। लेकिन मानव द्वारा लगाये गये वनों में मूल सहजीवी कवक स्थापित करना कठिन कार्य है।

वृक्ष प्रजातियों में निम्न तीन प्रमुख सहजीवी पाये जाते है।

17.5.1 (क) बाह्य मूल सहजीवी

यह पाईन, साल और नीलगिरी वृक्षों में मुख्यत: पाये जाते हैं। तीन प्रकार के मूल-सहजीवों में बाह्य मूल-सहजीवी अधिकतर रूप से जीवन उर्वरक के रूप में उपयोग में लाये गये हैं। कवक मूल 80-90: फास्फेट को कवक सित में एकत्रकर रखते हैं और कुछ खास परिस्थितियों में इसकी जरूरत पड़ने पर मातृ पादप को प्रदान करते है। सामान्य परिस्थिति में फास्फेट की मात्रा को नियंत्रित करते है।

खासकर अनुउपजाऊ भूमि में बाह्यमूल सहजीवी के द्वारा जमीन को उपजाऊ बनाया जा सकता है। क्योंकि यह अधिक मात्रा में नत्रजन, फास्फेट, पोटाश एवं और भी बहुत से खनिज द्रव्य भूमि से खींचकर मातृ-पादप को प्रदान करता है। सूर्य प्रकाश यदि अधिक हो तो सहजीवी का उत्पादन अतिशीघ्र और अधिक मात्रा में होता है। यह और सभी कारणों पर भी निर्भर करता है। जिससे मातृ पादप में कार्बोहाईड्रेट का एकत्रीकरण अधिक हो।

17.5.2 (ख) अन्तःमूल सहजीवी

इस मूल सहजीवी समूह में अधिक विविधता पाई जाती है लेकिन ये प्राय: सभी वृक्ष प्रजातियों में पाये जाते हैं। इनके कवक सूत्र मूल के त्वक्ष (करटिक्स) में घुस जाते है व मूल की बाहरी सतह पर अरवासकल फैलाते है एवं आशयक (वेजिकल) तथा बीजाणु उत्पन्न करते हैं। इसलिये इसे

''वैसिकुलर अरवासकुलर माईकर हायजी (वैम) भी कहते है और मूल का कवक मूल: पर कोई प्रभाव नही पड़ता। वैसे तो यह कुछ प्रजातियों में पाये जाते है, लेकिन सागौन, बॉस और कुछ फलजातीय वृक्ष में भी काम प्रारम्भ किया गया है।

17.5.3 (ग) बाह्य अन्त: मूल सहजीवी

यह समूह कुछ उन्नत किस्म है और कुछ वृक्ष प्रजातियॉ में पाये जाते हैं। वे न तो बीजाणु पैदा करते हैं और न ही फल काय बनाते हैं। अत: इनका वर्गीकरण नही किया जा सकता।

17.6 शैवाल (एल्गी)

सम्भवत: नील-हरित-शैवाल सबसे पुराने सूक्ष्म पादप में से एक है। इसके द्वारा मृदा को उर्वरक बनाना एक प्रभावशाली माध्यम है। हरित शैवालकी प्रजातियॉ नत्रजन स्थिरीकरण के लिए उत्तरदायी है। इसे साईनोबैक्टीरिया भी कहते है। साईनोबैक्टिरिया जमीन में साधारणत: ऊपर की सतह में 0.5 से.मी. में रहते हैं। यह 30.35 से.मी. ग्रेड तापमान में अच्छे बढ़ते है। मृदा क्षारकता इसकी वृद्धि व नत्रजन स्थिरीकरण में बहुत कम प्रभाव डालती है। धान की फसल उत्पादन में हरित शैवाल नत्रजन स्थिरीकृत करके काफी लाभ पहुॅचता है। वानिकी में भी जब पौधे पोलिथिन बैग में रहते है तब नत्रजन मितव्ययिता में सहायक होते हैं। बरसात के मौसम में यह प्राकृतिक रूप में पनपता है। अत्यधिक सिंचाई के कारण पोलिथीन बैग के दायें बायें में अधिक मात्रा में उत्पन्न होकर नत्रजन स्थिरीकरण में सहायता करते है। नीलहरित शैवाल का उत्पादन एवं अन्तक्रमण तकनीकी को प्रमाणीकृत किया गया है। इस प्रकार जीव उर्वरक समूह में नौस्टाक, एनाबिना, टीलियाथ्रीक्स आदि प्रमुख है।

17.6.1 अन्त:क्रमण तकनीकी

चूंकि वृक्षों में ऐसा कोई कलाविन्यास नही है कि वे वायुमण्डलीय नत्रजन को स्वयं अपने उपयोग में ला सकें। कुछ जीव उर्वरक पौधों को

नत्रजन उपलब्ध कराने में सहायता प्रदान करते हैं। यह सूक्ष्म पादप उच्च पादप के साथ सहजीवी का जीवन जीते है। पृथ्वी में अगर यह सूक्ष्म पादप की अधिकता होगी तो वृक्षों की भी अधिक मात्रा में उत्पादन शक्ति बढ़ेगी, लेकिन यदि मृदा में यह सूक्ष्म जीव (पादप) कम मात्रा में है तो यह उच्च पादप के साथ मूल सहजीवी स्थापित कम मात्रा में करते है या बिल्कुल नहीं कर पाते हैं। इसलिये अन्तःक्रामण करके वृक्षों व मृदा में अधिक मात्रा में सूक्ष्म पादप कृत्रिम उपायों द्वारा किया जाता है। वृक्ष प्रजातियों को अन्तःक्रमण करने में प्रमाणित तकनीकी विभिन्न सहजीवी जीव द्वारा की जाती है। पौधशाला में बीजजात को अन्तःक्रमण बीजजात जीव द्वारा की जाती है, पौधशाला में बीजजात को अन्तःक्रमण, बीजजात जिस मृदा में है उस मृदा में रोपित करने के पहले कर देना चाहिये। इसमें प्रभावशाली आयाश (स्ट्रेन) साथ में लिए हुए होते है। सहजीवी की कमी बंजर या मिश्रित की ऊपरी सतह में कम मात्रा में पायी जाती है।

17.6.2 (अ) मूलजीव-प्रजाति

यह कल्चर के रूप में उपलब्ध है। यह बीज-गुलिकरण अथवा मृदा की संक्लेटन से मृदा को अन्तःक्रमण किया जाता है। मूल ग्रन्थीकरण द्वारा भी अन्तःक्रामण किया जाता है। मूल गान्थिका मातृ पाइप से संग्रहित करके मूल ग्रन्थि को चूर्ण बनाकर अधिक पानी में मिलाते है और वृक्षों को अन्तःक्रमण करते है। फलबीज वाले वृक्षों के मूल के ऊपर के आस-पास की मिट्टी को भी अन्तःक्रमण के लिये उपयोग में लाया जा सकता है, क्योंकि उसमें सूक्ष्म पादप एवं फलकाय होते है और मातृ पादप के साथ सहजीवी स्थापित कर दोनों ही लाभांवित होते है।

17.6.3 (आ) फ्रॉंकिया

यह प्राजतियॉ भी सरू वृक्ष के मूल ग्रान्थिका अथवा कल्चर या मातृ पादप के मूल के समीप से लिया गया है पौध शाला में सरू के बीज को ही अन्तःकामण कर द्रेते है, ताकि पोलिथीन बैग में ही पौधे सुद्ढ बन जायें।

17.6.4 (इ) बाह्य कवक मूल

प्रयोगशाला में इसके कल्चर बनाकर पौधशाला में पौधों को अन्त:क्रामण कर सकते है। प्रभावशाली तकनीकी यह है कि मातृपादप से मृदा लाकर उनमें पौधे पौधशाला में तैयार करना। किसी पात्र में रखकर भी अन्त:कवक मूलीय कवक द्वारा अन्त:क्रामण कर सकते है। बाद में इस मिट्टी को अन्त:क्रामण के रूप में पौधे के अन्त:क्रामण के प्रयोग में लाते है।

17.6.5 (ई) नील-हरी शैवाल

यह वर्षा ऋतु में प्राकृतिक रूप से पृथ्वी में उगते हैं। इनको पानी के साथ मिलाकर सिंचाई की जाती है, और यह सूखे अन्त:क्रामण से बहुत अच्छा है। लेकिन ताजा अन्त: क्रामण में बहुत पानी की मात्रा होने से यह वजनदार होता है एवं परिवहन में सुविधाजनक नहीं है। इसलिए सूखे अन्त:क्रामण को भी उपयोग में लाया जाता है। लेकिन यह ध्यान रहे कि पर्याप्त मात्रा में उसमें सक्रिय फलकाय (स्पोर) मौजूद हो। नील-हरी शैवाल का (स्ट्रेन) शीघ्र बढ़ने वाला होना आवश्यक है एवं नत्रजन को स्थिरीकृत करने वाला होना चाहिये। नीम की खली के प्रयोग से छोटे-छोटे जीवों, जो शैवाल को खाकर इसकी वृद्धि में बाधक है, का दमन किया जा सकता है।

फसल से एक किलोग्राम शुष्क पदार्थ प्राप्त करने के लिये लगभग 400 से 500 लीटर पानी की आवश्यकता होती है।

18

खरपतवारों का जैविक नियंत्रण

खेतों में फसल के साथ उगने वाले खरपतवार फसलों को काफी हानि पहुँचाते है इसलिये इनको खत्म करना जरूरी है। किसान अपने खेतों में उगने वाले खरपतवारो को रासायनिक विधि से नियंत्रित करता है, जबकि आज आवश्यकता जैविक खेती की है। जैविक विधि से भी खरपतवारों का सफाया किया जा सकता है। इसका मुख्य कारण कृषकों को इस तकनीक की पर्याप्त जानकारी नही है। इस विधि को अपनाने से क्षेत्र में पाये जाने बाले खरपतवारों की रोकथाम की जा सकती है। खरपतवारो को नष्ट करने के लिए इस विधि में कीट पतंगों व जीवाणुओं तथा अनेक प्रकार की वनस्पति का प्रयोग किया जाता है। इस विधि को प्रयोग में लाने से पहले कुछ बातों का ध्यान रखना आवश्यक होता है। इस हेतु बायो एजेन्ट का चुनाव निम्न आधार पर करना चाहिए।

- सबसे पहले यह ध्यान रखना होता है, कि पतंगों व रोग के कीटाणुओं की किस्म को छांटना होता है। कीट इस आदत के है कि वह जिस विशेष खरपतवार के लिये छांटे-गये है, केवल उसी को खाकर जिन्दा रहें। अगर कीट अन्य फसल के पौधों पर भी अपना जीवन निर्वाह कर लेते है, तो खरपतवार की रोकथाम इस प्रकार की कीटों से सम्भव नही है। कीट जिस किसी विशेष कुल के पौधों पर आश्रित हो उसकी फसल के पौधे उस क्षेत्र में नहीं होने चाहिए।

- ➢ जिस क्षेत्र विशेष के खरपतवार को नष्ट करने के लिए कोई कीट विशेष छांटा गया है उस क्षेत्र में उस कीट के अन्य शत्रु नहीं होने चाहिए, अन्यथा ये कीट शत्रु इस लाभदायक कीट को समाप्त कर खरपतवार की रोकथाम नहीं होने देंगे।
- ➢ जिस कीट का चयन किया गया है, वह क्षेत्र में जलवायु मौसम व भूमि आदि प्रतिकूलताओं को सहन करने की क्षमता रखतें हो जिससे कि वे अपने उद्देश्य को सफल बना सके तथा अपना प्रजनन कार्य कर सकें।
- ➢ जैविक साधनों के प्रयोग से फसल पर कोई हानि नहीं होनी चाहिए। खरपतवार के प्राकृतिक (बायोएजेन्ट) का प्रयोग किया जाता है।

18.1 खरपतवारों को नियंत्रित करने के लिये बायो एजेन्ट

1. **कीट पतंगे:-** खरपतवारों को नष्ट करने में मुख्यतया डिप्टेरा कोलियोप्टरा हेमीप्लोटेरो, लेपिडोप्टेरा, एग्रीमाइजा थेक्ला व क्रोसीडोसेमा आदि के कीट पतंगों का प्रयोग किया जाता है।
2. **कशेरूकी प्राणी:-** निम्न क्षेत्रों में इनका प्रयोग होता है।
3. **रोग जनक:-** वायरस प्रतियोगी वनस्पति खरपवारों को नष्ट करने के काम में आते है, पौधों के परजीवियों का प्रयोग भी खरपतवार के नियंत्रण के लिये करते हैं। कीटों और रोग जनकों के कारण खरपतवार के पौधों में बीज उत्पादन प्राय: बन्द हो जाता है। कीट सूक्ष्म जीवन पौधों की पत्तियों को प्रभावित कर प्रकाश संश्लेषण की क्रिया को कम कर अन्द्र में पूर्णतया रोक देते है। अत: पौधों को जीवन चलाने के लिये कार्बोहाइड्रेट नही मिल पाते।

18.2 जैविक विधि से लाभ:-

- ➢ इस विधि से ऐसे खरपतवार भी नियंत्रित किये जा सकते हैं, जो रसायनिक या अन्य विधियों से भी नियंत्रित नहीं हो पाते।
- ➢ यह एक स्थायी विधि है। अन्य विधियों की भांति इसे दोहराने की आवश्यकता नहीं होती है।

- ➢ इस विधि के द्वारा एक वर्षीय खरपतवारों की अपेक्षा बहुवर्षीय खरपतवारों एवं कृषि क्षेत्रों की आकर्षक क्षेत्रों के खरपतवारों का नियंत्रण अधिक प्रभावी ढंग से किया जा सकता है।
- ➢ इस विधि से प्रत्येक प्रकार के खरपतवार का नियंत्रण नही हो सकता क्योंकि कुछ खरपतवार विषैले भी होते हैं।
- ➢ तकनीकी प्रभाव व जटिल विधि के कारण प्रत्येक किसान इस विधि को काम में नही ला सकता।
- ➢ यह विधि बहुत ही अधिक वरणात्मक है। साधारणतः एक साधन एक ही प्रकार के खरपतवार के लिए विषैले है, तो यह विधि प्रभावी नहीं हो पाती।
- ➢ कभी-कभी जीव खरपतवार को समाप्त करने के बाद फसल पर भी आक्रमण कर देते है।
- ➢ उपयुक्त बातों का समाधान यदि निकाल लिया जाये तो निःसन्देह इस विधि के द्वारा खरपतवारों को नष्ट करके लाभ उठाया जा सकता है। जैविक साधन खरपतवारों के निम्न किसी एक या अनेक ढंगों से हानि पहुँचाकर उन्हें नष्ट कर देते हैं। विषाक्त पदार्थ का उत्पादन कर, हार्मोन्स प्रणाली से गड़बड़ी कर संवहन प्रवाह में रूकावट पैदाकर, अन्य शारीरिक क्रियात्मक प्रतिक्रियाओं में गड़बड़ी पैदाकर, पौधे की कोशिका घटकों के एन्जाइमी निम्नीकरण करके खरपतवारों का पूरा पौधा या उसका कोई अंग नष्ट कर सकता है और उसका ओज कम होने के कारण व फसल से प्रतियोगिता नही कर सकता। कीट पतंगे, पक्षी आदि खरपतवार को खाकर नष्ट करते हैं, कभी-कभी पत्तियां नष्ट कर प्रकाश संश्लेषण की क्रिया बन्द होने के कारण खरपतवार नष्ट हो जाते है।

18.3 जैविक विधि से किस सीमा तक नियंत्रण किया जाता है, यह निम्न बातों पर निर्भर करता है,

- ➢ खरपतवार की किस्म, आयु, दशा व सघनता।
- ➢ कीट की किस्म व आयु।

- आक्रमण की तीव्रता।
- वातावरण की परिस्थितियां जैसे जड़ वेधक कीट का प्रभाव शुष्क मौसम होने पर अधिक होता है।
- कीट पतंगों या अन्य कारकों द्वारा रोगाणुओं की फैलाने की गति।
- कीट पतंगों रोगाणुओं व अन्य जीवों का आकार संख्या व आक्रमण करने का ढंग।

18.4 कीट पतंगों एवम् उनकी क्रियाविधि

- **जिरायन (लेन्टाना केमरा):-** क्रोसीडोसेमा लेन्टना कीट का लारवा (गिडार) इस खरपतवार के फूलों के गुच्छे व फलों को खाकर बीज नहीं बनने देते हैं। क्लाइचिचोन व थेक्ला वेर्न्जोकोई का सहारा भी इस खरपतवार के नियंत्रण में लिया जाता है। एग्रोमाइजा लेन्टानी बीज मक्खी के गिडार (सूंडी-केटर पिलर) भी फलों के अन्दर घुसकर बीजों को खाते है।
- **नागफनी (ओपन्शिया जाति):-** यांत्रिका व रासयानिक विधियों से इसका नियंत्रण अच्छा होता है, मोथ वोल्टर, कोरीड, वग, कोकी, नील, लाल मकड़ी व सीरम्बीसिक कीटक आदि कीट पतंगों से नागफनी के नियंत्रण में सहायता मिलती है।
- **कास:-** कुछ खरपतवार विशेषज्ञों का मत है कि खेत में सनई जैसी फसलों की छाया, कांस पर पड़ने से कुछ हद तक नियंत्रण किया जा सकता है, वासकेत नामक कांस की गुत्थियां आदि को नष्ट कर सकती है।
- **पक्चर वाइन (टाइबुलस टेरेस्ट्रिस) गोखरू:-** गोखरू यह सामान्य खरपतवार है, जो माइक्रोलारिनस लाइपर्सिफोर्मिस नामक से नष्ट किया जा सकता है।
- **जलीय खरपतवार:-** शैवाल निमग्न पौधे आदि जल में कार्प मछलियां से नियंत्रित कर सकते है पौधो द्वारा एलीगेटर खरपतवार का आंशिक नियंत्रण हो सकता है तथा घोंघा जलकुम्भी खरपतवार की वृद्धि व पुष्पन क्रिया पर रोक लगाता है।

- **एक वर्षीय खरपतवार:-** घरेलू चिड़िया, जंगली कबूतर, गुरसल आदि पक्षी एक वर्षीय खरपतवारों जैसे कृष्ण नील, जंगली जई मुरेला आदि के बीजों को नष्ट करते है, फसलों को भी ये पक्षी हानि पहुॅचाते हैं।
- **बंजर भूमियों के खरपतवार:-**इन भूमियों में चरागाहों का विकास रुके, क्रमिक चराई से खरपवारों का नियंत्रण किया जा सकता है।
- **सुझाव, आशा एवम् अनुशंसा-** पादप प्रजनन वैज्ञानिक विभिन्न फसलों की अधिक उपज देने वाली व अच्छी गुणवत्ता की रोगाणु रोधक व चिड़ियॉ के आक्रमण आदि को सहन करने अथवा इनकी रोधक किस्मे तैयार करें जो खरपवार के पौधों के साथ प्रतियोगिता कर उन्हें नियंत्रित रख सके, इस ओर अनुसंधान की वर्तमान में बहुत ही आवश्यकता है, कृषि विश्वविद्यालयों को समय-समय पर अपने यहाँ इस प्रकार के प्रोग्राम, अनुसंधान के आधार पर विभिन्न फसलों व विभिन्न अनिष्टकारी खरपतवारों के लिये तैयार करके प्रसार माध्यमों द्वारा किसानों तक पहुॅचाते रहना चाहिये।

**''पेड़ अपने फल से जाना जाता है, मनुष्य अपने कर्म से।
जो विनय होता है मित्रता का फल खाता है
और जो दयालुता का पौधा लगाता है प्रेम फल खाता है॥''**

19

जैविक कीट नियंत्रण में लाभदायक सूत्रकृमि

सूत्रकृमि की वह प्रजातियां जो फसलों के हानिकारक कीटों पर अंतः परजीवी हैं उन्हें एन्टोमोपैथोलेजि निमेटीकड अर्थात ई.पी.एन. कहते हैं। ये कीट को परजीवित कर उन्हें रोगग्रसित कर देते है। जिसके उपरान्त कीट मर जाते हैं। लाभदायक सूत्रकृमि एक सक्षम जीवित जैवकारक है जो कीटाणुओं के वाहक होते हैं। ये लक्षित कीटों को तुरन्त अपना निशाना बनाकर उन्हें मार डालते हैं। ई.पी.एन. का उपयोग फसलों में हानि पहुॅचाने वाले कीटों प्रमुखतः तितली व पतंगों (लेपीडोप्टरो) एवं भृंगों (कोलियोप्टेरा) के प्रबन्धक में एक जैविक कीटनाशक के तौर पर कर सकते हैं। ई.पी.एन. अपनी प्रभावी गुणवत्ता के कारण व्यापारिक कीटनाशकों के रूप में प्रयोग में लाया जा सकता है तथा इसे एकीकृत कीट प्रबन्धन के रासायनिक कीटनाशकों की जगह पर प्रयोग कर सकते है।

19.1 **सामान्य लक्षणः-** ई.पी.एन. अन्य सूत्रकृमि की भांति एक धागेनुमा, रंगहीन, पतली, अविभाजित, उभयलिंगी, द्विसममित कृमि है। इन सूक्ष्मजीवों का आकार 0.3–1.5 मि.मि. के बीच होता है। ये कीटाणुओं और निघटित कीटों को खाते है। इनका जीवन चक्र एक सप्ताह में पूरा हो जाता है। ई.पी.एन. मुख्यतः तीन प्रकार के होते है–

- **स्टीनरनिमा**
- **निओस्टीनरनिमा**

➢ **हैटरोरैब्डाइटिस।**

ये सभी तरह की मिट्टियों में पाए जाते है। इनकी कुछ प्रजातियां शीतबिन्दु के नीचे के तापमान पर भी जीवित रहती हैं। जबकि कुछ प्रजातियां ग्रीष्मकालीन मिट्टी के अन्दर पूर्णतया सूखी मृदा में जीवित अवस्था में पायी जाती हैं। इनके कुछ विशेष गुण निम्नलिखित है:-

➢ ये मिट्टी, पौधे तथा अर्द्धरूप से पादप ऊतकों में पाये जाने वाले कीटों को अपना शिकार बना सकते हैं।

➢ ये लक्षित कीटों के अन्दर घुस कर अपने मुख से कीटाणुओं को उगल देते है। जिसके फलस्वरूप कीटों का शीघ्रता से विनाश हो जाता है।

➢ इनकी परजीवित क्षमता बड़ा ही विस्तारित होती है। ये अपना शिकार कोलियोप्टेरा, लेपिडोप्टरा, ओर्थोप्टेरा आदि गण के कीटों को बनाते हैं।

➢ मिट्टी से निकाल कर बहुत ही कम समय में इनका अधिकाधिक गुणन किया जा सकता है।

➢ इन्हें कृत्रिम आहार अथवा जीवित पोषक पर आसानी से संबधित किया जा सकता है।

➢ इनका प्रयोग सिंचाई के रूप में भी किया जा सकता है।

➢ इनका दुष्प्रभाव किसी भी पालतू पशु-पक्षी, मानव या वनस्पतियों पर या लाभप्रद प्राकृतिक शत्रुओं पर नहीं पड़ता है।

➢ इन्हें मिट्टी तथा मृत कीट दोनों में एक लम्बे समय तक सूखे अवस्था में बनाए रखा जा सकता है और पुनः आवश्यकता पड़ने पर पुर्नरजीवित किया जा सकता है।

➢ धूल, छिड़काव, केप्सूल एवं दानेदार रूपी कीटनाशकों के साथ मिलाकर इन्हें प्रयोग में लाया जा सकता है।

➢ ये वातावरण के लिए सुरक्षित माने जाते है तथा प्रकृति में स्वयं चिरस्थायी होते है।

19.2 **जीवन चक्रः-** ई.पी.एन. के लार्वा चार अवस्थाओं से गुजरते है। प्रथम व द्वितीय अवस्था खाद्य पदार्थ पर विकसित होती है तथा तीसरी अवस्था पर्यावरण से विशेष कीटाणुओं के अपने भीतर संचय कर लेते है। ई.पी.एन. की इस अवस्था को संक्रमण लार्वा कीट में प्रवेश कर जब इन कीटाणुओं को अपने मुख द्वारा उगलते है तब ये कीटाणु कीट के रक्त में बहुत ही तेजी से गुणन कर फैल जाते हैं। जिसके फलस्वरूप उस कीट की मृत्यु 24-72 घंटों के भीतर हो जाती है। फिर ये संक्रमण लार्वा कार्यरत तृतीय अवस्था लार्वा में परिवर्तित हो जाते है। कीटों के भीतर तेजी से गुणन हो रहे कीटाणु इन कार्यरत तृतीय अवस्था लार्वा के भोजन बन जाते है। साथ ही ये लार्वा विघटित हो रहे कीटों के ऊतकों को भी अपना भोजन बनाते है। रूपान्तरण के बाद ये चौथी अवस्था में आ जाते हैं। जिसके फलस्वरूप ये प्रथम पीढ़ी के वयस्क नर और वयस्क मादा में परिवर्तित हो जाते हैं। यहां पर यह बात महत्वपूर्ण है कि इनके संक्रामक लार्वा बिल्कुल भी भोजन नहीं लेते हैं, तथा ये मिट्टी में कई महीनों तक जीवित रह सकते हैं।

19.3 **ई.पी.एन. कीटाणु सहजीविताः-** ई.पी.एन. के सहयोगी कीटाणु ग्राम नैगेटिव, अवायुवीय तथा अबीजाणु होते है। ई.पी.एन. की स्टीनरनीमा तथा कीटाणु ग्राम नैगोटिव, अवायुवीय तथा अबीजाणु होते हैं। ई.पी.एन. की स्टीनरनीमा तथा निओसटीनरनिमा प्रजातियां, जेनोरेब्डस कीटाणुओं के साथ सहजीवन करते हैं जबकि हेटरोरेब्डाईटस प्रजातियां, फोटोरेब्डस कीटाणुओं के साथ सहजीवन करते हैं। जब संक्रमण लार्वा किसी कीट के प्राकृतिक छिद्र जैसे मलद्वार, श्वसन छिद्र अथवा त्वचा को भेद कर उसमें अन्दर प्रवेश कर जाते हैं, तब इसके पश्चात् संक्रमण लार्वा अपने मुख से उस कीट के भीतर कीटाणु छोड़ते हैं जिससे कीट में रक्त विषाक्ता हो जाती है और कीट मर जाते हैं। ये सहजीवी कीटाणु कीटों में गुणन करते हैं जिससे विषाक्तता तथ जल वाह्य विघटित को एन्जाइम पैदा होती है जो कीटों का विनाश करके उनका जैविक रूपान्तरण कर देते है। जो ई.पी.एन. का गुणन हेतु लाभदायक है।

19.4 **समूह उत्पादन की तकनीकः**- ई.पी.एन. का गुणन किसी उपयुक्त पोषक कीट पर कर सकते हैं जबकि प्रयोगशाला में इसका गुणन कृत्रिम आहार पर किया जा सकता है। इन दोनों ही विधियों द्वारा ई.पी.एन. के गुणन की कुछ सीमाएं है। प्रयोगशाला में ई.पी.एन. के समूह उत्पादन में सुग्राही पोषक की आवश्यकता रहती है। गैलेरिया मेलोनेला की झल्ली ई.पी. एन. का एक महत्वपूर्ण सुग्राही पोषक है। प्रति ईल्ली ई.पी.एन. उत्पादन- 1-3.5×105 है। पॉच हजार गैलेरिया मेलोनेला झल्ली से ई.पी.एन. का 2 5×10^9 संक्रमक लार्वा उत्पादन हो सकता है। जो एक हैक्टेयर के छिड़काव के लिए उपयुक्त है। इतनी ही संख्या चने के फली छेदक व धान के पतंगे की झल्ली से क्रमशः 1.3×105 तथा 0.5-2.0×105 ई.पी.एन. संक्रमक लार्वा का उत्पादन होता है।

19.5 **संगठनः**-ई.पी.एन. का संगठन इसके संक्रमक लार्वा से विभिन्न आधारों पर अथवा उसकी गतिशीलता कम करके की जा सकती है। निम्न गातिशीलता की स्थिति में इन्हें अर्द्धरूप से जलीय जैविक स्थिति में रखकर प्रयोग में लाया जाता है और जब ये प्रयोग के माध्यम अर्थात जल के संपर्क में आते है। तो यही अक्रिय ई.पी.एन. पुनः सक्रिय हो जाते हैं। विदेशो में ई.पी.एन. को व्यावसायिक उत्पादन के रूप में तैयार कर उपयोग में लाया जा रहा है। भारत में भी ई.पी.एन. के अनेक उत्पाद विकसित किये गये हैं।

19.6 **प्रयोग विधिः**- कीट प्रबन्धन में ई.पी.एन. के प्रयोग विधि का महत्वपूर्ण स्थान है। इसलिए इस पर विशेष ध्यान देना चाहिए। ई.पी.एन. चूंकि एक जीवित प्राणी है इसलिए इसका प्रयोग सावधानी से करना चाहिए। ताकि ये जीव अपनी पूर्णक्षमता से काम कर सकें। ई.पी.एन. का प्रयोग जब मिट्टी या पत्तियों पर किया जाता है तो इसकी जीवन क्षमता कम हो जाती है। यही ई.पी.एन. की सफलता के लिये मुख्य रुकावट है। अनेक पदार्थो का प्रयोग ई.पी.एन. की यथास्थिति को बनाये रखने के लिये कियाँ जाता है। इसके लिए विभिन्न विधियों जैसे सूखे मृत कीट, कैप्सूल और चारा लगाकर प्रयोग करते है। ई.पी.एन. को अधिकतम व्यवहारिक द्रवों के साथ उपयोग में

लाया जाता है। जैसे कीटनाशक, खाद्य एवं सिंचाई। यहाँ कई बातों पर ध्यान देने की आवश्यकता है जैसे स्प्रेयर का आयतन, एजीटेशन, सिस्टम, दाब, पुर्नचक्र समय, पर्यावरणीय स्थितियां और छिड़काव वितरण विधि। ई.पी.एन. का प्रयोग निम्न आयतन स्प्रेयर अथवा उच्च आयतन स्प्रेयर से करते है। एक ध्यान देने योग्य बात यह है कि स्प्रेयर का दाब बहुत ऊँचा नहीं होना चाहिए वरना ई.पी.एन. टुकड़ों में बिखर जायेगें। सामान्यतः इनका दाब ई.पी.एन. हेतु टैंक में 30 पी.एस. आई (2070) के.पी.ए.) होता है।

19.7 **मृदा में ई.पी.एन. का प्रयोगः-** मिट्टी की सतह पर ई.पी.एन. का छिड़काव सबसे साधारण विधि है लेकिन मिट्टी की प्रकार और उसकी नमी. ई.पी.एन. को सक्रिय बनाये रखने में एक महत्वपूर्ण भूमिका निभाते है। सामान्यतः ई.पी.एन. की गतिशीलता और उत्तरजीविता चिकनी मिट्टी में अधिक, होती है। मृदा तापमान 22-28^0 सैल्सियस से अधिक है तो ई.पी.एन. प्रयोग से पहले मृदा के तापमान को घटाने के लिए एक हल्की सिंचाई कर लें।

19.8 **पत्तियों पर ई.पी.एन. का छिड़कावः-** पत्तियों पर ई.पी.एन. के छिड़काव के लिए बूंदों का आकार व छिड़काव वितरण प्रणाली की मुख्य भूमिका है। सामान्यतः प्रयोग में लाये जाने वाले हाईड्रालिक नॉजल से बूंदों का आकार बढ़ाया या घटाया जा सकता है। जिससे ई.पी.एन. के संक्रामक लार्वा का आवश्यकतानुसार प्रयोग किया जा सकता है। पौधे की सतह पर ई.पी.एन. के छिड़काव की मात्रा नॉजल के प्रकार पर निर्भर करती है। सोलिड कोन नॉजल या फ्लैट फैन नोजल के उपयोग से पत्तियों पर अधिक मात्रा में किया जा सकता है। पत्तियों पर ई.पी.एन. का टिकाऊ छिड़काव को टिकाऊ बनाने के लिए घोल में स्टीकर मिला देते है। ऐसा पाया गया है कि ई.पी.एन. का टिकाऊ छिड़काव पत्तियों पर उचित मात्रा में कई कारणों से नहीं हो पाता है। जैसे घोल का शीघ्र सूखना, अधिकतम तापमान और यू.वी. किरणें । यू.वी. किरणों से बचाव हेतु कुछ बाहरी तत्वों का प्रयोग घोल में करते है। जैसे टीनोपॉल, उजाला, रानीपॉल आदि। प्रमुख फसलों के हानिकारक कीटों में ई.पी.एन. के प्रभाव के लिए देखें सारिणी-19.1

19.9 कीटनाशकों के साथ अनुकूलताः- अधिकतम कृषि रसायन जिनमें शाकनाशक, फफूंदीनाशक, माइटनाशक और कीटनाशक शामिल है, ई.पी.एन. के साथ सहशीलता है इसलिए ई.पी.एन. को इनके साथ मिलाकर छिड़काव कर सकते है। स्टीनरनिमा की कई प्रजातियां तथा हैटरोरैब्डाईटिस इंडिका को कीटनाशक के साथ भली-भांति मिलाकर फसलों पर प्रयोग कर

सारिणी-19.1 कुछ प्रमुख फसल के हानिकारक कीटों में ई०पी०एन० का प्रभाव

कीट	नाम	ई०पी०एन०	कीटों पर नियंत्रण प्रतिशत
एग्रोटिस इप्सीलोन	कटवा सूंडी	एस0सी0	86
कैलोसोब्रूकस प्रजाति	दाल का भृंग	एस0,एस0,एस0, एमएमसी	47
कोरसाइरा सिफेलोनिका	धान का पतंगा	एस,एस,एस,एम, एस,टी, एस0जी, एस0सी0	>90
गेलेरिया मेल्लोनेल्ला	ग्रेटर वेक्स मोथ	एस,एस,एस,एम, एस0टी, एस0,जी, एस0सी0	>90
हेलियोथिस आर्मीजेरा	चने का फले छेदक	एस,एस, एस0एम0,एस0सी0, एस0टी0	67
होलोट्राईकिया कानसेनगुइन्या	सफेद लट	एस0जी, एस0जी0	90
लैमपाईडस बोट्रीकस	नीली तितली	एस0एम0,एस0एस0, सी0	49
लीरोयमाईजा ट्राइफोलायाई	पत्ती सुरंगक	एस0सी0	66
मारूका वीटराटा	दालों का फली भेदक	एस0एस0, एस0एम0	45
माइलोसेरस प्रजाति	ग्रे वीविल	एस0एस0, एस0एस एस0सी0	52
प्लूटेला जाइलोस्टेला	डायमण्ड बैक मॉथ	एस0सी0	56
स्पोटोप्टेरा लिटूरा	तम्बाकू की सूंडी	एस0सी,एस0एफ, एस0ए0 एच0आई	85

एस0सी0-स्टीनरनिमा कारपोकैप्सी, एस0एम0-स्टीनरनीम मसूदी, एस0एस-स्टीनरनीमा सीमाई, एस0टी0-स्टीनराथिमा थर्मोफाइलम, एस0जी0-स्टीनरनीमा ग्लेसरी, एस0ए0-अब्बासी, एच0 आई, हेटरोरैब्डाइटस इंडिका

सारिणी-19.2 विदेशों में विकसित ई०पी०एन० उत्पाद

क्र.सं.	ई०पी०एन० प्रजातिया	उत्पाद	देश
1	स्टिनरनीमा	आर्थो, बायोसेफ	अमेरिका
2	एस0 फेलटियाई	मेगनेट, इन्टोनीम, नीमासीस	अमेरिका
3	एस0 कुशीदाई	एम0डी0 एस0 बायोटेक	जापान
4	एस0 रायोबेव	वेक्टर एम0जी0 बायोवेक्टर	टमेरिका
5	हेटरोरेब्डाईटिस इंडियका	ओटोनेम ई-नीमा	अमेरिका जर्मनी

सारिणी-19.3 भारत में विकसित ई०पी०एन० उत्पाद

क्र.सं.	ई०पी०एन० प्रजातिया	उत्पाद
1	हेटरोरेब्डाईटिस इंडियका	छिड़काव के रूप में, धूल आधारित
2	स्टिनरनीमा कारपाकैप्सी	छिड़काव के रूप में घूल आधारित, कैप्सूल
3	स्टिनरनीमा अब्बासी	धूल आधारित
4	स्टिनरनीमा बाइकारॅरनूटम	कैप्सूल के रूप में
5	स्टिनरनीमा रायोब्रेव	छिड़काव के रूप में

सकते है। इस प्रकार उपयोग करने से कीटों के नाश में और अधिक बढोत्तरी हो जाती है। नीम के तेल को भी ई.पी.एन. के साथ मिलाकर प्रयोग में ला सकते है। लेकिन व्यावसायिक उत्पादन में डिटरजेन्ट का मिश्रण ई.पी.एन. के लिये हानिकारक है। स्टीनरनिमा गलैसरी, कार्बोफ्यूरान, फोरेट व क्यूनालफॉस के अनुकूल है जबकि स्टीरनरनिमा कारपोकेप्सी, डाइमिथोएट,एण्डोसल्फान, मैलाथियान मैन्कोजेब व जिनेब के साथ विभिन्न अनुमोदित मात्रा में प्रयोग किया जा सकता है। मैन्कोजेब व नीम सभी ई.पी.एन. प्रजातियों के लिए अनुकूलित है मगर नीम हेटरारेब्डाटिस इंडिका के लिए घातक है। नीम के बनाए गये उत्पादन जैसे अचूक व नीम गोल्ड स्टीनरनिमा कारपोकैप्सी के साथ अनूकूलित है। विदेशाों व भारत में निर्मित किए जा रहे ई.पी.एन. के लिए सारिणी 19.2 एवं 19.3 देखें।

19.9 **ई.पी.एन. द्वारा भंडारण कीटों का प्रबन्धनः-** दलहनी फसलों के भण्डारण में कीटों का प्रकोप एक प्रमुख समस्या है। दालों के भृंग

दलहनों को खेत तथा भंडारण दोनों अवस्थाओं में हानि पहुँचाते हैं। ई.पी.एन. की प्रमुख विशेषता जैसे रोगकारकता, भेदकता, पोषक का चयन तथा शुष्क अथवा ताप सहनशीलता दलहनों के सुरक्षित भण्डारगृह में दालों के भृंगों को नियंत्रित करने में सहायक है। इन स्थितियों में ई.पी.एन. का पशुओं तथा मनुष्यों पर कोई हानिकारक प्रभाव नहीं पड़ता है। विभिन्न भण्डाारित कीटों जैसे दाल की भृंग, बादाम का पतंगा व धान का पतंगा के नियंत्रण हेतु ई.पी.एन. का सफलतापूर्वक प्रयोग किया जा चुका है। ई.पी.एन. को एकीकृत कीट प्रबन्धन में सम्मिलित करने हेतु कुछ महत्वपूर्ण बातों पर ध्यान देने की महती आवश्यकता है। ये बातें निम्नलिखित हैं।

1. बेहतर तथा सक्षम खली अवशोषक, तत्व, शुष्क अवशोधन तथा यू.वी. अवशोधकों की तलाश जो ई.पी.एन. हेतु आवश्यकता हैं।
2. कीटों के सफल नियंत्रण हेतु ई.पी.एन. की एक निश्चित मात्रा, विधि, काल तथा बारम्बरता को सुनिश्चित करना।
3. वायुवीय, मृदा तथा भण्डरित कीटों के लिए प्रयोग तकनीक तैयार करना ताकि इस जैवकारक को एकीकृत कीट प्रबन्धन में हानिकारक फसल के कीटों के नियंत्रण हेतु सफलतापूर्वक उपयोग में लाया जा सके।
4. ई.पी.एन. की मात्रा को विभिन्न व्यवसायिक संगठन में मानकिता किया जाना चाहिए।

19.10 कृषि में जैविक जीवनाशी

खड़ी फसल के सौ दुश्मन होते है। जिसमें कीट प्रमुख है। हर वर्ष फसल सुरक्षा पर कीटनाशक के प्रयोग से एक ओर पर्यावरण प्रदूषित होता है तो दूसरी ओर फसल की उत्पादन लागत बढ़ती है। जहॉ पर जैविक खेती की बात आती है वहां पर फसलों की कीट व्याधियों से सुरक्षा कैसे की जाये ये बात सबसे पहले सामने आती है। इसके लिए हमारे यहां कीटनाशक के अधिक प्रयोग से पर्यावरण प्रदूषण भूमि की उर्वरकता पर विपरीत प्रभाव, मनुष्य के स्वास्थ्य पर बुरा प्रभाव एवं उत्पादन लागत का बढ़ना आदि मुख्य

समस्यायें है। इसके लिए हम जेविक जीवनाशी का प्रयोगकर इन सभी समस्याओं से निजात पा सकते है। कृषि में जैविक जीवनाशी का उपयोग कोई नई बात नही है। हमारे देश में इसका उपयोग प्राचीन समय से होता आ रहा है। हमारे देश के किसान भाई इससे भली भाँति परिचित हैं।

जैविक जीवनाशी के रूप में कई प्रकार के उत्पादों का उपयोग किया जाता है जो कि उत्पादन लागत को कम करने के साथ-साथ पर्यावरण सुरक्षा के हिसाब से भी महत्वपूर्ण है। जैविक जीवनाशी की सूची वैसे तो अनंत है परंतु प्रमुख जीवनाशी जो वर्तमान में प्रचलित एवं किसानों में लोकप्रिय है वे इस प्रकार हैं।

1. नीम 2. तम्बाकू 3. करंज 4. मिर्च

5. हींग 6. गोमूत्र 7. छाछ 8. इत्यादि का जैविक

कीटनाशी के रूप में उपयोग किया जा सकता है जो निम्नानुसार है।

नीम एक कीटनाशक के रूप में दो प्रकार से कार्य करता है।

1. कीटों का प्रतिकार या प्रतिरोध के रूप में
2. कीटों की वृद्धि रोककर।

19.11 नीम का कीटनाशक के रूप में उपयोगः-

19.11.1 नीम की पत्तियों का अर्कः-

➢ एक किलो नीम की पत्ती का दस लीटर पानी में तैयार किया गया अर्क, टिड्डी, माहो, सैनिक कीट आदि से ग्रसित फसल पर छिड़कने से इन कीड़ों का प्रभावी नियंत्रण होता है।

➢ इसके अलावा नीम की पत्तियों को अनाजों के साथ मिलाकर भण्डारण करने से भण्डारण के दौरान कीटों का प्रकोप नहीं होता है।

19.11.2 नीम का फलः-

➢ नीम का फल जिसे निम्बोली कहते हैं को पीसकर इसकी एक ग्राम मात्रा प्रति लीटर पानी के हिसाब से घोल बनाकर फसलों पर

छिड़काव करने से इल्ली, माहो, तैलिया आदि कीड़ों का प्रभावी नियंत्रण हो सकता है।

- 1.2 किलो निम्बोली पावडर को 100 किलो गेहूँ के बीज में मिलाकर रखने से चावल की सूंडी नामक कीट से सुरक्षा प्रदान की जा सकती है।

19.11.3 **नीम का तेलः-**

- 125 मि.ली. नीम के तेल को 15 ग्राम साबुन को थोड़े से पानी में घोलकर नीम के तेल के साथ मिलाते हैं। इसके बाद इसमें 4.5 लीटर पानी मिलाकर पतला कर आलू, कपास, कुसुम आदि फसलों पर छिड़काव करने से माहो का नियंत्रण होता है। कपास फसल को इस कीट से सुरक्षित किया जा सकता है।

19.11.4 **नीम की खलीः-**

जिन खेतों में गर्डल बीटल व नेमाटोड की समस्या पाई जाती है। वहां नीम की खली 8 क्विं/एकड़ की दर से भूमि में मिलाना चाहिए जिससे इनका प्रकोप नहीं होता है।

19.12 तम्बाकू का कीटनाशक के रूप में उपयोग

तम्बाकू में निकोटीन नामक एल्काइड जहरीला पदार्थ पाया जाता है। जिसमें कीटनाशक गुण होता है। जिसका जीवनाशी के रूप में निम्नानुसार उपयोग करते है।

19.12.1 **तम्बाकू का घोलः-** 750 ग्राम तम्बाकू की सूखी पत्तियां लेकर 7 लीटर पानी में उबालकर एवं रात भर घोल को पड़ा रहने दो सुबह इसको छानकर फसल पर छिड़काव करने से कीट व्याधियों का नियंत्रण होता है।

19.12.2 **तम्बाकू का चूर्णः-** बारीक पिसे हुए तम्बाकू के चूर्ण को पानी में घोलकर छिड़काव करने से रस चूसने वाले कीड़े समाप्त हो जाते है।

19.12.3 **तम्बाकू का धूम्रक:-** एक किलो तम्बाकू की पत्तियों के चूर्ण को पांच लीटर पानी में मिलाकर रात भर रखते हैं। अगले दिन इस मिश्रण को 250 ग्राम साबुन के साथ उबालते हैं। इसके पश्चात् छान लेते है। इसका उपयोग मिट्टी के धूम्रक के रूप में किया जाता है। जिससे भूमि में स्थित कीड़े-दीमक, व्हाइट ग्रब आदि को नियंत्रित किया जा सकता है।

19.13 **करंज का कीटनाशक के रूप में उपयोग:-** करंज की लगभग पांच किलो पत्ती को 2 लीटर पानी में डालकर तब तक उबाला जाता है जब तक कि एक लीटर पानी शेष रहे। इसके बाद 20 मि.ली. करंज अर्क को एक लीटर पानी में मिलाकर फसल पर छिड़काव करने से रस चूसने वाले कीड़ों का नियंत्रण होता है।

19.14 **मिर्च का कीटनाशक के रूप में उपयोग:-** 100 ग्राम मिर्च को पीसकर पांच लीटर पानी में मिलाकर घोल तैयार किया जाता है। इस घोल में एक चम्मच डिटर्जेंट मिलाकर कीड़ों से प्रभावित फसल पर छिड़काव करने से हानिकारक कीड़ों से फसल सुरक्षित रहती है।

19.15 **हींग का कीटनाशक के रूप में उपयोग:-**हींग परूलापिलिड नामक पौधो के भूमिगत तना तथा जड़ों पर चीरा लगाकर गोंद जैसा हींग प्राप्त होता है यह पानी में घोलने पर दूधिया रंग देता है।

➢ हींग को नीम पत्तियों के घोल में मिलाकर छिड़काव करने पर विभिन्न प्रकार के कीटों एवं जीवाणु जनित बीमारियों से सुरक्षा होती है।

➢ 100 ग्राम हींग को 300 लीटर नीम के घोल में मिलाकर फसलों पर छिड़काव करने से कीट व्याधि नियंत्रित होता है।

19.16 **गोमूत्र का कीटनाशक के रूप में उपयोग:-** इसके लिए 10 लीटर देशी गाय का गोमूत्र बर्तन में लेकर इसमें एक किलो नीम के पत्ते डालकर इसको 15 दिनों तक पड़े रहने देते है। इसके बाद इसके तब तक उवालते हैं जब तक घोल की मात्रा आधी रह जाये। इसकी तीव्रता बढ़ाने के लिये उबालते समय इसमें 50 ग्राम लहसुन का रस डाल देने हैं। इस प्रकार

तैयार जीवनाशी की 1 लीटर मात्रा को 100 लीटर पानी में घोलकर आवश्यकतानुसार 4-5 छिड़काव करें जिससे कीटों को नष्ट किया जा सकता है।

19.17 **छाछ का कीटनाशक के रूप में उपयोग:-** छाछ को मिट्टी के घडे में भरकर कपड़े से ढककर इसे जमीन में गाड़ दिया जाता है। 21 दिन पश्चात् इसे निकालकर 15-20 मि.लि. पानी के हिसाब से घोल बनाकर छिड़काव करने से इस चूसने वाले मिडे तथा झल्लियां आदि नष्ट हो जाती है।

19.18 राख

गॉव में चूल्हे से निकली हुई राख भी काफी उपयोगी होती है। फसल पर राख का बुरकाव करने से भी का कीटों नियंत्रण किया जा सकता है।

गरीब को रोटी देकर आप एक दिन की भूख मिटा सकते है। यदि आप उसे फसल उगाने की जानकारी दे तो उसके जीवन भर की भूख मिटा सकते हैं। यदि वह खेती किसानी को अपनाता है। इसलिये हम सभी का ध्येय होना चाहिये कि जितना बन सके उतना लघु एवं सीमान्त किसानों को उन्नत कृषि तकनीकों का ज्ञान दें। इस पुनीत कार्य में सभी कृषि वैज्ञानिको को हाथ बटाना चाहिये।

20

जैव सुरक्षा नीति

अन्तराष्ट्रीय स्तर पर लगतार बढ़ रहे प्रदूषण के कारण वायोसिक्योंरिटी अर्थात जैब सुरक्षा नीति की आवश्यकता महसूस की जाने लगी है। बायो सिक्योरिटी कोई सरकारी शैक्षिक स्तर से जुड़ा मसला नही है यह तो सभी हर आम-ओ-खास को प्रभावित करने वाला है। पश्चिम बंगाल के कुछ जिलों में एवियन इन्फ्लुएजा के एच-1 एन-1 विषाणु यानी बर्ड फ्लू के लक्षणों का पाया जाना जैव सुरक्षा के संदर्भ में देश की तैयारियों और क्षमता पर नए सिरे से विस्तृत बहस की आवश्यकता पर जोर देता है। जैव युद्ध और जैविक आतंकवाद के क्रम में यह गंभीर मसला है। खासकर राष्ट्रीय सुरक्षा परिषद के लिए तो इसकी गंभीरता और भी बढ़ जाती है। भारत सरीखे देश में कृषि जैव सुरक्षा के तहत फसलें, पेड़-पौधे, फार्म और जलीय जीव-जंतु आते हैं, जिनकी सुरक्षा की महत्ता कई वजहों से और भी बढ़ जाती है। इसकी एक प्रमुख वजह तो यही है कि इन लगभग 70 फीसदी आबादी की आजीविका निर्भर है तो भोजन, स्वास्थ्य और सुरक्षित व्यापार के लिए पूरा देश निर्भर है। दूरसंचार और यातायात के साधनों के संदर्भ में कहें तो आज दुनिया वास्तव में एक वैश्विक गांव में तब्दील हो रही है। पशु पालन से जुड़े व्यापार और हवाई जहाजों से बीमारियां कहीं अधिक तेजी से फैलती हैं। भारत यों भी कई प्रवासी पक्षियों का अस्थायी निवास है। दुनिया की ही तर्ज पर दूरसंचार, यातायात और व्यापार के लिहाज से समग्र भारत एक राष्ट्रीय

गांव में दल रहा है। ऐसे में घरेलू संक्रमण के मामले अन्तर्राष्ट्रीय संक्रमण की तरह ही महत्वपूर्ण हो जाते है। जैव सुरक्षा के लिए कृषि उत्पादों और पशुओं का सीमा पार आवागमन भी महत्वपूर्ण है।

यही वह कारण है कि राष्ट्रीय कृषक आयोग ने कृषि आधारित स्त्री-पुरूषों और उनकी पशु संपत्ति के क्रम में विदेशी संक्रमण से उनकी आजीविक पर पड़ने वाले प्रभाव को खासा महत्व दिया था। दिसंबर 2004 में प्रस्तुत पहली रिपोर्ट में एग्रीकल्चरल बायो सिक्योरिटी के क्रम में विद्यमान ढांचागत और संस्थागत सुविधाओं की समीक्षा करने की जोरदार वकालत की गई थी। इसमें खासतौर पर कहा गया था कि इस बाबत विश्व व्यापार संगठन की संस्तुतियों का खास ध्यान रखा जाए। नेशनल ब्यूरो ऑफ प्लांट जेनेटिक रिसोर्स ने भी आयातित कृषि उपभोक्ता वस्तुओं के साथ आने वाले आक्रमणकारी कीटों की रोकथाम में उचित कदम उठाए थे। उसने भी इस बाबत सतर्कता बरतने की सलाह दी थी। इसे देखते हुए राष्ट्रीय कृषक आयोग एक राष्ट्रीय कृषि आधारित बायो सिक्योरिटी तंत्र बनाया जा सके। एक ऐसा तंत्र जिसकी आमजन में और राजनीतिक स्तर पर विश्वसनीयता हो। इस बाबत हुए सलाह-मशविरे के बाद हमें एक ऐसे बायो सिक्योरिटी सिस्टम की जरूरत है, जो इन परिपाटियों पर खरा उतरता हो। कृषकों और मुछवारे परिवारों की आजीविका और आय से सुरक्षा प्रदान करने के साथ-साथ भोजन, स्वास्थ्य और व्यापार सुरक्षा के मानकों को पूरा करें। इसके लिए वह परस्पर समन्वय के जरिये प्रभावी ढंग से सतर्कता बरत फसल, पशुधन व जलीय जीवों और वनों की रक्षा करने में सक्षम हो। वह स्थानीय और राष्ट्रीय स्तर पर संक्रमण पर निगाह रख पूर्व चेतावनी जारी करने समेत लोगों को शिक्षित बनाकर शोध और अध्ययन के क्रम में अंतराष्ट्रीय सहयोग को भी अंजाम दे सके। इसके अलावा वह आदर्श नियम, जागरूकता रूपी बायो सिक्योरिटी पैकेज बना उसके प्रति आमजन को जागरूक कर सके। साथ ही अब प्रस्तावित नेशनल एग्रीकल्चरल बायो सिक्योरिटी काउंसिल से कुछ अन्य क्षेत्रों में भी ध्यान देने की अपेक्षा की जाती है। सबसे पहले आता है कि समीक्षा कर खामियों की पहचान कर उन्हें दूर करे। इस समीक्षा के अधार

पर एक राष्ट्रीय कृषि आधारित बायो सिक्योरिटी नीति बनाई जाए। फिर मसला आता है शिक्षा या जागरूकता का। आक्रमणकारी कीटों के बारे में आमजन को अवगत कराने और उन्हें उसकी पहचान व रोकथाम के प्रति प्रेरित करने के लिए जागरूकता आंदोलन चलाने की आवश्यकता है। इस बाबत प्रत्येक कृषि विश्वविद्यालय, मत्स्य पालन से जुड़े विभागों में पाठ्यक्रम शुरू करने चाहिए। सबसे आखिर में निचले स्तर पर इस बाबत भागीदारी सुनिश्चित करनी चाहिए। बायो सिक्योरिटी कोई सरकारी या शैक्षिक स्तर से जुड़ा मसला नही है। यह तो सभी हर किसी को प्रभावित करने वाला है। अतः ग्राम पंचायत और नगरपालिका के स्तर पर कम से कम एक महिला और एक पुरूष को इसके बारे में बाकायदा प्रशिक्षण दिया जाना चाहिए। शहर और कस्बों को भी इस जागरण अभियान का हिस्सा बनाना होगा। ये सारे प्रयास घरेलू मोर्चे पर किए जाने की आवश्यकता है। इसके अलावा एक प्रभावी और मजबूत राष्ट्रीय जैव सुरक्षा तंत्र के लिए जरूरी है कि उसका पड़ोसी देशों से भी बेहद समन्वय हो। खासकर उन पड़ोसी देशों से जिनके साथ सीमा साझा होता है। इसके अलावा प्रस्तावित परिषद क्षेत्रीय और अंतराष्ट्रीय सहयोग से कृषि केन्द्रित महामारियों के खिलाफ एक अभियान भी छेड़ सकें। दक्षेस और एशियाई देशों से इस बाबत समन्वय खासा लाभकारी साबित होग। यही नहीं, भारत नार्वे सरकार के आर्थिक सहयोग की कृषि आधारित जैव-सुरक्षा पर एफएओं, द्वारा चलाए जा रहे कार्यक्रम में भी सक्रिय भूमिका निभा सकती है। इस क्रम में आस्ट्रेलिया के साथ गठबंधन फायदेमंद ही साबित होगा क्योंकि ऑस्ट्रेलिया ने राष्ट्रीय स्तर पर एक विस्तृत जैव सुरक्षा तंत्र स्थापित किया हुआ है, इसके आलावा शैक्षिक, सामाजिक और सार्वजनिक क्षेत्र के साथ-साथ साझेदारी को भी प्रोत्साहित किए जाने की आवश्यकता है।

इन्हीं उद्देश्यों को ध्यान में रखते हुए राष्ट्रीय कृषक आयोग ने केंन्द्र सरकार के आंशिक योगदान से एक हजार करोड़ रूपये वाले नेशनल एग्रीकल्चरल बायो सिक्योरिटी फंड की स्थापना की संस्तुति की थी। इस फंड से कम से कम शुरूआती स्तर पर कुछ उद्देश्यों को तो हासिल किया

जा सकता है। मसलन साफ-सफाई से जुड़े तंत्र को मजबूत किया जा सकता है। जानवरों, जलीय जीवों और पेड़-पौधों के लिए सुविधाजनक देखभाल का ढांचा तैयार हो सकता है। यही नही इस फंड से प्रभावित परिवारों को भी आर्थिक मदद मुहैया कराई जा सकती है। पं. बंगाल और उससे पहले महाराष्ट्र और गुजरात में फैले वर्ड फ्लू को देखते हुये इस दिशा में त्वरित कदम उठाने बहुत जरूरी हो जाते है। इससे ऐसे संक्रमण से निपटने में न सिर्फ हमारी क्षमता बढ़ेगी, बल्कि हर संभव रहते इन पर रोकथाम लगा नुकसान की दर भी कम कर सकेगें।

किस खद्यान्न में है कितना प्रोटिन
(प्रति 100 ग्राम में प्रोटीन का मात्रा)

खाद्यान्य पदार्थ	प्रोटीन (प्रतिशत में)
सोयावीन	40.0
मसूर	25.1
मूंग	24.5
उड़द	24.0
अरहर	22.3
चना	20.8
अण्डा	13.3
गेहूँ	12.1
चावल	7.0
दूध	5 से 6

21

जैविक कृषि पंचांग

जैविक कृषि पंचांग की महत्ता धीरे-धीरे वढ़ती जा रही है। वैसे प्राचीन भारतीय खगोल शास्त्र लम्बे समय तक किये गये आकाशीय प्रेक्षणों पर आधारित है। इनका विविध प्रयोग हिन्दु-संस्कृति के उद्भव व विकास में भी हुआ है। विभिन्न ग्रह-नक्षत्रों व ब्रह्ममण्डलीय शक्तियों का प्रभाव, प्रकृति, मनुष्य, प्राणी व वनस्पति जगत पर आंकलित भी किया जाता रहा है। प्रकृति-परायण कृषि पर इसके असर को समझकर कृषकों को एक नयी दृष्टि जागृत होती है। आधुनिक रासायनिक खेती में बहुआयामी असंतुलन व आधुनिक वैश्वीकरण रूप वित्तीय कुचक्र सर्वविदित है। ऐसी स्थिति में जैविक कृषि समन्वित खेती के लिए, बल्कि आर्थिक स्वावलम्बन, राष्ट्रीय स्वाभिमान व ग्राम के संतुलन के लिए अपरिहार्य लगती है।

जैविक:- कृषि पंचांग मूलतः चन्द्रमा की गति पर आधारित है, न कि ज्योतिष विद्या पर। जैविक-कृषि पंचांग का सहज सरल रूप से प्रयोग किया जा सकता है। हिन्दु माह पक्ष और तिथि पंचांक के प्रमुख अंग है, हिन्दू चन्द्र मास का नाम उसी नक्षत्र के नाम पर रखा जाता है। कुल 12 हिन्दु मास के सापेक्ष व पाश्चात्य मास का क्रमवार वर्णन निम्न सारणी में किया गया है।

शुक्ल पक्ष:- चन्द्रमा की अमावस्या से पूर्णिमा की गति अवस्था है, जिसमें सूर्य और चन्द्रमा की दूरी लगभग 12 डिग्री सैल्सियस प्रतिदिन बढ़ जाती है। कृष्णपक्ष में पूर्णिमा से अमावस्या तक की गति होती है तथा यह

दूरी लगभग उतनी ही कम हो जाती है पूर्णिमा के समय जल तत्व प्रभावी होकर पत्तों में आकर्षित होता है। इस समय पौधों की कटाई करने से बचना चाहिए, आर्द्रता अधिक होने से फफूंदीजनित एवं अन्य रोग लग सकते हैं। पूर्णिमा के 48 घण्टे पूर्व बीजारोपण लाभदायी है, अंकुरण अच्छा होता है। अमावस्या के समय घास की कटाई, काट-छांट, पेड़ की कटाई, भूमि की जुताई, खाद, कम्पोस्ट मिलाना आदि क्रियाओं के लिए उचित होता है। खगोलीय गतिकी में जैसे सूर्य वर्ष में एक बार उत्तरायण व दक्षिणायन में होता है, वैसे ही चन्द्रमा प्रति 27.3 दिन में एक बार उत्तरायण (चढ़ता चन्द्र) तथा एक बाद दक्षिणायन (उत्तरता चन्द्र) की गति करता है। इन विशिष्ट स्थितियों का जैविक कृषि जन्य प्रयोग निम्न है।

21.1 **चढ़तें चन्द्र में उचित कार्यः**- 1 पत्तीदार व फलदार करने से जड़ रसदार व स्वादिष्ट 2. कलम बांधना, 3. बीज बोना, 4 चारा बनाना, 5. पौधों के ऊपर स्प्रे व कम्पोस्ट का प्रयोग, 6. बीडी 501 का बनाना व प्रयोग

21.2 उतरते चन्द्र में उचित कार्य (दक्षिणायन)-

1. जड़वाली फसलों की कटाई।
2. फल-फूल व झाड़ी की छटाई।
3. पेड़ कटाई, बीजारोपण।
4. भूमि की तैयारी, खेत की जुताई, खाद बनाना, खाद फैलाना।
5. सींग की खाद बनाना व प्रयोग करना।
6. उत्तम जैविक खाद वृक्ष मित्र का प्रयोग

चन्द्रमा की पृथ्वी से दूरी गतिकी के अनुसार घटती-बढ़ती रहती है, चन्द्रमा के पृथ्वी से अतिदूर की स्थिति को पेरीजी कहते हैं, अतिदूर की स्थिति या दिन का आलू बोने के लिए उत्तम माना जाता है।

संलग्र पंचांग में इन विशिष्ट तिथियों का वर्णन विस्तार से किया गया है, चन्द्र राशि के अनुसार विभिन्न फसलों जैसे-

1. पत्ती वाली फसल (पालक, धनिया, आदि)।

2. फल वाली फसल (फूलगोभी फूल की खेती आदि)।

3. जड़वाली फसल (मूली, गाजर आदि)।

4. फल, बीज कली फसल (गेंहू, चावल, पपिता आदि) की खेती की शुभ तिथियों का वर्णन माहवार किया गया है।

चन्द्रमा जल के लिये सूर्य ताप व पृथ्वी मिट्टी के कारक हैं। चन्द्रमा शनी ग्रह के आमने सामने की स्थिती कृषि कार्यो के लिये उत्तम होती है। पंचाग में दिखाये गए राहू व केतु जो चन्द्र की स्थितियां होती है को नोड से परिभाषित किआ गया है, वढ़ते चन्द्र के नोड़ को राहू एवं उतरते चन्द्र के नोड़ को केतु कहते है। केतु के दिन खेती के कार्य नहीं करने चाहिये। आकाश में द्रश्यमान सूर्य रंग को 12 समान भागों में वाटा गया है जिन्हे राशि कहते है। चन्द्र इसकी परिक्रमा 27 दिनों में करता है।

चित्र 21.1 शुभ तिथियों के अनुसार फसल चक्र

चन्द्र जिस राशि में गुजरता है उसे राशि का प्रधान भूत प्रभाव वृहस्पति के भागों जड़, पत्ती फूल व बीज में शे एक पर पड़ता हैं पंचाग के माध्यम से कृषि जन्म कार्य उपयुक्त समय से करने से लाभ हो सकता हैं। प्राप्त अनुभवों के आधार पर जैविक कृषि में कृषि पंचांग के प्रत्येन से 15 से 20 प्रतिशत अधिक पैदाबार व उत्पादन लिया जा सकता है।

> "सावन कृष्ण एकादशी, गरज मेघ अघरात।
> तुम जावो पिया मालवा, हम जावें गुजरात।।"
>
> घाघ

22

जैविक खेती से अधिक उत्पादन के सूत्र

जैविक खेती से अधिक. उत्पादन लेने हेतु कुछ सूत्र वनाये गये है जिनपर अमल करके अधिक उत्पादन लिया जा सकता है। सूत्र निम्नानुसार है।

1. मिट्टी की सुरक्षा स्वयं करें ताकि खेती की मिट्टी खेत में और खेत का जीवांश खेत में साथ ही खेत का पानी खेत में रहेगा।
2. खेत की मिट्टी की जांच स्वयं करें और मिट्टी की गोलियां बनाकर डालें जिस गिलास का पानी जल्दी गंदा हो उस मिट्टी को कमजोर कह सकते है और जिस गिलास का पानी 12 घंटे या इसके बाद गंदा हो या न हो उस मिट्टी की अच्छी मिट्टी कह सकते है और जो छः घंटे या उससे कम समय में अगर पानी गंदा हो उसे मध्यम भूमि कह सकते हैं।
3. भूमि में ढाल के विपरीत खेत की जुताई करें।
4. जलवायु के अनुरूप बीज, किस्म का चुनाव करें।
5. बीज को ट्रायकोडर्मा/(14 ग्राम), या थायरम या बाविस्टिन 2.5 ग्राम प्रति किलो की दर से उपचारित करें।
6. खड़ी फसल या एकल फसल के रूप में हरी खाद तकनीकी का उपयोग करें और दोहरा लाभ कमायें।
7. भूमि की उर्वराशक्ति में वृद्धि के लिए वर्ष में एक बार जीवांश खाद का उपयोग करें।

8. फसल चक्र अपनायें दोहरा लाभ कमायें
   क. कम अवधि की फसलों के साथ अधिक अवधि वाली फसलें लगावें।
   ख. मूसला जड़ों वाली फसलों के साथ झकड़ा, जड़ वाली फसलें लगावें।
   ग. अनाज वाली फसलों के साथ दलहन/तिलहन फसलें लगावें।
9. उन्नत कृषि यंत्रों का उपयोग करें।
10. ढाल के विपरीत दिशा में बुआई करें।
11. अंतरवर्तीय फसल को दोहरा लाभ कमायें।
12. बीज के नीचे खाद देवें।
13. क्रांतिक अवस्थाओं में समय पर खाद देवें।
14. यूरिया के पूर्ण उपयोग के लिए नामयुक्त यूरिया तैयार कर फसल को देवें। जिससे यूरिया की आधी बचत के साथ पैसा भी आधा खर्च होगा।
15. समन्वित उर्वरक प्रबंधन के लिए भूमि के स्वास्थ्य अनुरूप संतुलित रसायनिक उर्वरक प्रयोग करें।
16. मिट्टी में जीवाणुओं की संख्या बढ़ाने के लिए कल्चर का उपयोग करें। दलहनी फसलों में रायजोबियम, अनाज+कपास या फलदार पौधों के लिए एजेक्टोबेक्टर, सभी फसलों के लिए स्फुरघोलक के जीवाणु खाद का दस ग्राम प्रति किलो के हिसाब से उपयोग करें।
17. भूमि की उर्वराशक्ति बढ़ाने के लिए खली खाद का उपयोग करें जैसे ढौली की खली, नीम खली, अरंडी की खली आदि का उपयोग करने से भूमि में सूक्ष्मजीवों का नियंत्रण के साथ फसलों की संतुलित उर्वरक प्राप्त होगा।
18. फसल सुरक्षा के लिए निगरानी या खेत, फसल से चर्चा करना सीखे।
19. सही समय पर सही दवा का उपयोग करें।

20. फसल उपचार के लिए वानस्पतिक औषधि नीम पत्तियों का अर्क, नीम तेल, नीम की छाल का अर्क, पलास की छाल का अर्क, लहसुन हरी मिर्च का अर्क, अरनी की पत्ती, निदान घास का अर्क का उपयोग करें। जिससे फसल पर्यावरण की सुरक्षा एवं खर्च में कमी आयेगी।
21. रसायनिक दवा का उपयोग करने में सही दवा, सही मात्रा का घोल, निर्धारित पानी की मात्रा का उपयोग करें तभी कीट व्याधि का नियंत्रण होगा।
22. खरपतवार रहित फसलें रखें जिससे उर्वरक, दवा, कीट व्याधि में कमी जाएगी।
23. खेती के साथ अन्य कृषि सहायक पद्धतियां जैसे सूकर पालन पशुपालन, कुक्कुट पालन, मधु मक्खी पालन, रेशम कीट पालन उद्यानिकी वानिकी आदि का विकास करें।
24. फसल की क्रांतिक अवस्थाओं में भूमि के प्रकार, फसल मांग के आधार पर जल का समुचित उपयोग करें जिससे जल का अपव्यय न हो, फसलों की आवश्यकतानुसार जल मिल सके और फसल पर कीट व्याधि का अधिक उपयोग न हो सके।
25. फसलों की मौसम के अनुरूप समय-समय पर निगरानी करें जिससे सही लाभ प्राप्त होगा।
26. फसलों में क्रांतिक अवस्थाओं में यूरिया का उपयोग सही समय पर सुनिश्चित करें।
27. फसलों में समय पर अंतीयशस्कीय क्रिया अनिवार्य रूप से करें। जिससे फसलें खरपतवार रहित रहें।
28. फसलों में नमी संरक्षण के लिए फसल फलदार या हरी खाद फसल 30 से 40 दिन बाद मिट्टी में मिलावें या समय-समय पर एक माह बाद डोरा चलावें।
29. खड़ी फसलों में 25 से 30 कतारों के बाद 22.5 सेन्टीमीटर गहरा कूढ़ बनायें इससे नमी का संरक्षण होगा।

30. फसलों की सुरक्षा के लिए किसान समय-समय पर निगरानी अवश्य करें।
31. फसल की कटाई सही समय पर ही करें। अन्यथा उपज में कमी संभावना बढ़ने लगती है।
32. फसलों की चुनाई, कटाई, गहराई मौसम अनुरूप हो तब ही सुरक्षित रूप से करें।अन्यथा गुणवत्ता भाव आदि पर विपरीत प्रभाव पड़ेगा जिससे किसान मंडी दोनों को ही हानि होगी।
33. बीजों अथवा उत्पाद का सही श्रेणीकरण करें, धूप में अच्छी तरह से सुखायें जब तक बीज में दस से 12 प्रतिशत से अधिक नमी न रहे।
34. भंडार के लिए समन्वित औषधि, भंडारण, कोठियों में ही करावें जिससे उपज सुरक्षित रह सके और मंडी भाव भी अच्छा मिल सके।
35. कृषकों को अंत में फसल की कटाई गहाई के पश्चात् खेती की मेढ़ों की मरम्मत कार्य करें। गहरी जुताई करें फसल अवशेषों को नाडेप में उपयोग कर ग्रीष्म में खाद तैयार करें।
36. खेती की गहरी जुताई, बखरनी माह-अप्रैल से 15 मई तक सुनिश्चित करें। जिससे कम से कम एक माह खेत को सूर्य ऊष्मा मिल सके। जिसके फलस्वरूप मिट्टी की जलधारणा क्षमता में वृद्धि हो सकेगी। साथ ही कीड़ों के अण्डे भी नष्ट हो सकें।

''जेठ मासजो तपै निराशा।
तो जागे वरखा की आशा।''
घाघ

23

जैविक उत्पादन हेतु राष्ट्रीय मानक

23.1. सामान्य फसल उत्पादन तथा पशुपालन

23.1.1 रूपान्तरण आवश्यकताएँ

23.1.1.1 सामान्य सिद्धान्त

जैविक खेती किसानो व मृदा के लिये लाभदायक होने के साथ-साथ पर्यावरण के लिये सुरक्षित है और प्राकृतिक संसाधनो के ऊपर पड़ने वाले दवाव को कम करने में सहायक है। जैविक कृषि पद्धति की क्षमता मृदा की प्राथमिक उर्वरता और इसके घटको के आपसी संयोजन पर निर्भर है। जिसमें कि मृदा कि उर्वरता का विभिन्न प्रकार के रोगी कीटों या खरपतवारों की रोकथाम के लिये रसायनों का प्रयोग वर्जित है।

जैविक कृषि का अभिप्राय का व्यवहार्य तथा पोषणीय कृषि-परिस्थितिक प्रणाली को विकसित करने की एक प्रक्रिया से है। फसलों अथवा पशुपालन के जैविक प्रबंधन के आरंभ तथा प्रमाणीकरण के बीच के समय को रूपान्तरण अवधि के नाम से जाना जाता है। सम्पूर्ण फार्म, जिसमें पशुधन भी सम्मिलित है, को मानकों के अनुसार तीन वर्षो की एक अवधि के भीतर रूपान्तरित किया जाना चाहिये। तभी हम जैविक उत्पाद ले सकते है।

23.1.1.2 **सिफारिशें**

एक पोषाणीय कृषि–परिस्थितिक प्रणाली द्वारा सर्वश्रेष्ठ ढंग से कार्य करने हेतु, फसल उत्पादन तथा पशुपालन में विविधता को इस प्रकार से व्यवस्थित किया जाना चाहिये कि खेती प्रबंधन के सभी तत्व अन्योन्यक्रिया करते रहें। एक निश्चित समयावधि के भीतर रूपान्तरण को निष्पादित किया जाना चाहिये। किसी फार्म को चरणबद्ध रूप से रूपान्तरित किया जाना चाहिये। फसल उत्पादन की समग्रता तथा सभी पशुपालन को जैविक प्रबन्धन में रूपान्तरित किया जाना चाहिये। इस बारे में स्पष्ट योजना तैयार की जानी चाहिये कि रूपान्तरण को किस प्रकार से आगे बढ़ाया जायेगा। यदि आवश्यक हो, इस योजना को अद्यतन किया जाना चाहिये तथा इन मानकों से संबंधित सभी पहलुओं को इसमें शामिल किया जाना चाहिये।

प्रमाणीकरण कार्यक्रम को विभिन्न कृषि प्रणालियों के लिए मानक निर्धारण करना चाहिये जिससे कि इस बारे में मानकों को उत्पादन तथा साथ ही साथ प्रलेखन में स्पष्ट रूप से विभाजित किया जा सकता है, और मानकों को यह भी सुनिश्चित करना चाहिये कि इनपुट कारकों तथा उत्पादों को आपसी मिश्रण से रोका जाये।

23.1.1.3 **मानक**

जैविक खेती मानक आवश्यकताओं को रूपान्तरण अवधि के भीतर पूरा किया जायेगा। समस्त मानक आवश्यकताओं को रूपान्तरण अवधि के आरम्भ से ही लेकर प्रासंगिक पहुलओं के संबंध में लागू किया जायेगा।

यदि सम्पूर्ण फार्म को रूपान्तरित नहीं किया गया हो, तो प्रमाणीकरण कार्यक्रम यह सुनिश्चित करेगा कि फार्म के जैविक तथा पारंपरिक भाग पृथक तथा निरीक्षण योग्य हों।

किसी फार्म/परियोजना के उत्पादों को जैविक के रूप में प्रमाणित किये जाने से पूर्व, रूपान्तरण अवधि के दौरान निरीक्षण को निष्पादित किया जायेगा। रूपान्तरण अवधि के आरम्भ की गणना प्रमाणीकरण कार्यक्रम

आवेदित किये जाने की तिथि से अथवा अनुमोदित फार्म इनपुट्स के अंतिम आवेदन की तिथि से की जाती है, बशर्ते कि वह यह निरूपित कर सके कि क्रियान्वयन की उस तिथि से मानक आवश्यकताओं को पूरा किया जाता रहा है।

ऐसे पारंपरिक, जैविक रूपान्तरणणीन तथा/अथवा जैविक फसलों या पशु उत्पादों के समकालिक उत्पादन को अनुमति प्रदान नहीं की जायेगी जिनकी एक-दूसरे से स्पष्ट रूप से अलग पहचान नहीं की जा सकती है।

जैविक तथा पारस्परिक उत्पादन के मध्य एक स्पष्ट पृथक्करण सुनिश्चित करने हेतु एक बफर क्षेत्र या एक प्रातिक अवरोध बनाया जाना चाहिए। प्रमाणीकरण कार्यक्रम आवश्यकताओं की पूर्ति सुनिश्चित करेगा।

जहाँ पर अनेक वर्षो से वस्तुतः पूर्ण मानक आवश्यकताओं को पूरा किया जाता रहा हो और जहाँ पर अनेक साधनों तथा स्रोतों के माध्यम से इसकी पुष्टि की जा सकती है, वहाँ पर एक सम्पूर्ण रूपान्तरण अवधि की कोई आवश्यकता नहीं है। ऐसे मामलों में निरीक्षण एक युक्ति संगत समय अंतराल के साथ प्रथम फसल से पूर्व निष्पादित किया जायेगा।

23.1.2 जैविक प्रबन्धन का अनुरक्षण

23.1.2.1 सामान्य सिद्धान्त

➢ जैविक प्रमाणीकरण निरंतरता पर आधारित है।

23.1.2.2 सिफारिशें

➢ प्रमाणीकरण कार्यक्रम को केवल ऐसे उत्पादन को प्रमाणित करना चाहिये जिसको एक दीर्घवधि आधार पर जारी रखने की संभावना हो।

23.1.2.3 मानक

➢ रूपान्तरित भूमि तथा पशुओं को जैविक तथा पारंपरिक प्रबंधन के बीच में परिवर्तन करते रहने की अनुमति नहीं दी जायेगी।

23.1.3 प्राकृतिक दृश्य

23.1.3.1 सामान्य सिद्धान्त

जैविक कृषि को पारिस्थितिकी में सकारात्मक रूप से योगदान करना चाहिये।

23.1.3.2 सिफारिशें

निम्नलिखित क्षेत्रों का समुचित रूप से प्रबंधन किया जाना चाहिये तथा जैववैविध्य को सुद्रढ़ बनाने हेतु जोड़ा जाना चाहिये:

➢ विस्तृत घासस्थली तथा झाबरभूमि, सरकण्डा भूमि अथवा शुष्क भूमि।

➢ सामान्यत: वे सभी क्षेत्र जो कि आर्वतन के अधीन नहीं हैं तथा जिनमें भारी मात्रा में खाद नहीं डाला गया हो।

➢ विस्तृत चरागाह, बाँगर, विस्तृत घासस्थली, विस्तृत फलोद्याल, बाड़, बाड पंक्ति, वृक्षों के समूह तथा/अथवा झाड़ियाँ और वनरेखाएँ।

➢ पारिस्थितिक दृष्टि से संपन्न बंजर भूमि अथवा कृषि भूमि।

➢ पारिस्थितिक दृष्टि से वैविध्य युक्त (विस्तृत) क्षेत्र सीमान्त।

➢ नहरें, तालाब, झरने, नालियाँ, नमभूमि तथा दलदल और अन्य जल-समृद्ध क्षेत्र जिनको गहन कृषि अथवा जल उत्पादन हेतु प्रयुक्त नहीं किया जाता है।

➢ कूड़े के ढेर पर उगने वाली पादपजात से युक्त खेत्र।

प्रमाणीकरण कार्यक्रम जैववैविध्य तथा प्रति रूपान्तरण को सुकर बनाने हेतु कृषि क्षेत्र की एक न्यूनतम प्रतिशतता हेतु मानकों को निर्धारित करेगा।

23.1.3.3 मानक

प्रमाणीकरण कार्यक्रम प्राकृतिक दृश्य तथा जैव विविधता मानकों को विकसित करेगा।

23.2. फसल उत्पादन

23.2.1 फसलों तथा किस्मों का चयन

23.2.1.1 सामान्य सिद्धान्त

समस्त बीजों तथा वनस्पति सामग्री को प्रमाणित जैविक होना चाहिये।

23.2.1.2 सिफारिशें

उपजायी गयी प्रजातियों तथा किस्मों का मृदा तथा जलवायुपरक अवस्थाओं के प्रति अनुकूलित होना चाहिये तथा कीटों और रोगों का प्रतिरोधी होना चाहिये। किस्मों का चयन करते समय आनुवंशिक वैविध्य को ध्यान में रखा जाना चाहिये।

23.2.1.3 मानक

यदि जैविक बीज तथा वनस्पति सामग्रियाँ उपलब्ध हों, तो उनका प्रयोग किया जायेगा। प्रमाणीकरण कार्यक्रम प्रमाणित जैविक बीज तथा अन्य वनस्पति सामग्री की आवश्यकता हेतु समय सीमाओं को निर्धारित करेगा।

यदि प्रमाणित जैविक बीज तथा वनस्पति सामग्रियाँ उपलब्ध नहीं हो, तो रासायनिक रूप से असंसाधित पारंपरिक सामग्रियों को प्रयोग किया जायेगा।

आनुवांशिक रूप से तैयार किये गये बीजों, पराग, पराजीन पौधों अथवा वनस्पति सामग्री का प्रयोग करने की अनुमति नहीं है।

23.2.2 रूपान्तरण अवधि का कार्यकाल

23.2.2.1 सामान्य सिद्धान्त

जैविक प्रबंधन प्रणाली की स्थापना तथा मृदा उर्वरता के निर्माण हेतु एक अंतरिम अवधि, रूपान्तरण अवधि की आवश्यकता होती है। रूपान्तरण अवधि का कार्यकाल मृदा उर्वरता को सुधारने तथा पर्यावरण प्रणाली के संतुलन को पुनःस्थापित करने हेतु सदैव पर्याप्त नहीं रहता है परन्तु यही वह

अवधि है जिसमें सभी लक्ष्यों को हासिल करने हेतु आवश्यक समस्त कार्यवाहियों को आरंभ किया जाता है।

23.2.2.2 सिफारिशें

रूपान्तरण अवधि का

- ➢ भूमि के पुराने उपयोग
- ➢ पारिस्थितिक अवस्था के साथ अनुकूलन होना जरूरी होता है।

23.2.2.3 मानक

यदि बीज बोने से कम से कम दो वर्षों अथवा घासस्थली को छोड़कर अन्य बारहमासी फसलों के मामलें में, उत्पादों की पहली उपज से कम से कम तीन वर्षों (छत्तीस महीनों) की एक रूपान्तरण अवधि के दौरान राष्ट्रीय मानक आवश्यकताओं को पूरा कर दिया गया हो, तो उत्पादित वनस्पति उत्पादों को जैविक प्रमाणित किया जा सकता है। प्रत्यायित निरीक्षण तथा प्रमाणीकरण एजेन्सी भूमि के पिछली समय के लिए खाली उपयोग में रूपान्तरण अवधि को बढ़ाने अथवा कम करने का निर्णय कर सकती है परन्तु इस अवधि का बारहमासी अथवा इससे अधिक होना अनिवार्य है। भूमि के पिछले उपयोग तथा पर्यावरणीय दशाओं आदि पर निर्भर करते हुए प्रमाणीकरण कार्यक्रम द्वारा रूपान्तरण अवधि को बढ़ाया जा सकता है। प्रमाणीकरण कार्यक्रम फार्म की रूपान्तरण अवधि के दौरान वनस्पति उत्पादों को ''रूपान्तरण की प्रक्रियाधीन जैविक खेती की उपज'' अथवा इससे मिलते-जुलते विवरण के रूप में बेचे जाने की अनुमति प्रदान कर सकता है। चारें के लिये इनपुट्स की गणना करने हेतु, जैविक प्रबंधन के प्रथम वर्ष के दौरान फार्म यूनिट में पैदा किये गये चारे को जैविक के रूप में वर्गीकृत किया जा समता है। इसका तात्पर्य केवल ऐसे पशुओं के चारे से है जिन्हें स्वयं भी फार्म यूनिट के भीतर ही पालन पोषण किया जा रहा हो तथा ऐसे चारे को जैविक के रूप में बेचा अथवा अन्य विपणन नहीं किया जा सकता है। राष्ट्रीय मानकों के अनुसरण मे फार्मों पर पैदा किये गये चारे को पारंपरिक रूप से उगाये। आयातित किये गये चारे की तुलना में वरीयता दी जायेगी।

23.3 फसल उत्पादन में विविधता

23.3.1 सामान्य सिद्धान्त

बागवानी, खेती अथवा वनप्रान्त में मृदा की संरचना तथा उर्वरता और आसपास के पर्यावरण को ध्यान में रखते हुए तथा पोषक तत्वों की हानि को न्यूनतम स्तर पर रखते हुए प्रजातियों की एक विविधता को उपलब्ध कराने को बनाया (फसल उत्पादन का आधार) जाता है।

23.3.2 सिफारिशें

फसल उत्पादन में विविधता को निम्नलिखित के सम्मिश्रण से हासिल किया जाता है:

- फलियों के साथ परिवर्तनशील फसल अवर्तन
- उत्पादन-वर्ष के दौरान भिन्न वनस्पति प्रजातियों के साथ मृदा की एक उपयुक्त कवरेज

23.3.3 मानक

जहाँ भी उचित हो, प्रमाणीकरण कार्यक्रम यह माँग करेगा कि एक निश्चित समय अथवा स्थान पर पर्याप्त विविधता को एक ऐसे ढंग से हासिल किया जाये जिसमें कीड़ों, खरपतवार, रोगों तथा अन्य कीटों से पड़ने वाले दबाव को ध्यान में रखा गया हो, परन्तु इसके साथ ही मृदा, जैविक तत्व, उर्वरता, जीवाणु गतिविधि तथा सामान्य मृदा स्वास्थ्य को बनाये रखा जाय अथवा उसमें वृद्धि की जाये। गैर-बारहमासी फसलों के लिये, इस सामान्य रूप से, परन्तु विशेष रूप से नहीं, फसल अवर्तन के माध्यम से हासिल किया जाता है।

23.4 उर्वरण नीति

23.4.1 सामान्य सिद्धांत

जीवाणु, वनस्पति अथवा पशु मूल की जैविक रूप से नष्ठ हो सकने वाली सामग्री की पर्याप्त मात्राओं को मृदा को वापिस दिया जाना चाहिये

जिससे कि उसकी उर्वरता तथा उसके भीतर जैविक क्रियाकलापों को बढ़ावा अथवा कम से कम बनाये जा सके। जैविक फर्मों पर पैदा की गयी जीवाणु, वनस्पति अथवा पशु मूल की जैविक रूप से नष्ट्र की जा सकने वाली सामग्री को उर्वरण कार्यक्रम का आधार बनाया जाना चाहिये।

23.4.2 **सिफारिशें**

उर्वरण प्रवंधन को पोषक तत्वों की हानियों को न्यूनतम कर देना चाहिये। भारी धातुओं तथा अन्य प्रदूषणकारी तत्वों के एकत्रीकरण की रोकथाम की जानी चाहिये। अत्रिम खनिज उर्वरकों तथा आयातित जैविक मूल के उर्वरकों के पोषण पुनःचक्रण के संपूरक के रूप में माना जाना चाहिये और एक स्थानापन्न के रूप में नहीं।

23.4.3 **मानक**

जीवाणु, वनस्पति अथवा पशु मूल की जैविक रूप से नष्ट की जा सकने वाली सामग्री को उर्वरण कार्यक्रम का आधार बनाया जाना चाहिये। प्रमाणीकरण कार्यक्रम स्थानीय दशाओं तथा फसलों की विशिष्ट प्रति को ध्यान में रखते हुए, फार्म यूनिट पर लायी जा सकने वाली जीवाणु, वनस्पति अथवा पशु मूल की जैविक रूप से नष्ट की जा सकने वाली सामग्री की कुल मात्रा की सीमाओं को निर्धारित करेगा। प्रमाणीकरण कार्यक्रम ऐसे मानकों को निर्धारित करेगा जोकि ऐसी जगहों पर पशु चरागाहों के आवश्यकता से अधिक मात्रा में खादयुक्त होने से रोकथाम करें जहाँ पर प्रदूषण का खतरा मौजूद हो। आयातित सामग्री (गमलों के लिये कम्पोस्ट सहित) को परिशिष्ट 1 के अनुसरण में होना चाहिये। मनुष्यों द्वारा खपत हेतु पैदा की जाने वाली साग-सब्जियों के लिये मानव अवशिष्ट (मल तथा मूत्र) के युक्त खाद का प्रयोग नहीं किया जायेगा। खनिज उर्वरकों का कार्बन आधारित सामग्रियों के साथ केवल एक सम्पूरक भूमिका के रूप में प्रयोग किया जायेगा। प्रयोग की अनुमति केवल उसी स्थिति में दी जायेगी जबकि अन्य उर्वरता प्रबंधन पद्धतियों को इष्टतम प्रयोग किया जा चुका हो। खनिज उर्वरकों को उनके प्राकृतिक संघटन में ही प्रयोग किया जायेगा और रासायनिक शोधन के द्वारा

उनको अधिक विलयशील नहीं बनाया जायेगा। प्रमाणीकरण कार्यक्रम आपवादिक स्थिति में इसकी अनुमति प्रदान कर सकता है जहाँ पर ऐसा करना औचित्वपूर्ण सिद्ध न हो। इन अपवादों में नाइट्रोजन से युक्त खनिज उर्वरकों को शामिल नहीं किया जायेगा (परिशिष्ट 1 देखिये)। प्रमाणीकरण कार्यक्रम खनिज पो़टाशियम, मैग्नेशियम उर्वरकों, सूक्ष्ममात्रिक तत्वों, खाद तथा उर्वरकों जैसे इनपुटस् के प्रयोग पर प्रतिबंध लगायेगा जिनमें सापेक्षिक रूप से उच्च भारी धातु अंश तथा आधातु अथवा अवांछित पदार्थ, यथा क्षारीय धातुपिण्ड, रॉक फास्फेट तथा मलजल कीचड़ उपस्थित हो। इसमें चिलीयन नाइट्रेट तथा यूरिया सहित सभी कृत्रिम नाइट्रोजन युक्त उर्वरक निषिद्ध हैं।

23.5 कीट, रोग तथा वृद्धि विनियामाकों सहित खरपतवार प्रबंधन

23.5.1 सामान्य सिद्धांत

जैविक कृषि प्रणाली को इस प्रकार से संचालित किया जाना चाहिये जिससे कि कीटों, रोगों तथा खरपतवार से होने वाली हानियों को न्यूनतम किया जा सके। एक संतुलित निषेचन कार्यक्रम, पर्यावरण के साथ अनुकूलित तथा किस्मों के प्रयोग, उच्च जैविक क्रियाकलापों से युक्त उर्वरा मृदाओं, अनुकूलित आवर्तनों, सहचन पौधारोपण, हरी खाद, आदि के प्रयोग पर जोर दिया जाता है। प्राकृतिक ढंग से वृद्धि और विकास किया जाना चाहिये।

23.5.2 सिफारिशें

खरपतवार, कीटों तथा रोगों के अनेक प्रकार का निवारक सासतिक तकनीकों के द्वारा नियंत्रित किया जाना चाहिये जोकि उनके विकास को संकुचित बना देती है। उपयुक्त आवर्तन, हरी खाद, एक संतुलित निषेचन कार्यक्रम, शुरुआती तथा पंक्तिरोपण से पूर्व क्यारियों को तैयार करना, घासपात से ढँकना, यांत्रिकनियंत्रण तथा कीट विकास चक्रों में बाधा उत्पन्न करना आदि इसके कतिपय उदाहरण है। कीटों तथा रोगों के प्रातिक शत्रुओं की रक्षा करनी चाहिये तथा झाड़ियों, घोसला बनाने की जगह, आदि के उचित प्राकृतिक वास प्रबंधन के माध्यम से उन्हें प्रोत्साहित करना चाहिये।

कीटों प्रबंधन को कीटों की पारिस्थितिक आवश्यकताओं को समझने और उनमें बाधा उत्पन्न करने के द्वारा विनियमित करना चाहिये। कीट शिकारी चक्र में एक संतुलन को स्थापित हेतु एक पारिस्थितिक साम्यवस्था की रचना करनी चाहिये।

23.5.3 **मानक**

स्थानीय पौधों, पशुओं तथा सूक्ष्म जीवों के द्वारा फार्म पर तैयार किये गये उत्पादों को कीट, रोगों तथा खरपतवार प्रबंधन हेतु प्रयुक्त करने की अनुमति प्रदान की गयी है। यदि इससे पारिस्थितिकी अथवा जैविक उत्पादों की गुणवत्ता के खराब होने की संभावना हो, तो जैविक कृषि के अतिरिक्त इनपुटस् के मूल्यांकन हेतु पद्धति तथा अन्य प्रासंगिक मापदण्डों का प्रयोग करके यह निर्णय लिया जायेगा कि वह उत्पाद स्वीकार्य है अथवा नहीं। ब्रांडधारी उत्पादों का सदैव मूल्यांकन किया जाना चाहिये। कीट, रोग तथा खरपतवार प्रबन्धन हेतु ऊष्मिक खरपतवार नियंत्रण तथा भौतिक विधियों का प्रयोग करने की अनुमति है। कीटों तथा रोगों का सामना करने हेतु मृदाओं के ऊष्मिक जीवाणुनाशन को केवल उन्हीं परिस्थितियों के लिये सीमित रखा गया है जिनमें मृदा का समुचित आवर्तन अथवा पुनर्नवीकरण करना संभव नहीं हो। ऐसा करने की अनुमति प्रमाणीकरण कार्यक्रम द्वारा प्रत्येक मामले पर पृथक रूप से विचार करने के आधार पर प्रदान की जाती है। पारंपरिक कृषि प्रणालियों के सभी उपकरणों को जैविक तरीके से प्रबंधित भू-भागों पर प्रयुक्त किये जाने से पहले अच्छी तरह से साफ तथा अवशेषों से मुक्त किया जायेगा। कृत्रिम शाकनाशकों, फफूँदनाशकों, मिनाशकों तथा अन्य कीटनाशकों का प्रयोग करना वर्जित है। वनस्पति कीट तथा रोग नियंत्रण हेतु अनुमत्त उत्पादों को परिशिष्ट 2 में सूचीबद्ध किया गया है। कृत्रिम वृद्धि विनियामकों तथा कृत्रिम रंगों का प्रयोग करना वर्जित है।

आनुवांशिक रूप से निर्मित किये गये जीवों तथा उत्पादों का प्रयोग करना वर्जित है। प्रत्यायित प्रमाणीकरण कार्यक्रम यह सुनिश्चित करेंगे कि कीटों, परजीवियों तथा संक्रामक एजेन्टों के संचरण की रोकथाम करने हेतु सभी उपायों को लागू किया जा रहा है।

23.6 संदूषण नियंत्रण

23.6.1 सामान्य सिद्धांत

फार्म के भीतर तथा बाहर से संदूषण को न्यूनतम करने हेतु समस्त प्रासंगिक उपायों को लागू किया जाना चाहिये।

23.6.2 सिफारिशें

प्रदूषण का खतरा अथवा खतरे का सन्देह होने की स्थिति में, प्रमाणीकरण कार्यक्रम को भारी धातुओं तथा प्रदूषकों के अधिकतम अनुप्रयोग स्तरों हेतु सीमाओं को निर्धारित करना चाहिये।

भारी धातुओं तथा अन्य प्रदूषकों के संचयन को सीमित रखा जाना चाहिये।

23.6.3 मानक

संदूषण का युक्तिसंगत सन्देह होने की स्थिति में प्रमाणीकरण कार्यक्रम को यह सुनिश्चित करना चाहिये कि संदूषण के स्तर को निर्धारित करने हेतु प्रासंगिक उत्पादों को प्रदूषण के संभावित स्रोतों (मृदा और जल) जांच करने से विश्लेषण किया जाये। संरक्षित संरचना आवरण, प्लास्टिक घासपात, कच्ची ऊन, मि जाल तथा साइत संरक्षण रैपिन्ग हेतु, केवल पोलीइथिलीन तथा पोलीप्रोपाइलीन अथवा अन्य पोलीकार्बोनेटस पर आधारित उत्पादों का उपयोग करने की अनुमति दी गयी है। उपयोग के पश्चात् इनको मृदा से अलग हटा देना होगा और कृषि-भूमि पर इनको जलाया नहीं जायेगा। पोलीक्लोराइड आधारित उत्पादों का प्रयोग वर्जित किया गया है।

23.7 मृदा तथा जल परिरक्षण

23.7.1 सामान्य सिद्धांत

मृदा तथा जल संसाधनों को एक पोषणीय ढंग से हैण्डिल किया जाना चाहिये।

23.7.2 सिफारिशें

मृदा के क्षरण, खारेपन, जल के अत्यधिक तथा अनुचित प्रयोग और भूमिगत एवं पृष्ठ जल के प्रदूषण की रोकथाम हेतु प्रासंगिक उपायों को लागू किया जाना चाहिये।

23.7.3 मानक

जैविक पदार्थ को जलाने, उदाहरणार्थ काटने और जलाने, घासफूस जलाने के माध्यम से भूभाग को साफ करने को न्यूनतम रखा जाना चाहिये। आदिम जंगल को साफ करना वर्जित है। क्षरण की रोकथाम हेतु उपयुक्त उपायों को लागू किया जायेगा। जल संसाधनों का अत्यधिक शोषण तथा अवक्षय की अनुमति प्रदान नहीं की जायेगी। प्रमाणीकरण कार्यक्रम को ऐसी समुचित संग्रहण दरों की आवश्यकता होगी जिनके परिणामस्वरूप भूमिगत तथा पृष्ठ जल का निम्नीकरण तथा प्रदूषण उत्पन्न नहीं हो। मृदा तथा जल के खारेपन की रोकथाम हेतु समुचित उपायों को लागू किया जायेगा।

23.8 पलज्ञनति मूल की बोयी नहीं गई सामग्री तथा शहद का संग्रहण

23.8.1 सामान्य सिद्धान्त

संग्रहण के द्वारा प्राकृतिक क्षेत्रों के अनुरक्षण में सकारात्मक योगदान दिया जाना चाहिये।

23.8.2 सिफारिशें

उत्पादों की कटाई अथवा इकट्ठा करते समय, पर्यावरण प्रणाली के अनुरक्षण तथा पोषणीयता को बनाये रखने पर ध्यान दिया जाना चाहिये।

23.8.3 मानक

वन्य फसल उत्पादों को केवल तभी जैविक प्रमाणित किया जाना चाहिये यदि उन्हें ऐ सुस्थिर तथा पोषणीय विकासमान वातावरण में उत्पन्न

किया गया हो। उत्पादों की कटाई अथवा संग्रहण को पर्यावरणप्रणाली की पोषणीय पैदावार से अधिक नहीं होना चाहिये अथवा वनस्पति अथवा पशु प्रजातियों के अस्तित्व के लिये खतरा उत्पन्न नहीं करना चाहिये। उत्पादों को केवल तभी जैविक प्रमाणित किया जायेगा यदि उन्हें स्पष्ट रूप से परिभाषित एक ऐसे संग्रहण क्षेत्र से प्राप्त किया गया है, जिसका वर्जित तत्वों के साथ कोई संपर्क नहीं हुआ है, तथा जो निरीक्षण के अधीन है।

संग्रहण क्षेत्र पारंपरिक कृषि-क्षेत्र, प्रदूषण तथा संदूषण से समुचित दूरी पर स्थित होगा। उत्पादों की कटाई अथवा संग्रहण को संचालित करने वाले प्रचालक को स्पष्ट रूप से अभिनिर्धारित किया जायेगा तथा वह प्रश्नाधीन संग्रहण क्षेत्र के साथ परिचित होगा।

23.9 पशुपालन

23.9.1 पशुपालन प्रबन्धन

23.9.1.1 सामान्य सिद्धान्त

पशुपालन में प्रबंधन तकनीकों को प्रश्नाधीन फार्म पशुओं की शारीरिक तथा जाति स्वभाव संबंधी आवश्यकताओं द्वारा विनियमित किया जाना चाहिये। इसमें निम्नलिखित बिन्दु सम्मिलित हैं:

- कि पशुओं को अपनी मूलभूत व्यवहारात्मक आवश्यकताओं को संचालित करने का अवसर मिलना चाहिए।
- कि समस्त प्रबन्धन तकनीकों, जिनमें वे तकनीकें भी शामिल हैं जिनका संबंध उत्पादन स्तरों तथा वृद्धि की गति से होना चाहिये, को पशुओं के उत्तम स्वास्थ्य तथा कल्याण पर केन्द्रित होना चाहिये।

23.9.1.2 सिफारिशें

कल्याणकारी कारण को देखते हुए झुण्ड अथवा समूह के आकार का पशु के व्यवहारात्मक पैटर्न पर नकारात्मक प्रभाव नहीं पड़ने देना चाहिये।

23.9.1.3 मानक

प्रमाणीकरण कार्यक्रम यह सुनिश्चित करेगा कि पशु वातावरण का प्रबंधन पशुओं की व्यवहारात्मक आवश्यकताओं को पूरा-पूरा ध्यान रखेगा तथा निम्नलिखित बातों का प्रावधान करेगा:

- पर्याप्त स्वतंत्र विचरण।
- पशुओं की आवश्यकताओं के अनुसार पर्याप्त ताजी हवा तथा दिन में नैसर्गिक प्रकाश।
- पशुओं की आवश्यकताओं के अनुसार अत्यधिक प्रकाश, तापमानों, वर्षा तथा हवा से बचाव।
- पशुओ की आवश्यकताओं के अनुसार पर्याप्त लेटने तथा/अथवा विश्राम की जगह जिन पशुओं को लेटने के लिये बिस्तर की जरूरत पड़ती हो, उनके लिये प्राकृतिक सामग्रियाँ उपलब्ध कराई जानी चाहिये।
- पशुओं की आवश्यकताओं के अनुसार ताजे पानी तथा चारे तक पर्याप्त पहुँच।
- प्रजातियों की जैविक तथा जाति स्वाभावपरक आवश्यकताओं के अनुसरण में व्यवहार की अभिव्यक्ति हेतु पर्याप्त सुविधाएँ।

निर्माण सामग्रियों अथवा उत्पादन उपकरण हेतु ऐसे किसी भी यौगिक का प्रयोग नहीं किया जायेगा जो कि मनुष्य अथवा पशु के स्वास्थ्य की दृष्टि से हानिकारक हो। सभी पशुओं की आयु तथा अवस्था, जिसको प्रमाणीकरण कार्यक्रम द्वारा विनिर्दिष्ट किया जाएगा, को ध्यान में रखते हुए, उनको पशु के प्रकार तथा ऋतु के लिये उपयुक्त खुली हवा तथा/अथवा चराई तक पहुँच प्रदान की जायेगी।

प्रमाणीकरण कार्यक्रम निम्नलिखित मामलों में अपवादस्वरूप छूट प्रदान करेगा जहाँ:

- विशिष्ट फार्म अथवा अधिवास संरचना इस प्रकार की पहुँच में रुकावट पैदा करती हो, बशर्ते कि पशु कल्याण को सुनिश्चित किया जा सकता हो।

➢ ऐसे भूभाग जहाँ पर चराई की अपेक्षा ढोकर लाये गये ताजे चारे को पशुओं को खिलाना भूमि संसाधनों के उपयोग का अधिक पोषणीय तरीका हो, बशर्ते कि पशुंओं के कल्याण की अवहेलना नहीं की जा रही हो।

ऐसे प्रत्येक अपवाद हेतु निर्धारित किये गये प्रतिबन्धों में ऐ समय सीमा को सदैव शामिल किया जायेगा। मुर्गियों तथा खरगोश को पिंजरों में कैद नहीं किया जायेगा। भूमिहीन पशुपालन प्रणालियों को अनुमति प्रदान नहीं की जायेगी। यदि कृत्रिम प्रकाश व्यवस्था के द्वारा प्राकृतिक दिवस की लंबाई को बढ़ाया गया हो, तो प्रमाणीकरण कार्यक्रम प्रजातियों, भौगोलिक अवधारणाओं तथा पशुओं सामान्य स्वास्थ्य के संदर्भ में अधिकतक घण्टों को विनिर्टिष्ट करेगा। झुण्ड में रहने वाले पशुओं को अकेले में नहीं रखा जायेगा। प्रमाणीकरण कार्यक्रम द्वारा अपवादों, उदाहरणस्वरूप, नर पशुओं, छोटे-छोटे जोत-क्षेत्रों, रुग्न पशुओं अथवा गर्भवती मादाओं के लिए छूट प्रदान की जा सकती है।

23.9.2 रूपान्तरण अवधि की लंबाई

23.9.2.1 सामान्य सिद्धान्त

जैविक पशुपालन की स्थापना हेतु एक अंतरिम अवधि, रूपान्तरण अवधि की आवश्यकता होती है।

23.9.2.2 सिफारिशें

संपूर्ण फार्म, पशुधन सहित, को इस प्रलेख में निर्धारित किये गये मानकों के अनुसार रूपान्तरित किया जाना चाहिये। रूपान्तरण को एक समयावधि के भीतर पूरा किया जा सकता है। उत्पादन प्रक्रिया की शुरूआत में ही स्थानापन्न मुर्गीपालन को जोत-क्षेत्र पर ले आना चाहिये।

23.9.2.3 मानक

पशुउत्पादों को "जैविक खेती के उत्पाद" के रूप में केवल उसी स्थिति में बेचा जा सकता है जबकि फार्म अथवा उसका एक संबंद्ध भाग

कम से कम बारह महीनों के लिये रूपान्तरण के अधीन रहा हो तथा यदि समुचित समय के लिये जैविक पशु उत्पादन मानकों का पालन किया जाता रहा हो। प्रमाणीकरण कार्यक्रम द्वारा समय की उस लंबाई को विनिर्दिष्ट किया जायेगा जिसमें पशु उत्पादन मानकों को पूरा कर लिया जाए। डेयरी तथा अण्डा उत्पादन के संबंध में यह अवधि 30 दिनों से कम नहीं होगी। यदि जैविक मानकों को 12 महीनों तक पूरा किया जाता रहा हो तो रूपान्तरण के समय पर फार्म पर मौजूद पशुओं को जैविक माँस के रूप में बेचा जा सकता है।

23.9.3 आयातित पशु

23.9.3.1 सामान्य सिद्धान्त

सभी जैविक पशुओं का जन्म तथा पालनपोषण जैविक जोत-भूमि पर होना चाहिये।

23.9.3.2 सिफारिशें

जैविक पशुपालन को पारंपरिक पालनपोषण प्रणालियों पर निर्भर नहीं रहना चाहिये। पशुधन का व्यापार अथवा विनियम करते समय, प्राथमिकता के रूप में इसे जैविक फार्मों के बीच में अथवा विशिष्ट फार्मों के बीच दीर्घावधि सहयोग के एक भाग के रूप में किया जाना चाहिये।

23.9.3.3 मानक

जैविक पशुधन के उपलब्ध नहीं होने की स्थिति में, प्रमाणीकरण कार्यक्रम निम्नलिखित आयु सीमाओं के अनुसार आयातित पारंपरिक पशुओं के लिय अनुमति प्रदान करेगा:

- माँस उत्पादन हेतु 2 दिन की आयु के चूजे।
- अण्डा उत्पादन हेतु 18 सप्ताह की आयु की मुर्गियाँ।
- किसी अन्य मुर्गीपालन हेतु 2 सप्ताह की आयु की मुर्गियाँ।
- सुअर के छह सप्ताह की आयु के तथा दुध छुड़ाये हुए बच्चे।

➢ 4 सप्ताह तक की आयु के ऐसे बछड़े जिन्होंने नवदुग्ध पी लिया हो तथा अजिन्हें आहार दिया गया हो जिसमें मुख्य रूप से पूर्ण दूध शामिल था।

प्रमाणीकरण कार्यक्रम प्रत्येक प्रकार के पशु के लिये गर्भधारण से लेकर प्रमाणित जैविक पशुओं के क्रियान्वयन हेतु समय सीमाओं (जो पाँच वर्षों से अधिक की नहीं होगी) को निर्धारित करेंगे। प्रजनन पशुधन को पारंपरिक फार्मों से लाया जा सकता है परन्तु उनकी अधिकतम संख्या एक वर्ष में जैविक फार्म पर समान प्रजातियों के वयस्क पशुओं के 10% तक ही हो सकती है। आयातित प्रजनन पशुधन के लिये प्रमाणीकरण कार्यक्रम निम्नलिखित मामलों में तथा स्पष्ट समय सीमाओं के साथ 10% से उच्चतर वार्षिक अधिकतम की अनुमति प्रदान करेगा:

➢ अनपेक्षित गंभीर प्राकृतिक अथवा मनुष्य निर्मित घटनाएँ।

➢ फार्म का काफी बड़े पैमाने पर विस्तार।

➢ फार्म पर नये प्रकार के पशु उत्पादन की स्थापना।

➢ लघु जोत-क्षेत्र।

23.9.4 नस्लें तथा प्रजनन

23.9.4.1 सामान्य सिद्धान्त

ऐसी नस्लों का चुनाव करना चाहिये जो स्थानीय दशाओं के प्रति अनुकूलित हों। प्रजनन लक्ष्यों को पशु के प्रातिक व्यवहार से अलग नहीं होना चाहिये तथा उन्हें उत्तम स्वास्थ्य की ओर उन्मुख किया जाना चाहिये।

23.9.4.2 सिफारिशें

प्रजनन में ऐसी विधियों को शामिल किया जाना चाहिये जो कि कृषि प्रणाली को उच्च प्रौद्योगिकीय तथा पूँजी बहुत विधियों पर निर्भर बना दें।

प्रजनन तकनीकों को प्रातिक होना चाहिये।

23.9.4.3 मानक

प्रमाणीकरण कार्यक्रम यह सुनिश्चित करेगा कि प्रजनन प्रणालियाँ ऐसी नस्लों पर आधारित हैं जो कि प्राकृतिक रूप से मैथुन तथा प्रसव दोनों कामों को कर सकती हों। कृत्रिम गर्भाधान की अनुमति प्रदान की गयी है। जैविक कृषि में भ्रूण अन्तरण तकनीकों की अनुमति प्रदान की गयी है। हार्मोन संबंधी ऊष्मा उपचार तथा अभिप्रेरित प्रसव की अनुमति केवल उसी स्थिति में प्रदान की गयी है जबकि उसे चिकित्सीय कारणों से तथा पशुचिकित्सक की सलाह पर वैयक्तिक पशुओं पर इस्तेमाल किया जा रहा हो। आनुवांशिक रूप से निर्मित प्रजातियों अथवा नस्लों के उपयोग की अनुमति प्रदान नहीं की गयी है।

23.9.5 अंग काटना

23.9.5.1 सामान्य सिद्धान्त

पशुओं की पृथक् विशेषताओं का सम्मान किया जाना चाहिये।

23.9.5.2 सिफारिशें

ऐसी प्रजातियों का चयन किया जायेगा जिनके अंग काटने की आवश्यकता नहीं हो। अंग काटने की केवल अपवादस्वरूप अनुमति दी जा सकती है और यह कार्य कम से कम हो।

23.9.5.3 मानक

अंग काटने की अनुमति प्रदान नहीं की गयी है। प्रमाणीकरण कार्यक्रम निम्नलिखित अपवादों को अनुमति प्रदान करेगा:

- बधियाकरण।
- मेमनों की दुम काटना।
- सींगों का काटना।

- नाथना।
- म्यूलसिन्ग।

पीड़ा को न्यूनतम रखा जाये तथा जहाँ भी उपयुक्त हो, तो बेहोश कर देने वाली दवाइयों का प्रयोग किया जाये।

23.9.6 पशुपोषण

23.9.6.1 सामान्य सिद्धान्त

समस्त चारा स्वयं फार्म से ही आना चाहिये अथवा क्षेत्र के भीतर ही पैदा किया जाना चाहिये। पशुओं को दैनिक भोजन एक ऐसे ढंग से दिया जाना चाहिये जिससे कि वे अपने प्राकृतिक आहार व्यवहार तथा पाचन संबंधी आवश्यकताओं को निष्पादित कर सकें।

23.9.6.2 सिफारिशें

दैनिक भोजन को पशुओं की पोषक आहार संबंधी आवश्यकताओं के अनुसार संतुलित किया जाना चाहिये। जैविक चारा प्रसंस्करण उद्योग के उत्पादों को प्रयोग किया जायेगा।

23.9.6.3 मानक

प्रमाणीकरण कार्यक्रम चारा तथा चारा अवयवों हेतु मानकों को तैयार करेगा। चारे को प्रधान भाग (कम से कम 50% से अधिक) स्वयं यूनिट से प्राप्त किया जायेगा अथवा क्षेत्र में अन्य जैविक फार्मों के सहयोग से उत्पन्न किया जायेगा। प्रमाणीकरण कार्यक्रम स्थानीय अवस्थाओं के संबंध में क्रियान्वयन हेतु समय सीमा के एक समूह के अधीन अपवादों को छूट प्रदान करेगा।

यदि जैविक खेती स्रोतों के कतिपय आहारों को प्राप्त करना असंभव सिद्ध हो जाता है, तो प्रमाणीकरण कार्यक्रम फार्म पशुओं के द्वारा खाये जाने वाले चारे की एक प्रतिशत को पारंपरिक फार्म से प्राप्त करने की अनुमति प्रदान करेगा। ऐसे आहारों की अधिकतम प्रतिशतताओं को निम्नलिखित

सारणी में दर्शाया गया है तथा उसकी प्रत्येक पशु श्रेणी औसत दैनिक भोजन के रूप में गणना की जायेगी। इन अधिकतम प्रतिशताओं को पूरे वर्ष भर अनुपालन किया जायेगा।

जुगाली करने वाले (शुष्क पदार्थ ग्रहण)	15%
जुगाली नहीं करने वाले (शुष्क पदार्थ ग्रहण)	20%

5 वर्षों के भीतर इन प्रतिशतताओं का निम्नलिखित रूप से घटा दिया जायेगा।:

जुगाली करने वाले (शुष्क पदार्थ)	10%
जुगाली नहीं करने वाले (शुष्क पदार्थ)	15%

प्रमाणीकरण कार्यक्रम निम्नलिखित मामलों में इन प्रतिशतताओं में विशिष्ट समय सीमाओं तथा शर्तों के साथ छूट प्रदान करेगा:

- ➢ आकस्मिक गंभीर प्राकृतिक अथवा मानव-निर्मित घटनाऐं।
- ➢ चरम जलवायु अथवा मौसम संबंधी दशाएँ।
- ➢ ऐसे क्षेत्र जहाँ जैविक खेती विकास के प्रारंभिक चरणों में हो।

फार्म पशुओं को दिये जाने वाले चारे में निम्नलिखित उत्पादों को शामिल अथवा जोड़ा नहीं जायेगा:

- ➢ कृत्रिम वृद्धि उत्प्रेरक अथवा उद्दीपक।
- ➢ कृत्रिम क्षुधावर्धक।
- ➢ परिरक्षक, केवल एक प्रसंस्करण सहायक के रूप में प्रयुक्त किये जाने को छोड़कर।
- ➢ कृत्रिम रंजक एजेंटस्।
- ➢ यूरिया।
- ➢ जुगाली करने वाले पशुओं को फार्म पशु उपजात (उदाहरणार्थ कसाई खाना के अवशिष्ट पदार्थ)।
- ➢ बीट, गोबर अथवा अन्य खाद (सभी प्रकार का मल) भले ही उसे प्रौद्योगिकीय रूप से संसाधित किया गया हो।

- चारा जिसमें विलायक (उदाहरणार्थ हेक्जेन), कर्षण (सोया तथा तोरी के बीजों का आहार) अथवा अन्य किसी रसायनिक एजेन्टों को मिलाया गया हो।
- शुद्ध अमीनों एसिड्स।
- आनुवांशिक रूप से निर्मित जीव अथवा उनके उत्पाद इसमें जैविक तथा पारंपरिक आहार तत्व दोनों ही शामिल हैं।

प्राकृतिक मूल के विटामिनों, सुक्ष्ममात्रिक तत्वों तथा संपूरकों का उपयुक्त प्रमात्रा तथा गुणवत्ता में उपलब्ध होने की स्थिति में प्रयोग किया जायेगा।

प्रमाणीकरण कार्यक्रम संश्लेषित अथवा अप्राकृतिक स्रोतों से प्राप्त विटामिनों तथा खनिजों के प्रयोग हेतु शर्तों को परिभाषित करेगा।

निम्नलिखित चारा परिरक्षकों का प्रयोग किया जा सकता है:

- बैक्टरिया, फफूँद तथा एन्जाइम्स।
- खाद्य उद्योग के उपजात (यथा शीरा)।
- वनस्पति आधारित उत्पाद।

विशेष मौसम दशाओं में कृत्रिम रासायनिक चारा परिरक्षकों के प्रयोग की अनुमति प्रदान की जायेगी। प्रमाणीकरण कार्यक्रम संश्लेषित अथवा अप्राकृतिक स्रोतों से प्राप्त तत्वों तथा एसीटिक, फोमिक और प्रोपायोनिक एसिड, विटामिनों तथा खनिज के प्रयोग हेतु शर्तों का विनिर्दिष्ट करेगा।

प्रमाणीकरण कार्यक्रम संबंद्ध पशु प्रजातियों के प्रातिक व्यवहार को ध्यान में रखते हुए न्यूनतम दूधछुटाई समयावधियों को निर्धारित करेगा। स्तनधारी पशुओं के शिशुओं को ऐसी प्रणालियों का प्रयोग करते हुए पाला जायेगा जो कि जैविक दूध, विशेषकर उनकी अपनी प्रजातियों से प्राप्त, पर निर्भर करती हों।

आपात् स्थितियों में प्रमाणीकरण कार्यक्रम गैर-जैविक प्रणालियों से प्राप्त दूध अथवा डेयरी आधारित दूध स्थानापन्नों का प्रयोग करने की छूट

प्रदान करेगा बशर्ते कि उनमें एन्टीबॉयटिक्स अथवा कृत्रिम योज्य अन्तर्विष्ट नहीं हों।

23.9.7 पशुचिकित्सा दवाइयाँ

23.9.7.1 सामान्य सिद्धान्त

प्रबंधन पद्धतियों को पशुओं के कल्याण, रोगों के विरुद्ध अधिकतम प्रतिरोधी क्षमता तथा संक्रमणों की रोकथाम की ओर उन्मुख होना चाहिये। रोगी तथा घायल पशुओं को तुरंत तथा समुचित चिकित्सा उपलब्ध कराई जानी चाहिये।

23.9.7.2 सिफारिशें

प्राकृतिक दवाइयों तथा विधियों पर जोर दिया जायेगा जिनमें होम्योपैथी, आयुर्वेदिक, यूनानी दवाई तथा एक्यूपंचर शामिल हैं। बीमारी पैदा होने की स्थिति में लक्ष्य यह पता लगाना होना चाहिये कि ऐसा होने का कारण क्या था तथा प्रबंधन को बदलकर भंविष्य में ऐसी बीमारी के दोबारा पैदा होने से रोकथाम करनी चाहिये। जहाँ भी उचित हो, तो प्रमाणीकरण कार्यक्रम दवाइयों के प्रयोग को न्यूनतम करने के लिये फार्म के पशुचिकित्सा रिकार्डों के आधार पर शर्तों को निर्धारित करेगा। प्रमाणीकरण कार्यक्रम को दवाइयों की एक सूची तैयार करनी चाहिये जिसमें उनको नहीं खिलाने की अवधियों को निर्दिष्ट किया गया हो।

23.9.7.3 मानक

बीमारी की उपचार पद्धति का चयन करते समय पशुओं के कल्याण को प्राथमिक वरीयता दी जाती है। पारंपरिक पशुचिकित्सा दवाइयों का प्रयोग करने की छूट केवल उसी स्थिति में दी गयी जायेगी जबकि कोई अन्य युक्तिसंगत विकल्प मौजूद नहीं हो।

जहाँ पर परंपरागत पशुचिकित्सा दवाइयों का प्रयोग किया जा रहा हो, तो रोके रखने की अवधि कानूनी अवधि से कम से कम दोगुणी होगी।

निम्नलिखित पदार्थों का प्रयोग करना वर्जित है:

- कृत्रिम वृद्धि उत्प्रेरक।
- उत्पादन उद्दीपन अथवा प्राकृतिक वृद्धि को दबाने हेतु कृत्रिम मूल के पदार्थ।
- ऊष्मा प्रेरणा अथवा ऊष्मा समक्रमण हेतु हॉर्मोन्स जब तक कि किसी वैयक्तिक पशु में पशुचिकित्सा संकेतों से औचित्यपूर्ण सिद्ध की गयी प्रजनन वितियों के विरुद्ध उनका प्रयोग नहीं किया जा रहा हो।

टीकों का प्रयोग केवल उसी स्थिति में किया जायेगा जबकि फार्म के क्षेत्र में बीमारियों की एक समस्या मौजूद हो अथवा होने की आशा हो और जहाँ पर इन बीमारियों को अन्य प्रबंधन तकनीकों के द्वारा नियंत्रित नहीं किया जा सकता है। प्रमाणीकरण कार्यक्रम ऐसे मामलों हेतु शर्तों को परिभाषित करेगा।

23.9.8 परिवहन तथा पशुवध

23.9.8.1 सामान्य सिद्धान्त

परिवहन तथा पशुवध से पशु को न्यूनतम कष्ट होना चाहिये। यात्रा की दूरी तथा आवृत्ति को भी न्यूनतम रखा जाना चाहिये।

परिवहन का माध्यम प्रत्येक पशु की दृष्टि से उपयुक्त होना चाहिये।

23.9.8.2 सिफारिशें

परिवहन के दौरान पशुओं का नियमित रूप से निरीक्षण किया जाना चाहिये। मौसम की दशाओं तथा परिवहन की अवधि पर निर्भर करते हुए परिवहन के दौरान पशुओं को पानी पिलाया तथा चारा खिलाया जाना चाहिये।

निम्नलिखित बिन्दुओं को विशेष रूप से ध्यान रखते हुए, पशुओं को यथासंभव कम से कम तकलीफ दी जानी चाहिये:

- प्रत्येक पशु का मृत पशुओं अथवा मारने की प्रक्रियाधीन पशुओं के साथ (आँख, कान अथवा गंध से) संपर्क।

➢ वर्तमान समूह सम्बन्ध।

➢ कष्ट को कम करने हेतु विश्राम करने का समय।

प्रत्येक पशु को खून बहाकर मारते समय उसे अचेत कर देना चाहिये। अचेत कर देने के लिये इस्तेमाल किये जाने वाले उपकरण को सही ढंग से काम करने की स्थिति में होना चाहिये। प्रचलित पशुपालन गतिविधियों के अनुसार अपवादस्वरूप छूट प्रदान की जा सकती है। यदि पशुओं को पहले से अचेत किये बिना ही उनके खून को बहाया जाता है, तो इस काम को एक शांत वातावरण में पूरा किया जाना चाहिये।

23.9.8.3 **मानक**

प्रक्रिया के विभिन्न चरणों के शुरू से लेकर अंत तक, पशु की देखभाल के लिये जिम्मेदार व्यक्ति उपस्थित रहेगा। परिवहन तथा पशुवध के दौरान शांत तथा नरम तरीके से हैण्डिलिन्ग की जानी चाहिये। बिजली की छड़ों और ऐसे उपकरणों का प्रयोग वर्जित होगा।

प्रमाणीकरण कार्यक्रम निम्नलिखित बातों को ध्यान में रखते हुए पशुवध तथा परिवहन मानकों को निर्धारित करेगा:

➢ पशु तथा इन्चार्ज व्यक्ति को होने वाला कष्ट।

➢ पशु की फिटनेस।

➢ लादना तथा नीचे उतारना।

➢ पशुओं के विभिन्न समूहों अथवा भिन्न लिंग के पशुओं को एक साथ मिला देना।

➢ परिवहन के माध्यम तथा हैंडलिंग उपकरण की गुणवत्ता तथा उपयुक्तता।

➢ तापमान तथा सापेक्षिक आर्द्रता।

➢ भूख तथा प्यास।

➢ प्रत्येक पशु की विशिष्ट आवश्यकताऐं।

परिवहन से पहले अथवा उसके दौरान कोई रासायनिक संश्लेषित प्रशान्तक अथवा उद्दीपक नहीं दिये जायेंगे। सभी चरणों के दौरान प्रत्येक पशु अथवा पशुओं के समूह की पहचान करना संभव होना चाहिये। यदि परिवहन धुरी के द्वारा किया जाना हो, तो वधगृह तक ही यात्रा का समय आठ घण्टों से अधिक का नहीं होना चाहिये। प्रमाणीकरण कार्यक्रम प्रत्येक मामले पर अलग से विचार करने के बाद छूट प्रदान कर सकता है।

23.9.9 मुधमक्खी पालन

23.9.9.1 सामान्य सिद्धान्त

संग्रहण क्षेत्र को जैविक अथवा वन्य होना चाहिये तथा कालोनी की पोषण संबंधी आवश्यकताओं को पूरा करने तथा उत्तम स्वास्थ्य बनाये रखने में सक्षम होने के लिये यथासंभव वैविध्यपूर्ण होना चाहिये। आपूर्ति किया जाने वाला भोजन पूर्ण रूप से जैविक होना चाहिये। मधुमक्खीपालन को पशुपालन का ही एक भाग माना जाता है। अतएव सामान्य मधुमक्खीपालन पर भी लागू होते हैं।

23.9.9.2 सिफारिशें

कालोनियों को भोजन खिलाने को जलवायु परक दशाओं के कारण अस्थायी भोजन संकट से निबटने हेतु एक अपवाद के रूप में देखा जायेगा।

बुनियादी छत्ते को जैविक मोम से बनाया जाना चाहिये। यदि मधुमक्खियों को वन्य क्षेत्रों में पाला जाता है, तो देशी कीट जनसंख्या का ध्यान रखा जाना चाहिये।

23.9.9.3 मानक

छत्तों को जैविक ढंग से प्रबंधित क्षेत्रों तथा/अथवा वन्य प्राकृतिक क्षेत्रों में स्थापित किया जायेगा। छत्तों को खेतों अथवा अन्य ऐसे क्षेत्रों के पास नहीं रखा जाना चाहिये जहाँ पर रासायनिक कीटनाशकों अथवा शाकनाशाकों का प्रयोग किया जाता हो। प्रमाणीकरण निकाइयों के द्वारा प्रत्येक मामले पर

अलग से विचार करने के बाद छूट प्रदान की जा सकती है। ऋतु से पहले अंतिम कटाई के पश्चात् जब चारा खोजकर खाने की कोई सुविधा उपलब्ध नहीं होती, केवल तभी चारा खिलाया जाना चाहिये। प्रत्येक मधुमक्खी छत्ते को प्रधान रूप से प्राकृतिक सामग्रियों से निर्मित होना चाहिये। संभावित विषैले प्रभावों से युक्त निर्माण सामाग्रियों का प्रयोग करना वर्जित है। ऐसे मधुमक्खी छत्तों में स्थायी सामग्रियों का प्रयोग नहीं करना चाहिये जिनमें शहद के फैलाव की संभावना हो तथा जहाँ मृत मधुमक्खियों के माध्यम से अवशिष्टों को वितरित किया जा सकता हो। पंखों को काटने की अनुमति नहीं है। मधुमक्खी पालन में पशुचिकित्सा दवाइयों का प्रयोग नहीं किया जायेगा। मधुमक्खियों के साथ काम करते समय (यथा शहद जमा करते समय), निषिद्ध पदार्थों से युक्त किसी विकर्षक का प्रयोग नहीं किया जायेगा।

कीट तथा रोगनियंत्रण हेतु तथा छत्तों के रोगाणुनाशन हेतु निम्नलिखित उत्पादों की अनुमति प्रदान की जायेगी:

- कास्टिक सोडा
- दुग्धिक, ऑक्सैलिक, एसीटिक एसिड
- फार्मिक एसिड
- सल्फर
- ईथारिक तेल
- वैसिलस थ्युरिनजियेंसिस

23.9.10 खाद्य प्रसंस्करण

23.9.10.1 सामान्य सिद्धान्त

उत्पाद की गुणवत्ता तथा सत्य निष्ठता को बनाये रखने हेतु जैविक उत्पादों की हैण्डलिन्ग तथा प्रसंस्करण को सर्वश्रेष्ठ रूप में किया जाना चाहिये तथा उसे कीटों और रोगों के विकास को न्यूनतम बनाये रखने की ओर उन्मुख रहना चाहिए।

23.9.10.2 सिफारिशें

जैविक उत्पादों के प्रसंस्करण तथा हैण्डिलिन्ग के गैर-जैविक उत्पादों के प्रसंस्करण तथा हैण्डिलिन्ग से अगल समय तथा स्थान पर पृथक् रूप से किया जाना चाहिये। प्रदूषण स्रोतों की पहचान की जायेगी तथा संदूषण से बचाव किया जायेगा। सुवासित अर्कों को भौतिक प्रक्रियाओं के माध्यम से आहार (अधिमानत: जैविक) से प्राप्त किया जायेगा।

23.9.10.3 मानक

जैविक उत्पादों को गैर-जैविक उत्पादों के साथ मिल जाने से बचाया जाना चाहिये। संपूर्ण प्रक्रिया के दौरान सभी उत्पादों को समूचित रूप से अभि-निर्धारित किया जायेगा। प्रमाणीकरण कार्यक्रम प्रदूषकों तथा संदूषकों की रोकथाम तथा नियंत्रण हेतु मानकों को निर्धारित करेगा।

जैविक तथा गैर-जैविक उत्पादों को एक साथ भण्डारित अथवा परिवहित नहीं किया जायेगा, सिवाय उस स्थिति को छोड़कर जबकि उनकी लेबलिन्ग की गयी हो तथा भौतिक रूप से पृथक् करके रखा गया हो। प्रमाणीकरण कार्यक्रम उन सभी सुविधाओं को विसंदूषित, स्वच्छ अथवा विसंक्रिमित करने हेतु अनुमत्त अथवा संस्तुत साधनों तथा उपायों को विनियमित करेगा जिनमें जैविक उत्पादों को रखा, हैण्डिल, संसाधित अथवा भण्डारित किया गया हो।

परिवेशी तापमान पर भण्डारण के साथ-साथ, भण्डारण की निम्नलिखित विशेष दशाओं की अनुमति प्रदान की गई है (परिशिष्ट 4 देखिये)

- ➢ नियंत्रित वातावरण
- ➢ वातानुकूलन
- ➢ प्रशीतन
- ➢ शुष्कन
- ➢ आर्द्रता नियंत्रण

पकाने हेतु इथाइलिन गैस का प्रयोग करने की अनुमति दी गयी है।

23.10 कीट तथा रोग नियंत्रण

23.10.1 सामान्य सिद्धान्त

उत्तम विनिर्माण पद्धतियों का प्रयोग करके कीटों की रोकथाम की जानी चाहिये। इनमें आम स्वच्छता तथा साफ-सफाई सम्मिलित है। अतएव कीट नियंत्रक एजेटों के द्वारा उपचार क्रिया को अंतिम विकल्प के रूप में देखा जाना चाहिये।

23.10.2 सिफारिशें

संस्तुत उपचारों में भौतिक अवरोध, ध्वनि, अल्ट्रासाउंड, प्रकाश तथा पराबगनी प्रकाश, फंदे (फेरोमोन फंदा तथा स्थिर चारा फंदा सहित), तापमान नियंत्रण, नियंत्रित वातावरण तथा डायटमी पृथ्वी हैं।

कीट निवारण तथा कीट नियंत्रण हेतु एक योजना का विकसित किया जाना चाहिये।

23.10.3 मानक

कीट प्रबंधन तथा नियंत्रण हेतु निम्नलिखित उपायों का प्राथमिकता के क्रम में प्रयोग किया जाना चाहिये।

- निवारक विधियाँ यथा अधिवास तथा सुविधाओं तक पहुँच में व्यवधान, उन्मूलन।
- यांत्रिक, भौतिक तथा जैविक विधियाँ।
- राष्ट्रीय मानकों के परिशिष्टों में अन्तार्विष्ट कीटनाशक पदार्थ।
- फंदों में प्रयोग किये जाने वाले अन्य पदार्थ।
- प्रदीपन निषिद्ध है।

जैविक उत्पादों तथा निषिद्ध पदार्थों (यथा कीटनाशकों) के मध्य कभी भी प्रत्यक्ष अथवा अप्रत्यक्ष संपर्क नहीं होगा। सन्देह की स्थिति में, यह सुनिश्चित किया जायेगा कि जैविक उत्पादों में कोई भी अवशिष्ट मौजूद नहीं हो। स्थायी अथवा कार्सीनोजनक कीटनाशकों तथा रोगाणुनाशकों की अनुमति

प्रदान नहीं की गयी है। प्रमाणीकरण कार्यक्रम यह निश्चित करने हेतु नियमों को निर्धारित करेगा कि कौन-कौन से संरक्षण एजेन्टों तथा रोगाणुनाशकों का प्रयोग किया जा सकता है।

23.11 अवयव, योज्य तथा प्रसंस्करण सहायक

सामान्य सिद्धान्त

कृषि मूल के अवयवों के 100% भाग को जैविक प्रमाणित होना चाहिये।

सिफारिशें

इनजॉइमों तथा अन्य सूक्ष्म-जैविक उत्पादों के उत्पादन हेतु प्रयुक्त साधन को जैविक अवयवों से निर्मित होना चाहिये।

प्रमाणीकरण कार्यक्रम निम्नलिखित बिन्दुओं को ध्यान में रखेगा:

➢ पोषक मूल्य को बनाये रखना।

➢ समान उत्पादों की मौजूदगी अथवा पैदा करने की संभावना।

मानक

यदि जैविक कृषि मूल का कोई अवयव पर्याप्त गुणवत्ता अथवा प्रमाण में उपलब्ध नहीं हो, तो प्रमाणीकरण कार्यक्रम ऐसे मामलों में सावधिक पुर्नमूल्यांकन के अध्यायीन गैर जैविक कच्ची सामग्रियों के प्रयोग को प्रभावित कर सकता है। ऐसे गैर-जैविक कच्चे माल को अनुवंशिक रूप से निर्मित नहीं किया जायेगा। किसी उत्पाद के भीतर एक ही अवयव को जैविक तथा गैर-जैविक दोनों मूलों से प्राप्त नहीं किया जायेगा। जैविक उत्पादों में जल तथा नमक का प्रयोग किया जा सकता है।

खनिजों (सूक्ष्ममात्रिक तत्वों सहित), विटामिनों तथा समान एकान्तिक अवश्वों का प्रयोग नहीं किया जायेगा। प्रमाणीकरण कार्यक्रम ऐसे मामलों में छूट प्रदान कर सकता है जहाँ पर कानूनी तौर से प्रयोग करने की आवश्यकता हो अथवा जहाँ आहार संबंधी अथवा पोषण संबंधी भारी कमी को प्रदर्शित

किया जा सकता है। खाद्य प्रसंस्करण में आम तौर से प्रयुक्त होने वाले सूक्ष्म-जीवों तथा एन्जाइमों की विरचनों, परन्तु आनुवांशिक रूप से निर्मित सूक्ष्म-जीवों तथा उनके उत्पादों के अपवाद को छोड़कर, का प्रयोग किया जा सकता है।

योज्यों तथा प्रसंस्करण सहायकों के प्रयोग को सीमित रखा जायेगा।

23.11.1 **प्रसंस्करण विधियाँ**

सामान्य सिद्धान्त

प्रसंकरण विधियों को यांत्रिक, भौतिक तथा जैविक प्रक्रियाओं पर आधारित होना चाहिये। किसी भी जैविक अवयव के प्रसंस्करण के प्रत्येक चरण के शुरू से लेकर अंत तक उसकी महत्वपूर्ण गुणवत्ता को बनाये रखा जाना चाहिये।

सिफारिशें

योज्यों तथा प्रसंस्करण सहायकों की संख्या तथा प्रमाण को सीमित करने हेतु प्रसंस्करणविधियों का चुनाव किया जायेगा।

मानक

निम्नलिखित प्रकार की प्रक्रियाओं का अनुमोदन किया गया है:

- ➢ यांत्रिक तथा भौतिक
- ➢ जैविक
- ➢ धूमन
- ➢ निष्कर्षण
- ➢ संघनन
- ➢ छनाई

निष्कर्षण केवल पानी, इथनोल, वनस्पति तथा पशु तेलों, सिरका, कार्बन डाइऑक्साइड, नाइट्रोजन अथवा कार्बोक्सीलिक एसिड के साथ ही किया जायेगा। इन्हें प्रयोजन हेतु उपयुक्त खाद्य ग्रेड गुणवत्ता से युक्त होना

चाहिये। प्रदीपन की अनुमति नहीं है। छनाई पदार्थों को एस्वेस्टॉस से निर्मित न ही होना चाहिये और नहीं उनमें ऐसे पदार्थ व्याप्त होने चाहिये जिनका उत्पाद पर नकारात्मक प्रभाव पड़ने की संभावना हो।

23.11.2 पैकेजिन्ग

सामान्य सिद्धांत

पैकेजिन्ग हेतु प्रयोग में लायी जाने वाली सामग्री को पर्यावरण–अनुकूलन होना चाहिये।

सिफारिशें

- ➢ वस्तुओं की जैविक प्रति पर प्रतिकूल प्रभाव डालने वाली सामग्रियों के प्रयोग से बचना चाहिए।
- ➢ पी वी सी सामग्रियों का प्रयोग निषिद्ध है।
- ➢ लेमिनेट्स और एल्युमीनियम के प्रयोग से बचना चाहिए।
- ➢ जहां कहीं संभव हो, वहां पुनः चक्रण तथा पुनः प्रयोग योग्य प्रणालियों का प्रयोग किया जाना चाहिए।
- ➢ जैविक रूप से नष्ट होने वाली पैकेजिंग सामग्रियों का प्रयोग किया जाना चाहिए।

मानक

उत्पाद की 'ओर्गेनोलेप्टिक विशेषता (organoleptic character) को प्रभावित करने वाली सामग्रियों का प्रयोग नहीं करना चाहिए और न ही किसी वस्तु में उनकी मात्रा का संचार हो क्योंकि यह मानव स्वास्थ्य के लिए नुकसानदेह हो सकता है।

23.11.3 लेबलिन्ग

सामान्य सिद्धांत

लेबलिन्ग को उत्पाद की जैविक अवस्थिति के संबंध में स्पष्ट तथा सही जानकारी संप्रषित करनी चाहिये।

सिफारिशें

यदि समस्त मानक आवश्यकताओं को पूरा किया गया हो, तो उत्पादों को "जैविक कृषि की उपज" अथवा इससे मिलते-जुलते विवरण के रूप में बेचा जा सकता है।

लेबल पर उत्पाद के उत्पादन अथवा प्रसंस्करण के लिये कानूनी रूप से उत्तरदायी व्यक्ति अथवा कम्पनी का नाम तथा पूरा पता लिखा होना चाहिये। उत्पाद लेबलों में ऐसी प्रसंस्करण पद्धतियों को सूचीबद्ध किया जाना चाहिये जो कि उत्पाद शुणधर्मों को एक ऐसे रूप में प्रभावित करती है जो कि तत्काल रूप से प्रकट नहीं होता है। अनुरोध करने पर अतिरिक्त उत्पाद जानकारी को उपलब्ध कराया जायेगा। योज्यों तथा प्रसंस्करण सहायकों के सभी संघटकों की घोषणा की जायेगी। वन्य उत्पादन से प्राप्त किये गये अवयवों अथवा उत्पादों की इस रूप में घोषणा की जायेगी।

मानक

उत्पादक के उत्पादन अथवा प्रसंस्करण हेतु कानूनी रूप से उत्तरदायी व्यक्ति अथवा कम्पनी की आसानीपूर्वक पहचान चाहिये। यदि सभी मानक आवश्कताओं को पूरा कर दिया गया हो, तो एकल अवश्य उत्पादों को "जैविक कृषि की उपज" अथवा इससे मिलते-जुलते विवरण के रूप में लेबल किया जा सकता है। ऐसे मिश्रित उत्पादों को निम्नलिखित रूप (कच्चा माल भार) में लेबल किया जा सकता है जिनके सभी अवयव, योज्यों सहित, जैविक मूल के नहीं हो:

- ➢ यदि अवयवों का न्यूनतम 95% प्रमाणित जैविक मूल का है, तो उत्पादों को "प्रमाणित जैविक" अथवा समान रूप में लेबल किया जा सकता है और उस पर प्रमाणीकरण कार्यक्रम को लोगो छपा होना चाहिये।
- ➢ जहाँ 95% से कम परन्तु 95% प्रमाणित जैविक मूल के हों, तो उत्पादों को "जैविक" नहीं कहा जा सकता है। "जैविक" शब्द का प्रयोग "जैविक अवयवों से निर्मित" जैसे कथनों में प्रधान

डिस्पले पर किया जा सकता है बशर्ते कि जैविक अवयवों के अनुपात के बारे में स्पष्ट कथन किया गया हो। एक ऐसे संकेत का प्रयोग किया जा सकता है कि इस उत्पाद को प्रमाणीकरण कार्यक्रम के अन्तर्गत शामिल किया गया है, जिसको जैविक अवयवों के अनुपात के वर्णन के पास ही लिखा जाना चाहिये।

➢ जहां 70% से कम प्रमाणित जैविक मूल के हों, उसके लिए अवयव सूची में इस संकेत का प्रयोग किया जाना चाहिए कि अवयव जैविक है। ऐसे उत्पादों को "जैविक" नहीं कहा जा सकता।

जैविक अवयवों की प्रतिशतता गणनाओं में मिलाये गये पानी तथा नमक को शामिल नहीं किया जायेगा। परम्पारगत उत्पादों के लेबल, जैविक उत्पादों के लेबल से स्पष्ट रूप से भिन्न होना चाहिये।

किसी बहु-अवयवी उत्पाद की सभी कच्ची सामग्रियों को उनकी भार प्रतिशतता के क्रम में उत्पाद लेबल पर सूचीबद्ध किया जाना चाहिये। यह स्पष्ट होना चाहिये कि कौन-सी कच्ची सामग्री जैविक प्रमाणित मूल की है और कौन-सी नहीं। समस्त योज्यों को उनके पूरा नामों के साथ सूचीबद्ध किया जाना चाहिये। यदि जड़ी-बूटियाँ और/या मसाले उत्पाद के कुलभार के 2% से भी कम हो, तो उनकी प्रतिशता का उल्लेख किये बिना ही उनको "मसाले" अथवा "जड़ी-बूटियों" के रूप में सूचीबद्ध किया जा सकता है।

जैविक उत्पादों को GE (आनुवांशिक रूप से निर्मित) अथवा GM (आनुवांशिक संशोधन) मुक्त के रूप में लेबल नहीं किया जायेगा जिससे कि तैयार उत्पाद के बारे में संभावित भ्रामक दावों की रोकथाम की जा सके। उत्पादक लेबलों पर आनुवंशिक निर्मितिके किसी उल्लेख को उत्पादन विधि तक ही सीमित रखा जायेगा।

23.11.4 भण्डारण तथा परिवहन

सामान्य सिद्धांत

जैविक उत्पाद के भण्डारण तथा परिवहन के दौरान उत्पाद सत्यनिष्ठा को बनाये रखा जाना चाहिये।

सिफारिशें

जैविक उत्पादों को गैर-जैविक उत्पादों के साथ मिल जाने से हर समय बचाया जाना चाहिये। जैविक उत्पादों को ऐसी सामग्रियों और पदार्थों के संपर्क में आने से हर समय बचाना चाहिये जिनको जैविक खेती तथा हैण्डिलिंग में प्रयोग की अनुमति नहीं है।

मानक

यदि यूनिट के केवल एक भाग को ही प्रमाणित किया गया हो और अन्य उत्पाद गैर-जैविक हों, तो जैविक उत्पादों की पहचान को बनाये रखने हेतु उनको पृथक रूप से भण्डारित किया जाना चाहिए। जैविक उत्पाद के थोक भण्डारण गृहों को पारंपरिक उत्पादों के भण्डारण गृहों से अलग होना चाहिये तथा इस आशय हेतु उनको स्पष्ट तौर से लेबल किया जाना चाहिये। जैविक उत्पाद हेतु भण्डारण क्षेत्रों तथा परिवहन आदानों को ऐसी विधियों तथा सामग्रियों का प्रयोग करके साफ करना चाहिये जिनकी जैविक उत्पादन में अनुमति प्रदान की गयी हो। किसी भी ऐसे कीटनाशक अथवा किसी उपचार में संभाव्य संदूषण रोकथाम हेतु उपायों को लागू किया जाना चाहिये जिनको परिशिष्ट-2 में सूचीबद्ध नहीं किया गया हो।

> **"छिन पुरवैया छिन पछियाव, छिन छिन बहे बबूला वाय।**
> **वादल के मच हैं घमसान, पानी बरसे मूसला धार।"**
>
> **घाघ**

परिशिष्ट 1

जैविक खाद्य उत्पादों के लिए मिश्रणों तथा प्रसंस्करण तत्वों के मूल्यांकन हेतु मानक

जैविक पदार्थो में मिश्रणों तथा प्रसंस्करण तत्वों के मूल्यांकन के लिए निम्नलिखित बातों तथा मानकों का अनुसरण करना चाहिए।

1. आवश्यकता

जैविक खाद्य पदार्थों में मिश्रणों तथा प्रसंस्करण तत्वों को इस्तेमाल करने की स्वीकृति तभी दी जानी चाहिए यदि ऐसे उत्पादन के लिए मिश्रण अथवा प्रसंस्करण तत्व इस्तेमाल करना आवश्यक हो जिसमें उत्पाद की प्रमाणिकता का ध्यान रखा जाता हो तथा उनके बगैर न तो उत्पाद बनाया जा सके और न ही इसे परिरक्षित किया जा सके।

2. मिश्रणों तथा प्रसंस्करण तत्वों के अनुमोदनार्थ मानक

जैविक खाद्य उत्पादों को प्रसंस्करण में निम्नलिखित परिस्थितियों में प्रयुक्त किया जा सकता है:

- यदि जैविक उत्पाद को प्रसंस्कृत अथवा परिरक्षित करने हेतु कोई अन्य स्वीकार्य प्रौद्योगिकी उपलब्ध न हों।
- यदि ऐसे मिश्रण अथवा प्रसंस्करण तत्वों का प्रयोग किया जाए जो ऐसी अन्य प्रोद्योगिकियों के विकल्प के रूप में खाद्य पदार्थों की भौतिक तथा यांत्रिक (mechanical) क्षति को कम करने में सहायक हों जिन्हे इस्तेमाल करने पर ऐसी क्षति होने की संभावना हो।

- यदि उत्पाद की पोषकता किसी अन्य विधि से सुनिश्चित न की जाए। (इन विधियों में वितरण समय में कभी और भण्डारण सुविधाओं में वृद्धि शामिल है।)
- यदि मिश्रण अथवा प्रसंस्करण तत्व उत्पाद की प्रामाणिकता को बनाए रखें।
- यदि मिश्रण अथवा प्रसंस्करण तत्व उपभोक्ताओं में यह भ्रम न फैलाएं कि कोई उत्पाद विशेष कच्चे माल की गुणवत्ता से युक्त है। यह इसका आशय सामान्यत: रंग और सुगंध युक्त तत्वों से है।
- यदि मिश्रणों तथा प्रसंस्करण तत्वों से उत्पाद की समग्र गुणवत्ता प्रभावित न हो।
- यदि मिश्रणों की स्थिती सामान्यतया जी आर ए एस (सामान्यत: सुरक्षित माने जाने वाले) हों जिससे यह निर्दिष्ट होता है कि यदि उन्हें उत्तम विनिर्माण प्रक्रियाओं के अनुसार प्रयुक्त किया जाए तो ये सुरक्षित होते है।

3. मिश्रणों और प्रसंस्करण तत्वों के प्रयोग हेतु चरण-दर-चरण प्रक्रियाएं

(क) मिश्रणों अथवा प्रसंस्करण तत्वों को इस्तेमाल करने की बजाए अधिमत पहला विकल्प लिम्नलिखित है:

- जैविक परिस्थितियों के अंतर्गत उत्पन्न खाद्य पदार्थ जो एक संपूर्ण खाद्य पदार्थ के रुप में प्रयुक्त होता हो अथवा आई एफ ओ ए एम के मूल मानकों के अनुसार प्रसंस्कृत किया गया हो - उदाहरणार्थ आटे के गाढ़ेपन संबंधी कारक के रुप में प्रयुक्त करना अथवा वनस्पति तेल को उत्सर्जक कारक के रुप में प्रयुक्त करना।
- पादप (पौधों) तथा पशुजन्य स्रोत से प्राप्त खाद्य पदार्थ और कच्चा माल, जो केवल यांत्रिकीय अथवा साधारण भोतिकी प्रक्रियाओं द्वारा ही तैयार किया जाता है - उदाहरणार्थ नमक।

(ख) दूसरा विकल्प निम्नलिखित है:

➢ खाद्य से अलग किया गया पदार्थ और भौतिक रूप से अथवा एंजाइम द्वारा तैयार किया गया पदार्थ - उदाहरणार्थ स्टार्च, खट्टे पदार्थ (टारट्रेटस), पेक्टीन।

➢ गैर कृषिगत स्त्रोतों तथा सूक्ष्मजीवों से संबंधित कच्चे माल के परिष्कृत उत्पाद - उदाहरणार्थ एसिरोला फल का अर्क, स्टार्टर कल्चर जैसे एंजाइम तथा सूक्ष्मजीव संपाक!

(ग) जैविक खाद्य उत्पादों में मिश्रणों तथा प्रसंस्करण तत्वों की निम्नलिखित श्रेणियों स्वीकृत नहीं है:-

➢ "सामान प्रकृति" के पदार्थ।

➢ ऐसे संश्लिष्ट पदार्थ जिन्हे पहले अप्राकृतिक अथवा खाद्य यौगिकों के एक "नए उत्पाद" के रूप में माना गया हो - जैसे एसिटाइलेटिड क्रासलिंक्ड स्टार्च, (आशोधिक स्टार्च)।

➢ जेनेटिक इंजीनियरिंग के माध्यम से उत्पादित मिश्रण और प्रसंस्करण तत्व।

➢ संश्लिष्ट रंगाई तथा संश्लिष्ट परिरक्षण कार्य।

➢ मिश्रणों तथा प्रसंस्करण तत्वों को तैयार करने में प्रयुक्त वाहकों तथा परिरक्षकों को ध्यान में रखा जाना चाहिए।

परिशिष्ट 2

जैविक कृषि में अतिरिक्त इन्पुटस के मूल्यांकन हेतु मापदण्ड

परिशिष्ट 3 तथा 4 में जैविक कृषि में मृदा के उर्वरण तथा वनस्पति कीटों तथा रोगों के नियंत्रण हेतु उत्पादों का उल्लेख किया गया है। परन्तु जैविक कृषि में प्रयोग किये जाने हेतु उपयोगी तथा उपयुक्त सिद्ध हो सकने वाले ऐसे अनेक अन्य उत्पाद भी मौजूद हो सकते है जिन्हे इन शीर्षो के अंतर्गत शामिल नहीं किया गया हो। परिशिष्ट 3 में जैविक उत्पादन में ऐसे अन्य इन्पुटस का मूल्यांकन करने हेतु पद्धति की रुपरेखा प्रस्तुत की गयी है।

मृदा के उर्वरण तथा अनुकूलन प्रयोजनों हेतु अनुमत्तपदार्थों की सूची को संशोधित करने के लिये निम्नलिखित पड़ताल सूची का प्रयोग किया जाना चाहिये:

➢ सामग्री मृदा उर्वरता को हासिल करने अथवा बनाये रखने या विशिष्ट पोषण आवश्यक्ताओं को पूरा करने, ऐसे विशिष्ट मृदा - अनुकूलन तथा आवर्तन प्रयोजनों हेतु अनिवार्य है।

और

➢ अवयव वनस्पति, पशु, जीवाणु अथवा खनिज मूल के है जो निम्नलिखित प्रक्रियाओं से होकर गुजर सकते है:

➢ भौतिक (यांत्रिक, ऊष्मीय)

➢ इन्जायमी

➢ रोगाणुक (कम्पोस्टिन्ग, पाचन)

और

- उनके उपयोग के परिणामस्वरुप पर्यावरण, मृदा जीवों सहित, पर अस्वीकार्य प्रभावों अथवा संदूषण का असर नहीं पड़ता है अथवा उसमें कोई वृद्धि नहीं होती है।

उनका प्रयोग करने से तैयार उत्पाद की गुणवत्ता तथा सुरक्षा पर कोई अस्वीकार्य प्रभाव नहीं पड़ता है।

वनस्पति रोग अथवा कीट तथा खरपतवार नियंत्रण के प्रयोजन हेतु अनुमत्तपदार्थ सूची को संशोधित करने हेतु निम्नलिखित पड़ताल सूची का प्रयोग किया जाना चाहिये:

- सामग्री ऐसे हानिकारक जीव अथवा किसी विशेष रोग के नियंत्रण हेतु अनिवार्य है जिनके लिये कोई अन्य जैविक, भौतिक अथवा वनस्पति प्रजनन विकल्प तथा/अथवा प्रभावकारी प्रबंधन तकनीकें उपलब्ध नहीं है।

और

- पदार्थों (सक्रिया यौगिक) को वनस्पति, पशु, रोगाणुक अथवा खनिज मूल का होना चाहिये जो कि निम्नलिखित प्रक्रियाओं में से होकर गुजर सकते हों:
- भौतिक
- इन्हायमी
- रोगाणुक

तथा

- उनके उपयोग के परिणामस्वरुप पर्यावरण पर कोई अस्वीकार्य प्रभाव अथवा संदूषण का असर नहीं पड़ता है अथवा उसमें कोई वृद्धि नहीं होती है।
- यदि अपने प्राकृतिक फॉर्म पर उत्पाद पर्याप्त मात्राओं में उपलब्ध नहीं हो, तो प्राकृतिक समरुप उत्पादों, यथा फीरोमोन्स, जोकि रासायनिक रुप से संश्लेषित होते है, पर विचार किया जा सकता है वशर्तें कि उनके उपयोग हेतु शर्तों के परिणामस्वरुप पर्यावरण अथवा उत्पाद के संदूषण में प्रत्यक्ष अथवा अप्रत्यक्ष रुप से वृद्धि नहीं होती हो।

मूल्यांकन

जब भी किसी इनपुट का मूल्यांकन किया जाना हो, तो सर्वप्रथम प्रमाणीकरण कार्यक्रमों द्वारा लगाने हेतु जांच की जानी चाहिये कि क्या वह निम्नलिखित छह मापदण्डों को पूरा करता है अथवा नही। जैविक कृषि में उपयोग हेतु उपयुक्त होने के रुप में स्वीकार किये जाने से पहले किसी भी इनपुट का निम्नलिखित सभी 6 आवश्यकताओं को पूरा करना जरुरी होता है।

इनपुटस का नियमित रुप से मूल्यांकन तथा विकल्पों के साथ उनकी तुलना करते रहना चाहिये। नियमित मूल्यांकन की इस प्रक्रिया का परिणाम जैविक उत्पादन के मनुष्यों, पशुओं, पर्यावरण तथा परिस्थितिकी के लिये अधिकाधिक अनुकूल बनते जाने के रुप में सामने आना चाहिये।

1. अनिवार्यता

प्रत्येक इनपुट की अनिवार्यता को स्थापित करना अनिवार्य है। उत्पाद का जिस संदर्भ में प्रयोग किया जायेगा, उसी के अनुसार इसकी जांच की जायेगी। किसी इनपुट की अनिवार्यता को सिद्ध करने हेतु पैदावार, उत्पाद गुणवत्ता, पर्यावरणीय सुरक्षा, पारिस्थितिक संरक्षण, प्राकृतिक दृश्य, मानवीय तथा पशु कल्याण आदि मानदण्डों के आधार पर तर्को को प्रस्तुत किया जा सकता है।

किसी इनपुट के प्रयोग को निम्नलिखित बिन्दुओं तक सीमित किया जा सकता है:

- ➢ विशिष्ट फसलें (विशेषकर बारहमासी फसले)
- ➢ विशिष्ट क्षेत्र
- ➢ विशिष्ट दशाएं जिनके अधीन इनपुट का उपयोग किया जायेगा

2. उत्पादन की प्रकृति तथा विधि

प्रकृति

इनपुट की उत्पत्ति सामान्यतया (वरीयता के क्रम में):

- ➢ जैविक – वनस्पतिमूलक, पशुमूलक, रोगाणुक मूलक

➢ खनिज मूलक

ऐसे गैर -प्राकृतिक उत्पादों का भी प्रयोग किया जा सकता है जो रासायनिक रुप से संश्लेषित तथा प्राकृतिक उत्पादों के समरुप हों।

जहां भी विकल्प मौजूद हो, तो उस स्थिती में पुनर्नवीकरणीय इनपुटस को वरीयता दी जाती है। खनिज मूल के इनपुटस दूसरी सर्वोतम पसंद होते है तथा तीसरी पसंद ऐसे इनपुटस होते है जोकि रासायनिक रुप से प्राकृतिक उत्पादों के समरुप होते हैं। रासायनिक रुप से समरुप उत्पादों की अनुमति प्रदान करते समय कतिपय पारिस्थितिक तकनीकी अथवा आर्थिक तर्को पर विचार जरुरी हो सकता है।

उत्पादन की विधि

इनपुटस के अवयवों के निम्नलिखित प्रक्रियाओं में से होकर गुजरना पड़ सकता हैं:

➢ यांत्रिक

➢ भौतिक

➢ इन्जायमी

➢ सूक्ष्म जीवों की कार्यवाही

➢ रासायनिक (एक अपवाद के रुप में तथा सीमित)

संग्रहण

इनपुट से युक्त कच्ची सामग्रियों के संग्रहण से प्राकृतिक अधिवास के स्थायित्व तथा संग्रहण क्षेत्र के भीतर किसी भी प्रजाति के अनुरक्षण पर कोई प्रभाव नहीं पड़ना चाहिये।

3. पर्यावरण

पर्यावरणीय सुरक्षा

इनपुट का पर्यावरण पर कोई हानिकारक अथवा स्थायी नकारात्मक प्रभाव नहीं पड़ना चाहिये। न ही इनपुट को पृष्ठ अथवा भूमिगत जल, वायु

या मृदा के अस्वीकार्य प्रदूषण को बढ़ाना चाहिये। प्रसंस्करण, प्रयोग तथा विभंग के दौरान सभी चरणों का मूल्यांकन अवश्य किया जाना चाहिये।

इनपुट की निम्नलिखित विशेषताओं पर विचार किया जाना अनिवार्य है:

अवक्रमणीयता

सभी इनपुटस को अपने खनिज रुप में होना चाहिये।

गैर - लक्ष्य जीवों के लिये उच्च गंभीर विषाक्तता से युक्त इनपुटस की अधिकतम पांच दिनो की शैल्फ लाईफ होनी चाहिये। यदि विषाक्त नहीं माने जाने वाले प्राकृतिक पदार्थो का इनपुटस के रुप में प्रयोग किया जाता है, तो उनके लिये एक सीमित समयावधि के भीतर अवक्रमणीय होना जरुरी नहीं है।

गैर - लक्ष्य जीवों के लिये गंभीर विषाक्तता

यदि इनपुटस में गैर - लक्ष्य जीवों के लिये सापेक्षिक रुप से उच्च गंभीर विषाक्त मौजुद हो, तो उनके प्रयोग को सीमित करना आवश्यक है। इन गैर - लक्ष्य जीवों के अस्तितव को सुनिश्चित करने हेतु उपायों को लागू किया जाना चाहिये। अनुपयोग हेतु अधिकतम प्रमात्राओं को निर्धारित किया जाना चाहिये। यदि उपयुक्त उपायों को लागू करना संभव नहीं हो तो इनपुट के प्रयोग की अनुमति प्रदान नहीं की जानी चाहिये।

दीर्घावधि चिरकालिक विषाक्तता

जीवों, अथवा जीवों और इनपुट्स की प्रणालियों में संचालित हो जाने वाले ऐसे इनपुट्स का प्रयोग नहीं किया जाना चाहिये जिनमें उत्परिवर्तजनीय अथवा कैंसरजनक गुणधर्म मौजुद हों, या उनके मौजुद होने का संदेह हो। यदि ऐसा कोई जोखिम हो, तो उस जोखिम को एक स्वीकार्य स्तर तक घटाने तथा दीर्घस्थायि नकारात्मक पर्यावरणीय प्रभावों की रोकथाम हेतु समुचित उपायों को लागु किया जाना चाहिये।

रासायनिक रुप से संश्लेषित उत्पाद तथा भारी धातुएं

इनपुट में मनुष्य निर्मित रासायनों (जेनोबायोटिक उत्पादों) की हानिकारक मात्राएं अन्तर्विष्ट नहीं होनी चाहिये रासायनिक रुप से संश्लेषित उत्पादों को केवल तभी स्वीकार किया जा सकता है जबकि वे प्राकृतिक उत्पादों के समरुप हों।

खनिज इनपुटस में यथासंभव नगण्य भारी धातुएं अन्तर्विष्ट होनी चाहिये। किसी विकल्प का अभाव होने तथा जैविक कृषि में लंबे समय से चले आ रहे पारंपरिक उपयोग के कारण, कॉपर तथा कॉपर सॉल्ट इस समय एक अपवाद के रुप में विद्यमान हैं तथापि, जैविक कृषि में किसी भी रुप में कॉपर के प्रयोग को अस्थायी माना जाना चाहिये तथा पर्यावरणीय प्रभाव को सीमित किया जाना चाहिये

4. मानव - स्वास्थ्य तथा गुणवत्ता

मानव स्वास्थ्य

इनपुट्स को मानव स्वास्थ्य की दृष्टि से हानिकारक नहीं होना चाहिये। प्रसंस्करण, प्रयोग तथा अवक्रमण के दौरान सभी चरणों को ध्यान में रखा जाना चाहिये किसी भी प्रकार के जोखिम को घटाने हेतु उपायों को लागु किया जाना चाहिये तथा जैविक उत्पादन में प्रयुक्त इनपुट्स हेतु मानकों को निर्धारित किया जाना चाहिये।

उत्पाद गुणवत्ता

इनपुटस का उत्पाद की गुणवत्ता - यथा स्वाद, शक्ल तथा गुणवत्ता पर नकारात्मक प्रभाव नहीं पड़ना चाहिये।

5. नैतिक पहलू - पशु कल्याण

इनपुट्स का फार्म पर रखे गये पशुओं के प्राकृतिक व्यवहार अथवा शारीरिक कार्यकलापों पर कोई नकारात्मक प्रभाव नहीं पड़ना चाहिये।

6. आर्थिक - सामाजिक पहलू

उपभोक्ताओं की अनुभूतिः जैविक उत्पादों के उपभोक्ताओ द्वारा इनपुट्स का कोई विरोध अथवा बहिष्कार नहीं होना चाहिये। उपभोक्ताओं की दृष्टि में कोई इनपुट पर्यावरण अथवा मानव-स्वास्थ्य की दृष्टि से असुरक्षित हो सकता है, भले ही वैज्ञानिक रुप से ऐसा प्रमाणित नहीं हो पाया हो। इनपुट्स को किसी भी उत्पाद के प्राकृतिक अथवा जैविक-तथा आनुवांशिक रुप से निर्माण-के बारे में आम राय अथवा विचार के साथ छेड़छाड़ नहीं करनी चाहिये। तभी सामाजिक लोगो हेतु जैविक उत्पाद आर्थिक खय से उपयोगी सावित होगें।

परिशिष्ट 3

वनस्पति कीट तथा रोग नियंत्रण हेतु उत्पाद

जैविक कृषि में वनस्पति उत्पादन में कीटों तथा रोगों के नियंत्रण हेतु कतिपय उत्पादों का प्रयोग करने की अनुमति प्रदान की गयी है। ऐसे उत्पादों का प्रयोग केवल तभी किया जाना चाहिये जबकि ऐसा करना नितांत आवश्यक हो तथा पर्यावरणीय प्रभाव को ध्यान में रखते हुए उनका चयन किया जाना चाहिये। इनमें से अनेक उत्पादों को जैविक उत्पादन में प्रयोग हेतु सीमित किया गया है। इस परिशिष्ट में "सीमित" का अभिप्राय यह है कि प्रमाणीकरण कार्यक्रम द्वारा प्रयोग हेतु शर्तो तथा पद्धति को निर्धारित किया जायेगा।

I. वनस्पति तथा पशु मूल के पदार्थ

- Azadirachta indica (नाम निर्मितयाँ नीम का तेल) — सीमित
- Derris elliptical, Lonchocarpus, Thephorsia spp. से रोटेनोन की निर्मिति — सीमित
- जेलेटिन — अनुमत्त
- प्रोपोलिस — सीमित
- वनस्पति आधारित विकर्षक (जैसे-नीम, लहसुन, पोन्गेमिया आदि) — अनुमत्त
- chrysanthemum cinerariaefolium से निचोड़े गये पायरीथ्रिन्स के आधार पर निर्मित, जिसमें संभवतया एक योगवाही पायरीथ्रम सिनेराफोलियम अंतर्विश्ट होता है — सीमित
- क्वरिस्या अमारा से निर्मित — सीमित
- रायनिया प्रजातियों से निर्मित — सीमित

- तंबाकू चाय — शामिल नहीं है
- लेसिथिन — सीमित
- केसैइन — अनुमत्त
- शैल प्रवाल, शैल प्रवाल भोजन, शैल प्रवाल अर्क, समुद्री नमक तथा खारा पानी — सीमित
- मशरुम का अर्क (शिटाके फफूंद) — अनुमत्त
- क्लोरेला का अर्क — अनुमत्त
- एस्पर्जिलस के किण्वित उत्पाद — सीमित
- प्राकृतिक अम्ल (सिरका) — सीमित

II. खनिज

- चूना/सोडा के क्लोराईड — सीमित
- मिट्टी (यथा बेन्टोनाइट, परलाइट, वर्मिक्यूलाइट, जियोलाइट) — सीमित
- फफूँद नाशक के रुप में प्रयुक्त किए जाने वाले कॉपर सॉल्ट्स/इनऑर्गेनिक साल्टस (बोर डीयूक्स मिक्स, कॉपर हाइड्रोऑक्साइड, कॉपर ऑक्सीक्लोराइड) फसल पर निर्भर करते हुए अधिकतम 8 किग्रा. प्रतिवर्ष और निरीक्षण व प्रमाणीकरण एजेंसी की देखरेख में — सीमित
- मिनरल पाउडर्स (स्टोन मील, सिलिकेट्स) — अनुमत्त नहीं
- डायटमी पृथ्वी — सीमित
- हल्के खनिज तेल — सीमित
- परमैंगनेट ऑफ पोटाश — सीमित
- लाइम सल्फर (कैल्शियम पोलीसल्फाइड) — सीमित
- सिलिकेट्स (सोडियम सिलिकेट, क्वार्ज़) — सीमित
- सोडियम बाइकार्बोनेट — अनुमत्त
- सल्फर (फफूंद नाशक, एकेरिसाइड, विकर्षक के रुप में) — सीमित

III. सुक्ष्म जीव/जीव-नियंत्रण अभिकर्ता

- वायरल प्रीपेरेशंस (उदाहरणार्थ-ग्रेन्सूलोसिस वाइरस, न्यूक्लियर

पोलीहाइड्रोसिस वाइरस आदि) — अनुमत

- फंगस प्रीपेरेशंस (उदाहरणार्थ - ट्रिकोडरमा प्रजातियां आदि) — अनुमत
- बैक्टेरियल प्रीपेरेशंस (उदाहरणार्थ-बेसिलस प्रजातियां आदि) — अनुमत

IV. अन्य

- कार्बनडाईऑक्साइड तथा नाइट्रोजन गैस — सीमित
- मुलायम साबुन (पोटाशियम साबुन) — अनुमत
- इथाइल एल्कोहल् — अनुमत नहीं
- होम्योपैथिक एवं आर्युवैदिक विरचनें — अनुमत
- जड़ीबूटी युक्त तथा बायोडायनैमिक विरचनें — अनुमत

V. फंदे

- भौतिक विधियाँ (उदाहरणार्थ- क्रोमोटिक फंदे, मैकेनिकल फंदे, प्रकाश के फंदे चिपकने वाले फंदे और फेरमोन्स) — अनुमत
- घासपात, जातियां — अनुमत

परिशिष्ट 4

उर्वरक तथा मृदा अनुकूलन में प्रयोगार्थ उत्पाद

जैविक कृषि में मृदा उर्वरता को ऐसी जैविक सामग्री के पुन: चक्रण के माध्यम से बनाये रखना संभव हो सकता है जिनके पोषक तत्वों को मृदा सूक्ष्म जीवों तथा बैक्टीरिया की कार्यवाही के द्वारा फसलों के लिये उपलब्ध कराया जाता है। इनमें से अधिकतर इनपुटस के प्रयोग के जैविक उत्पादन में सीमित किया गया है। इस परिशिष्ट में ''सीमित'' का अभिप्राय यह है कि प्रमाणीकरण कार्यक्रम के द्वारा प्रयोग हेतु शर्तें तथा पद्धति को निर्धारित किया जायेगा। संदूषण, पोषण असंतुलनों के जोखिम तथा प्राकृतिक संसाधनों के रिक्तीकरण आदि कारणों को ध्यान में रखना होगा।

जैविक फार्म यूनिट पर उत्पादित पदार्थ

- फार्मयार्ड तथा मूर्गीखाना खाद, गारा, मूत्र — अनुमत्त
- फसल अवशिष्ट तथा हरित खाद — अनुमत्त
- भूसा तथा अन्य घासपात — अनुमत्त

जैविक फार्म यूनिट से बाहर उत्पादित पदार्थ

- परिरक्षकों से रहित लहू आहार, मांस आहार, अस्थि आहार तथा पिच्छ आहार — सीमित
- किसी भी कार्बन आधारित अवशिष्टों (मुर्गी सहित पशुओं का मल) से निर्मित कम्पोस्ट् — सीमित
- फार्मयार्ड खाद गारा, मूत्र — सीमित

(अधिमानत: नियंत्रित किण्वन तथा/अथवा उपयुक्त विलयन के पश्चात) ''फैक्टरी'' खेती स्त्रोतो को अनुमति प्रदान नहीं की गयी है

- मछली तथा परिरक्षकों रहित मच्छली उत्पाद — सीमित
- ग्वानो — सीमित
- मानव मल — अनुमत्त नही
- जीवाणु, वनस्पति अथवा पशु मूल के जैविक रुप से नष्ट हो सकने वाली सामग्री के खाद्य तथा वस्त्र उद्योगो के कृत्रिम योज्यों से रहित उपजात — सीमित
- कृत्रिम योज्यों से रहित पांस (मृदा अनुकूलन हेतु निषिद्ध) — अनुमत्त
- बुरादा, लकड़ी की छीलन, लकड़ी बशर्ते कि वह अशोधित लकड़ी से उत्पन्न हो — अनुमत्त
- समुद्री शैवाल, तथा भौतिक प्रक्रियाओं से उत्पन्न समुद्री शैवाल उत्पाद, जल द्वारा अथवा जलीय एसिड और/या क्षारीय एसिड द्वारा निष्कर्षण् — सीमित
- मलजल गारा तथा पृथक स्रोतो से शहरी कम्पोस्ट जिन की संदूषण हेतु निगरानी की गई हो — सीमित
- भूसा — सीमित
- वार्मिकास्टस — सीमित
- पशु चारकोल — सीमित
- कम्पोस्ट तथा प्रयुक्त मशरूम तथा कृमिरुपी पदार्थ — सीमित
- जैविक घर संदर्भ से कम्पोस्ट — सीमित
- वनस्पति अवशिष्टों से कम्पोस्ट — अनुमत्त
- तेल ताड़, नारियल तथा कोको से उत्पन्न उपजात (खाली फल गुच्छों, ताड़ तेल मिल बहि:स्त्राव (पोम), कोको पांस तथा खाली कोको (शिबु सहित) — सीमित
- जैविक कृषि के अवयवों का प्रसंस्करण करने वाले उद्योगों के उपजात — सीमित

खनिज

- बेसिक धातुमल — सीमित
- चूनेदार तथा मैग्नोशियम शैल — सीमित

- कैल्सीभूत शैल प्रवाल — अनुमत्त
- कैल्शियम क्लोराइड् — अनुमत्त
- नेटवर्क मूल के कैल्शियम कार्बोनेट (चाक, चूना-पत्थर, जिप्सम और फॉस्फेट चाक) — अनुमत्त
- निम्न क्लोरीन धारिता युक्त खनिज पोटाशियम (यथा पोटाश का सल्फेट, काइनाइट, सिल्वीनाइट, पाटेनकली) — सीमित
- प्राकृतिक फॉस्फेटस (यथा शैल फॉस्फेटस) — सीमित
- चूर्ण शैल — सीमित
- सोडियम क्लोराइट् — अनुमत्त
- सूक्ष्म मात्रिक तत्त्व (बेरोन, In, Fe, Mn, मॉलीबोलेरम, Zn) — सीमित
- अशोधित लकड़ी से काष्ठराख — सीमित
- पोटाशियम सल्फेट — सीमित
- मैग्नेशियम सल्फेट (इप्सॉन नमक) — अनुमत्त
- जिप्सम (कैल्शियम सल्फेट) — अनुमत्त
- धानी तथा धानी अर्क — अनुमत्त
- एल्युमिनियम कैल्शिमय फॉस्फेट — सीमित
- सल्फर — सीमित
- पत्थर-चक्की — सीमित
- मिट्टी (बेन्टोनाइट, परलाइट, जियोलाइट)

सुक्ष्मजैविक विरचनें

- जीवाणुज विरचनें (जैव उर्वरक) — अनुमत्त
- बायोडायनैमिक विरचनें — अनुमत्त
- वनस्पति विरचनें तथा वनस्पति मुलक अर्क — अनुमत्त
- कृमिरुप — अनुमत्त
- पांस — अनुमत्त

''फैक्टरी'' कृषि से अभिप्राय औद्योगिक प्रबंधन प्रणालियों से है जोकि ऐसे पशुचिकित्सा तथा आहार इनपुट्स पर अहुत अधिक निर्भर होती है जिनको जैविक कृषि में अनुमति प्रदान नहीं की गयी है।

परिशिष्ट 5

खाद्य पदार्थों के प्रसंस्करण में प्रयुक्त योज्यों और प्रसंस्करण सहायकों के रुप में अनुमोदित संघटकों की सूची

खाद्य योज्य तथा संवाहक

अंत संख्यांकन	योज्य/प्रसंस्करण सहायक	के रुप मे प्रयुक्त योज्य	प्रसंस्करण	खाद्य श्रेणी	कार्य	परिसीमन /टिप्पणी
INS 170	कैल्शियम कार्बोनेट	*	*	GA	एंटीकेकिंग, अम्लाता विनियामक, पायसीकारक, स्थायीकारी	
INS 220	सल्फर डायऑक्साइड	*	*	W	परिरक्षक, स्थायीकारी	अधिकतम 0.3 मिग्रा /1
INS 224	पोटाशियम मेटाबाइसल्फाइड	*	*	W	परिरक्षक, स्थायीकारी	अधिकतम 0.3 मिग्रा /1
INS 270	लैक्टिक एसिड	*	*	FV, W, MP	अम्लता विनियामक	
INS 290	कार्बन डायऑक्साइड	*	*	GA	कार्बोनेटकरण एजेंट, गैसे की पैकिंग	
INS 296	मौलिक एसिड	*	*	FV, MP	अम्लीयकारक	
INS 300	एस्कॉर्बीक एसिड	*	*	GA	प्रति - ऑक्सीकारक	
INS 306	टीकीफीरोल्स, मिश्रित प्राकृतिक सांद्र	*	*	GA	प्रति - ऑक्सीकारक	
INS 322	लेसिथिन	*	*	GA	प्रति - ऑक्सीकारक, पारासीकारक, स्थायीकारक	

INS 330	साइट्रिक एसिड	*	*	FV, MP, W	अम्लता विनियामक, प्रति - ऑक्सीकारक	सीमित 1 ग्राम/1
INS 335	सोडियम साइट्रेटस	*	*	ME, MP	अम्लता विनियामक, प्रति - ऑक्सीकारक	
INS 336	पोटाशियम साइट्रेट	*	*	ME, MP	अम्लता विनियामक, प्रति - ऑक्सीकारक	
INS 400	एलीजिनिक एसिड	*	*	FV	पायसीकारक, स्थायीकारी सूलिक	
INS 401	सोडियम एलीजिनेट	*	*	FV	पायसीकारक, स्थायीकारी सूलिक	
INS 402	पोटाशियम एलीजिनेट	*	*	FV	पायसीकारक, स्थायीकारी सूलिक	

खाद्य योज्यों में संवाहक अन्तर्विश्ट हो सकते है, जिनका मूल्यांकन किया जाना चाहिए।

INS 333	कैल्शियम साइट्रेट	*	*	ME, MP	अम्लता विनियामक, प्रति - ऑक्सीकारक	
INS 334	टारटरिक एसिड	*	*	W, MP	आटा बनाने हेतु, रेजिंग एजेंट, पायसीकारक,	
INS 407	सोडियम टारट्रेट	*	*	CO, CB	पति-ऑक्सीकारक, परिरक्षक	
INS 335	सोडियम टारट्रेट	*	*	CO, CB		
INS 336	पोटाशियम टारट्रेट	*	*	C,CO, CB		
INS 341	मानो कैल्शियम फॉस्फेट	*	*	C	केवल आटा बनाने हेतु	
INS 342	एमोनियम फॅस्फेट	*	*	W		0.3 ग्राम/1
INS 406	अगार	*	*	MP, F	पायसीकारक, स्थायीकारी सूलिक	(अधिकतम 0.5:)
INS 407	कैराजीनन	*	*	MP, F		
INS 410	लोकस्ट बीन गम	*	*	MP, F		
INS 412	गौर गम	*	*	MP, F		
INS 413	ट्रागकान्थ गम	*	*	GA	पायसीकारक,	(अधिकतम

INS 414	अरैबिक गम	*	*	MP, F	स्थायीकारी सूलिक	0.5:)
INS 415	जैन्थान गम	*	*	F/FV /CB	पायसीकारक, स्थायीकारी सूलिक	(अधिकतम 0.5:)
INS 416	कराया गम	*	*	MP, F		
INS 440	पेक्टिन (असंशोधित रुप)	*	*	F/FV /CB	पायसीकारक, स्थायीकारी सूलिक	
INS 500	सोडियम कार्बोनेट	*	*	CO/ CB	अम्लता विनियामक स्थायिकारी, एंटीकेकिंग एजेंटए	
INS 501	पोटाशियम कार्बोनेट	*	*	C/CO /CB	अम्लता विनियामक स्थायिकारी, अंगूर सुखने के लिए	
INS 503	अमोनियम कार्बोनेट	*	*	C/CO /CB	अम्लता विनियामक स्थायिकारी, रेजिंग एजेंट	
INS 504	मैगनिशयम कार्बोनेट	*	*	C/CC /CB	अम्लता विनियामक स्थायिकारी	
INS 508	पोटाशियम क्लोराइड	*	*	FV	स्थायीकारी, सूलिक	
INS 509	कैल्शियम क्लेराइड	*	*	ME/F /FV/ SO	स्कंदन, ढ़क एजेंट	
INS 516	कैल्शियम सल्फेट	*	*	CB SO	अम्लता विनियामक, स्थायीहकारी, पारम्परिक बैकरी उत्पादों का पृश्ठ उपचार	केवल बैकर के खमीर में सीमित
INS 517	अमोनियम सल्फेट	*	*	W	खमीर के विकास को प्रोत्साहित करना	0.3 ग्राम /1तक सीमित
INS 524	सोडियम हाइड्रोऑक्साइड	*	*	C,S, Flours & Starches	अम्लता विनियामक, पारम्परिक बैकरी के उत्पादों का पृष्ठ उपचार, चीनी के लिए प्रसंस्करण सहायक	

INS 526	कैल्शियम हाइड्रोऑक्साइड	*	*	S, C	मक्की टोर्टिला आटा के लिये योज्य। चीनी के लिए प्रसंस्करण सहायक
INS 938	आर्गेन	*	*	GA	
INS 941	नाइट्रोजन	*	*	GA	
INS 948	ऑक्सीजन	*	*	GA	
INS 153	काश्ठ राख	*	*	MP	विलेप एजेंट
INS 181	टेनिन	*	*	W	स्वच्छन एजेंट
INS 184	टान्निक एसिड	*	*	W	छनाई सहायक
INS 513 समायोजन	सलफ्यूरिक एसिड	*	*	S	चीनी उत्पादन में पानी का
INS 551	सिलिकॉन डाइऑक्साइड	* *	* *	W/ Dehydrated FV Herbs & Spices	एजेंट के रुप में एक जेल अथवा कोलायडल विलयन
INS 553	टाल्क	*	*	GA	लुब्रीकेन्ट
INS 901	बीजवैक्स	*	*	GA	निर्मोचन एजेंट
INS 903	कारनोबा वेक्स	*	*	GA	निमीचन एजेंट
	एक्टिवेडेट कार्बन	*	*	GA	डिकोलोराइझ
	बेन्टोनाइट	*	*	FV/ W	छनाई सहायक, स्वछन एजेंट
	कैसीन	*	*	W	स्वच्छन एजेंट
	डायटमी मृत्तिका	*	*	S/FV /W	छनाई सहायक
	अंड श्वेत ऐल्बूमेन	*	*	W	स्वच्छन एजेंट
	इथनोल	*	*	GA	विलायक
	जिलेटिन	*	*	MP, FV/W	पायसीकारक, स्वच्छन एजेंट
	आइज़िग्लास	*	*	W	स्वच्छन एजेंट
	कैओलिन	*	*	GA	छनाई सहायक, प्रोपोलिस का निश्कर्शण
	पर्लाइट	*	*	GA	स्वच्छन एजेंट

छाल की विरचनें	*	*	S	
खाद्य तेल	*	*	S	ग्रीजन, निर्मोचक एजेंट
ग्लिसरोल	*	*	वनस्पति का अर्क	सीमित
चुकंदर शर्करा	*	*		सीमित
प्राकृतिक रंग कैरोटिनॉइड्स क्लोरोफिल एन्नैटो कैसर रिबोफ्लैविन (लैक्टोफ्लैविन) करक्यूमिन कैरामेल (भुनी शक्कर) कैन्थाक्सान्थिन	*	*	GA	रंगारी एजेंट

उपर्युक्त सारणियों मे प्रयुक्त संक्षिप्ताक्षरों की कुंजी सूची

* के रुप में प्रयुक्त किया जा सकता है

- के रुप में प्रयुक्त नही किया जा सकता है

GA. सामान्य रुप से असीमित,	MP. मिल्क प्रोडक्टस	F.फैट प्रोडक्टस
ME. मीट प्रोडक्टस	C. सीरियल प्रोडक्टस	FV. फ्रूट./ वेजीटेबल प्रोडक्टस
W. वाइन	S. शुगर	
CO. कन्फेक्शनरी	CB. केक्स एण्ड बिस्कटस	SO. सोयाबीन प्रोडक्टस

सुगन्धित एजेन्टस

- तेल पानी, इथानोल, कार्बन डाइऑक्साइड जैसे विलायकों तथा यांत्रिक और भौतिक प्रक्रियाओं के माध्यम से उत्पन्न वाष्पशील अनिवार्य) तेल
- प्राकृतिक धूम सुगंध
- प्राकृतिक सुगन्धित विरचनों के प्रयोग का अनुमोदन जैविक कृषि में अतिरिक्त इनपुट मिलाने के मुल्यांकन के आधार पर योज्यों व प्रसंस्करण सहायकों के मुल्यांकन हेतु राष्ट्रीय पद्धति के अनुसार किया जाना चाहिए (परिशिष्ट-3)।

सूक्ष्म जीवों की विचरनें

- खाद्य प्रसंस्करण में सूक्ष्म-जीवों की विचरनों का प्रयोग करने को स्वीकृति प्रदान की गयी है।
- आनुवांशिक रुप से परिकृत जीवों का बहिष्करण किया गया है।
- विरंजको तथा जैविक विलायकों के बिना उत्पन्न किया गया नानबाई खमीर।

सूक्ष्म जीवों तथा एन्जायमों की विचरनें

जैविक खाद्य उत्पादों हेतु योज्यों तथा प्रसंस्करण सहायकों के मूल्यांकन के लिए राष्ट्रीय जैविक खाद्य उत्पादों हेतु योज्यों तथा प्रसंस्करण सहायकों मूल्यांकन के लिए राष्ट्रीय पद्धति के आधार पर अनुमोदन के साथ इनका प्रसंस्करण सहायकों के रुप में प्रयोग किया जा सकता है।

संघटक (अवयव)

- पेयजल
- नमक (खद्य प्रसंस्करण में कूल अवयव के रुप में आमतौर पर प्रयुक्त होने वाले सोडियम क्लोराइड और पोटाशियम क्लोराइड के साथ।
- खनिज (सूक्ष्म मात्रिक तत्वों सहित) और विटामिन, फैटी एसिड, अमीनो एसिड तथा नाइट्रोजन यौगिक, जहाँ उनका प्रयोग विधिक रुप से आवश्यक है या जहाँ आहार या पोषण संबंधी भारी कमी निरुपित की जा सके।

परिशिष्ट 6

पशु पोषण हेतु अनुमोदित चारा सामग्रियों, चारा योज्यों तथा प्रसंस्करण सहायकों की सूची

1. **वनस्पति मूल की चारा सामग्रियां**
   - ➢ अनाज के दानें, उनके उत्पाद तथा उपजात
   - ➢ तिलहनें, तैल फल, उनके उत्पाद तथा उपजात
   - ➢ फली बीज, उनके उत्पाद तथा उपजात
   - ➢ कन्द जड़े, उनके उत्पाद तथा उपजात
   - ➢ अन्य बीज तथा फल
   - ➢ रातिब तथा मोटा चारा
   - ➢ शीरा बंधनकारी एजेन्ट के रुप में

2. **पशु मूल की चारा सामग्री**
   - ➢ दूध तथा दुग्ध उत्पाद
   - ➢ मछली, अन्य समुद्री जीव, उनके उत्पाद तथा उपजात

3. **खनिज मूल की चारा सामग्री**

➢ समुद्री नमक, खनिजनमक	सीमित
➢ सोडियम सल्फेट	सीमित
➢ सोडियम कार्बोनेट	सीमित
➢ सोडियम बाइकार्बोनेट	सीमित
➢ सोडियम क्लोराइड	सीमित

➢ कैल्शियम कार्बोनेट	सीमित
➢ कैल्शियम ग्लूकोनेट	सीमित
➢ बोन डाईकैल्शियम फास्फेट अवशेष	सीमित
➢ डिफ्लूयोरीनेटिड डाईकैल्शियम फास्फेट	सीमित
➢ डिफ्लूयोरीनेटिड मोनोकैल्शियम फास्फेट	सीमित
➢ एन्हाइड्रस मैग्नेशिया	सीमित
➢ मैग्नेशियम सल्फेट	सीमित
➢ मैग्नेशियम क्लोराइड	सीमित
➢ मैग्नेशियम कार्बोनेट	सीमित

4. सूक्ष्म मात्रिक तत्व

आयरन्	खाद्य योज्य
आयोडीन	खाद्य योज्य
कोबाल्ट	खाद्य योज्य
मैन्गनीज़	खाद्य योज्य
ज़िंक	खाद्य योज्य
मोलीडिनम	खाद्य योज्य
सेलेनियम	खाद्य योज्य

5.	**विटामिन**	**सीमित**
6.	**एन्जाइम्स**	**सीमित**
7.	**सूक्ष्म जीव**	**सीमित**

8. **साइलो-सरक्षण हेतु परिरक्ष**

- ➢ E–336 फार्मिक एसिड
- ➢ E–260 एसीटिक एसिड
- ➢ E–270 लैक्टिक ऐसिड
- ➢ E–280 प्रोपायोनिक एसिड

9. बन्धकों, पिंड-रोधी एजेन्ट तथा स्कंपक पदार्थ

- E–551b कालोइडल सिलिका
- E–551C कीसल गुर
- E–553 सूपियो लाइट
- E–558 बन्टोनाइट
- E–559 कायोलिनिटिक मिट्टी
- E–561 वर्मीक्यूलाइट
- E–599 परलाइट

10. साइलो-संरक्षण हेतु प्रसंस्करण सहायक

- समुद्री नमक
- मोटा खनिज नमक
- एन्जाइम्स
- खमीर
- चीनी
- चुकंदर का गूदा
- धान्य आटा
- शीरा
- लैक्टिक

परिशिष्ट 7
पशुधन इमारतों तथा भवनों की सफाई एवं विसंक्रमण हेतु प्राधिकृत उत्पाद

- पोटेशियम तथा सोडियम साबुन
- पानी तथा भाप
- चूने का दूध
- चूना
- अनबुझा चूना
- सोडियम हाइपोक्लोराइट (तथा लिक्विड ब्लीच के रुप में)
- कास्टिक पोटाश
- हाइड्रोजन पैराऑक्साइड
- पौधों के प्राकृतिक अर्क
- साइट्रिक, पैरासीटिक एसिड, फॉर्मिक, लैक्टिक, ऑक्सैलिक तथा एसीटिक एसिड
- शराब
- नाइट्रिक एसिड (डेयरी उपकरण)
- फास्फोरिक एसिड (डेयरी उपकरण)
- फॉरमैल्डिहाइड
- सोडियम कार्बोनेट

परिशिष्ट 8

निरिक्षण के दौरान प्रत्यापित निरिक्षण तथा प्रमाणीकरण एजेंसी द्वारा की जाने वाली अनिवार्य जांचें

(क) जैविक कृषि में रुपांतरण हेतु

रुपांतरण योजना तथा आपरेटर द्वारा उल्लिखित उपायों की निरिक्षण एवं प्रमाणीकरण एजेंसी द्वारा अनुमोदन से पहले निरिक्षक द्वारा जांच की जाती है। रुपांतरण योजना आरंभ होने पर प्रत्येक वर्ष में अनुमोदन की पुष्टि होनी चाहिए। निरीक्षक को यह जांच कर लेनी चाहिए कि बीजों के उत्पादन, कार्मिक प्रवर्धन सामग्री तथा प्रतिरोपन के मामले में उपयुक्त शर्तें पूरी हों। बारहमासी फसल उत्पादों (फल लगाना बेल लगाना) के उत्पादन के अनुपालन हेतु शर्तें को पुरा करने के लिए निम्नलिखित जांचें की जानी चाहिए:-

- ➢ क्या उत्पादन क्षेत्र रुपांतरण योजना का ही एक भाग है।
- ➢ यह जांच करना कि क्या फार्म के क्षेत्र के अंतिम भाग को कम से कम संभव अवधि में (5 वर्ष से अधिक नहीं होनी चाहिए) में जैविक उत्पादन में परिवर्तित कर दिया जाएगा।
- ➢ आपरेटर द्वारा जैविक तथा अजैविक एककों से प्राप्त उत्पादों को अलग करने के लिए उपयुक्त उपाय किए जाते है।

आपरेटर द्वारा प्रस्तावित रुपांतरण योजना पर इस वचन के साथ हस्ताक्षर किए जाने चाहिए कि वह सारे कार्यकलाप (Operation) ऐसे करेगा जो अनुभाग 3 पैरा-3.5 के अनुसार ही तथा इनका उल्लंघप होने की स्थिति में वह एन पी ओ पी प्रलेख (Document) के अनुभाग-4 में उल्लिखित प्रवर्तित दण्ड को स्वीकार करेगा/करेगी।

(ख) उत्पादन स्थल पर पौधे तथा पौधों से प्राप्त होने वाले उत्पाद

1. यह सुनिश्चित किया जाना चाहिए कि आपरेटर फार्म में प्रत्येक फसल की कटाई के संबंध में निरीक्षण तथा प्रमाणीकरण एजेंसी को पहले से ही सूचना देगा।
2. यह भी सुनिश्चित किया जाना चाहिए कि कटाई संबंधी प्रक्रिया पूरी होने के पश्चात आपरेटर संबंधित एककों से काटी गई फसलों की कुल मात्रा के बारे में निरिक्षण तथा प्रमाणीकरण एजेंसी को सूचना देगा। जैविक उत्पादन को अजैविक उत्पादन से अलग रखने हेतु बेची गई किसी भी विभेदक विशेषता (जैसे गुणवत्ता, रंग, औसत भार इत्यादि) की सूचना देनी चाहिए।
3. यदि कोई आपरेटर अजैविक फसल अपदा फसल उत्पादों वाली अनेक उत्पादन एककें एक ही सकय में चलाए, तो निरिक्षण निवेश (Input) उत्पाद (जैसे उर्वरक, पौधों की सुरक्षा संबंधी उत्पाद, बीज इत्यादि) के भण्डार क्षेत्र का भी निरीक्षण करना चाहिए।
4. क्या फार्म तथा भण्डारण एकक को अजैविक फार्मो तथा अजैविक भण्डारण एककों से अलग रखा जाता है। जब प्रसंस्करण तथा पैकिंग संबंधी कार्यकलाप उत्पादन स्थल पर ही हों तो जैविक उत्पादों के प्रसंस्करण तथा पैकिंग संबंधी एककों को उत्पादन एकक के ही एक भाग के रुप में माना जा सकता है।
5. अनाधिकृत उत्पादों के प्रयोग पर शंका होने पर उत्पाद (उत्पाद तथा प्रयुक्त निवेश की जांच के लिए नमूने लिए जाने चाहिए।

(ग) वन्य उत्पादो का अनुप्रापण करना

1. यदि पंजीकृत आपरेटर के कार्यकलाप केवल वन्य उत्पादों के अनुप्रापण तक ही सीमित हो तो निरीक्षण तथा प्रमाणीकरण एजेंसी द्वारा सभी एहतियाती उपाय किए जाने चाहिए ताकि एन पी ओ पी अंतर्गत प्रावधानों के पालन को सुनिश्चित किया जा सके।
2. निरीक्षक यह सुनिश्चित करने हेतु प्रति जांच करेगा कि उत्पादक द्वारा दी गई गारंटी एन पी ओ पी के अनुभाग-3 के 3.2.8 में उल्लिखित प्रावधानों के अनुकूल हो।

3. एन पी ओ पी के अनुपालन के लिए आपरेटर द्वारा किए गए उपायों की जांच की जानी चाहिए तथा इन्हें नोट किया जाना चाहिए।

(घ) रिकार्ड/प्रलेखन (Documentation)

1. आपरेटर द्वारा रखे गए रिकार्डो/फाइलों की जांच निरीक्षक द्वारा की जानी चाहिए ताकि खरीदे गए सारे कच्चे माल का स्त्रेत, पृकृति तथा गुणवत्ता का पता लगाया जा सके।
2. प्रयुक्त सभी निवेशी के आवेदन पत्रों को सत्यापन हेतु प्रलेखित किया जाता है।
3. आपरेटर द्वारा बेचे गए सभी कृषिगत उत्पादों की मात्रा तथा परेशितियों के लिए लिखित अथवा प्रलेखी (Documentatory) प्राप्तियाँ/लेखों की जांच की जानी चाहिए। (सीधे खरीदार को बेची गई मात्राओं की गणना भी आपरेटर द्वारा दैनिक आधार पर की जानी चाहिए)

(ड) निवेश (Input) भण्डारण एककों का निरीक्षण

उत्पादन में प्रयुक्त जैविक निवेशों के भंडारण क्षेत्र की भी जांच की जानी चाहिए ताकि उसे स्तयापित किया जा सके (उपाबंध-1 एवं 2 के अनुसार स्वीकृत/प्रतिबंधकि)।

(च) परिवहन

1. परिवहन एककों की जांच इन बात की पुष्टि करने के लिए की जाएगी कि जैविक उत्पादों को थोक तथा फुटकर सहित अन्य एककों को उपयुक्त बंद कंटेनरों अथवा पैरा 3.5, अनुभाग-3 में यथा उल्लिखित उचित लेबल वाली पैकिंग में ले जाया गया है।

(छ) कृषिगत उत्पादों तथा पौधों के स्त्रोत से बने प्रसंस्कृत खा़ पदार्थो के उत्पादन हेतु निरीक्षण

1. आपरेटर द्वारा कार्यकलाप इस प्रकार निष्पादित करने के लिए वचन लेना ताकि वे अनुभाग-3 के पैरा 3.5 के अनुसार हों तथा वह

इसका उल्लंघन होने की दशा में पैरा 8.2 अनुभाग में उल्लिखित उपायों के प्रर्वतन को स्वीकार करेगा।

2. कार्यकलाप से पहले तथा उनके पश्चात कृषिगत उत्पादों के प्रसंस्करण, पैकिंग तथा भण्डारण के लिए उपलब्ध सुविधाओं की जांच करना।

3. यह जांच करना कि क्या परिसर के भीतर कार्यकलापों से पहले तथा उनके पश्चात उत्पादों के भण्डारण के लिए एकक में अलग क्षेत्र है।

4. क्या कार्यकलाप जैविक उत्पादों के पूर्ण होने तक अवश्य ही अनवरत चलते रहने चाहिए तथा क्या इन कार्यकलापों को अजैविक उत्पादों हेतु निष्पादित किए जाने वाले ऐसे ही कार्यकलाप से अलग किया जाता है (आपरेटर का स्थान तथा समय की जांच की जाएगी)

5. यह सुनिश्चित करना कि यदि ऐसे कार्यकलाप बार-बार निष्पादित नहीं किए जाते हैं, तो किसी दिन विशेष तथा समय की सूचना पहले से ही निरीक्षण एजेंसी को दी जाएगी।

6. उत्पादों की जांच के लिए नमूने लिए जाने चाहिए। तथापि यदि यह शंका हो कि अनाधिकृत उत्पाद का प्रयोग किया जा रहा है तो नमूने अवश्य ही लिए जाने चाहिए।

निम्नलिखित का पता लगाने के लिए निरीक्षक की सहायता हेतु लिखित प्रलेखों (Document) की जांच अवश्य ही की जानी चाहिए:

- ➢ एकक को उपलब्ध कराए गए प्रमाणित कृषिगत उत्पादों का स्रोत, प्रकृति तथा मात्रा।
- ➢ एकक से बाहर जाने वाले प्रमाणित उत्पादों की प्रकृति, मात्रा तथा परेषिती
- ➢ कोई अन्य सूचना, जैसे एकक को उपलब्ध कराए गए अवयवों, योज्यों तथा विनिर्माण संबंधी सहायक सामग्रियों का स्रोत, प्रकृति तथा मात्रा।

- ➢ प्रसंस्कृत उत्पादों की संरचना
- ➢ संबंधित एकक में प्रसंस्कृत, पैक किए गए अथवा भण्डारित अजैविक उत्पाद

7. अजैविक उत्पादों में से जैविक उत्पादों (लॉट्स) की पहचान करने हेतु आपरेटर द्वारा किए गए उपायों की जांच करना
8. यह जांच करना कि उत्पादों को उपयुक्त पैकिंग अथवा बंद कंटेनरों में अन्य एककों (थोक तथा फुटकर सहित) को भेजा गया है ताकि इन पर संदूषक न लगे अथवा इन्हें अजैविक उत्पादों के स्थान पर इस्तेमाल न किया जा सकें।

- ➢ यह जांच करना कि आपरेटर द्वारा पैकेट अथवा कंटेनर पर लगे लेबल की जांच की गई थी तथा इसका उल्लेख रिकार्ड में किया गया है।

(ज) निरीक्षण रिपोर्ट

- ➢ रिपोर्ट में फार्मो/एककों, भण्डारण पर प्रकाश डालते हुए अनुप्रापण क्षेत्रों, प्रसंस्करण, उत्पादन तथा पैकिंग संबंधी कार्य कलापों का पूरा विवरण होना चाहिए
- ➢ रिपोर्ट में फार्म/एकक अथवा अनुप्रपन क्षेत्र में निवेश (Input) के अंतिम उपयोग की दिनांक तथा समय का उल्लेख भी किया जाना चाहिए (उपाबंध-1 और में प्रतिशिद्ध/प्रतिबंधित निवेशों (Inputs) के संदर्भानुसार)
- ➢ रिपोर्ट में प्रमाणीकरंण हेतु निर्दिष्ट की जाने वाली किसी भी शर्ते/शास्ति पर प्रकाश डाला जाना चाहिए।
- ➢ यदि आपरेटर द्वारा किसी भी प्रकार से कोई उल्लंघन किया गया हो तो निरीक्षण को अपनी रिपोर्ट में स्पष्टता से इसका उल्लेख करना चाहिए।
- ➢ निरीक्षण द्वारा किए गए प्रत्येक दौरे के उपरांत निरीक्षण रिपोर्ट तैयार की जानी चाहिए तथा इस पर निरीक्षत एकक के किसी जिम्मेदार व्यक्ति द्वारा प्रतिहस्ताक्षर किये जाने चाहिए।

परिशिष्ट 9

आयातित कृषिगत उत्पादों/पौधों से प्राप्त उत्पादों के प्रसंस्कृत खाद्य पदार्थों के निरिक्षण एवं प्रमाणीकरण के दौरान किए जाने वाले एहतियाती उपाय

(प्रत्यापित तथा प्रमाणीकरण एजेंसियों हेतु अनिवार्य अपेक्षाएं-अनुभाग-४ के संदर्भानुसार)

(झ) पौधों से बने उत्पादों तथा पौधों से प्राप्त होने वाले उत्पादों का आयात

1. जब जैविक उत्पादों का आयात किया जाए जो निरीक्षण तथा प्रमाणीकरण एजेंसी निम्नलिखित निरीक्षण करेगी:-

➢ मौजूदा गतिविधियां देखने के लिए निर्यातक के परिसर का दौरा करेगी, विभिन्न देशों से आयातित उत्पादों का निरीक्षण करेगी तथा भारत में उस उत्पाद के आगमन स्थल का दौरा करेगी।

➢ ऐसी अन्य किसी सुविधा का निरीक्षण करेगी जिसे निर्यातक आयातित जैविक उत्पादों के भण्डारण हेतु प्रयोग करने का इच्छुक है,

➢ क्या निर्यातक ने यह सुनिश्चित किया है कि आयातित उत्पादों का उत्पादन जैविक उत्पादन हेतु राष्ट्रीय मानकों के अनुरुप है।

➢ क्या आयात संबंधी कार्यकलाप एन पी ओ पी के 18.2, अनुभाग 4 के प्रावधानों के अनुसार है। इनका उल्लघंन होने की स्थिति में एन पी ओ पी के पैरा 8.2, अनुभाग में उल्लिखित उपायों के प्रवर्तन को लागु किया जाएगा।

- ➢ आयातक की भण्डारण सुविधाएं
- ➢ आयात संबंधी लेन-देन से संबंधित दस्तावेजों की उत्पादों के स्त्रोत का पता लगाने हेतु परीक्षा की जानी चाहिए। पता लगाने संबंधी जांच में संबंधित उत्पाद की प्रकृति और मात्रा तथा परिवहन एवं संवितरण संबंधी व्यवस्था निहित होंगी।
- ➢ निर्यातक देश, इत्यादि के निरीक्षण तथा लेन-देन संबंधी प्रमाणपत्र
- ➢ क्या आयातित उत्पादों की अन्य जैविक उत्पादों और/अथवा खाद्य पदार्थो से अलग रखा जाता है।
- ➢ क्या लाठ्स की पहचान करने तथा इन बात को सुनिश्चित करने हेतु उपाय किए जाते है। एन पी ओ पी में निर्धारित नियमों के अनुसार निर्मित न किए गए उत्पादों के साथ नहीं मिलें।

2. पदार्थो की जांच के लिए नमूने लिए जाने चाहिए। तथापि, ये नमूने अनाधिकृत पदार्थ उपयोग करने का संदेह होन पर अवश्य ही लिए जाने चाहिए। प्रत्येक दौरे के पश्चात एक निरीक्षण रिपोर्ट तैयार की जानी चाहिए तथा इन पर निरीक्षित एकक के किसी जिम्मेदार व्यक्ति के प्रतिहस्ताक्षर होने चाहिए।
3. आयातित उत्पादों की उपयुक्त पैकिंग अथवा कंटेनरों के संबंध में जांच की जानी चाहिए ताकि इसे किसी और उत्पाद के स्थान पर इस्तेमाल करने से रोका जा सके तथा इसलिए भी जांच की जाए कि पैकेट निर्यातक की पहचान के साथ उपलब्ध कराए गए है और उन पर ऐसे निशान लगे है तथा तारीख लिखी है जिससे निरीक्षण पत्र वाले लॉट की पहचान आसानी से हो सके।
4. यदि जांच द्वारा निर्यातक देश से प्राप्त उत्पाद के स्त्रोत के संबंध में अथवा अनुभाग 4 के पैरा 18.2 के अंतर्गत अस्वीकार्य अन्य देश के निर्यातक से अथवा उत्पाद की जैविक प्रकृति के बारे में कोई संदेह पैदा हो तो इन्हें भारतीय बाजार में प्रतिस्थापित करने अथवा आगामी प्रसंस्करण अथवा पैकिंग की अनुमति नहीं दी जाएगी। एसी शंका के निवारण के उपरांत ही उत्पाद को बाजार में

प्रतिस्थापित किया जाएगा अथवा इसकी आगामी प्रसंस्करण अथवा पैकिंग के लिए अनुमति दी जाएगी।

5. उत्पादों को अन्य एककों, थोक अथवा फुटकर, को-केवल उपयुक्त पैकिंग अथवा कंटेनरों में ही भेजे जाने चाहिए जो इस प्रकार से बंद होगे जिससे कि उसे अन्य उत्पादों के स्थान पर इस्तेमाल न किया जा सके तथा उस पर ऐसे लेबल लगे होंगे जिस पर निम्नलिखित बातें लिखी होंगी
   1) उत्पाद के आयातक का नाम तथा पता अथवा ऐसा कोई विवरण जो ग्राही एकक तथा निरीक्षण निकाय को उत्पाद के निर्यातक को सुस्पष्टता से पहचानने में सहायता प्रदान करें।
   2) उत्पाद का नाम, एन पी ओ पी के अनुभाग 3 के अंतर्गत जैविक उत्पादन पद्धति हेतु संदर्भ सहित विवरण

6. निरीक्षण प्रमाणीकरण निकाय आयातक के परिसर, भण्डारण सुविधाओं इत्यादि का वर्ष में कम से कम एक बार पूरा निरीक्षण करेगा। इसके बाद प्रमाणीकरण वर्ष के दौरान किसी भी समय अघोषित दौरे किए जाएंगे। जिससे उतर की गुणवत्ता को वनाये रखा जा सके।

परिशिष्ट 10

जैविक खाद्य पदार्थों की पैकेजिंग हेतुं पैकेजिंग फिल्मों के निर्माण के लिए अनुमति प्राप्त योज्य

खाद्य पदार्थों की पैकेजिंग हेतु, पैकेजिंग फिल्मों के निर्माण के लिए कतिपय उत्पादों का प्रयोग करने की अनुमति प्रदान की गयी है, तथापि, इनमें से अनेक को जैविक उत्पादन में प्रयोगार्थ सीमित किया गया है। इस परिशिष्ट में "सीमित" का अभिप्राय यह है कि प्रयोग हेतु शर्तों तथा पद्वतियों का प्रत्यायित प्रमाणीकरण कार्यक्रम के द्वारा निर्धारित किया जायेगा।

सीमित के तहज अनुमति प्राप्त योज्य को निम्नलिखित तालिका में दया जा रहा है:-

तालिका 1: जैविक, खाद्य पदार्थे की पैकेजिंग हेतु, प्लास्टिकों का प्रयोग विवरण

क्रम संख्या	उत्पाद	परिसीमन
1.	4,4,-Bis (2-benzoxazoly) stillben	सीमित
2.	9,9-Bist (methoxymethyl) flourine	सीमित
3.	Carabonic acid, copper salt	सीमित
4.	Diethyleneglycol	सीमित
5.	2-(4-6-Diphenyl-3, 5-trianzin-2-yl)-5-(hexyloxy) phenol	सीमित
6.	Ethylenediamineteraacetic acid, copper salt	सीमित

7.	2-(2-Hydroxy-3,5-di-tert-buty-phenyl-5-cholorbenzotrazole	सीमित
8.	2-Methyl-4-isothiazolin-3-one	सीमित
9.	Phosphoric acid, trichlorocthylester	सीमित
10.	Polyesters of 1,2 propanediol and/or 1,3 and 1,4 butanediol and/or Pollypropyleneglycol with adipic acid, also end-cappes with acetic acid or fatty acids C10-C18 or n-octanol And/or n-decano	सीमित
11.	1,1,1-Trimethylopropane	सीमित
12.	3-hydroxybutanoic acid 3-hydroxypentanoic acid, copolyne	सीमित